U0163240

上海科技专著出版资金资助项目

中国传统土织布手工技艺与复原

王宏付 柯莹 白艳惠◎著

東華大學出版社
·上海·

图书在版编目（CIP）数据

中国传统土织布手工技艺与复原 / 王宏付，柯莹，白艳惠著 . – 上海：东华大学出版社，2022.1

ISBN 978-7-5669-2022-5

I. ① 中 … II. ①王 … ②柯 … ③白 … III. ①纺织工艺 - 研究 - 中国 IV. ① TS1

中国版本图书馆 CIP 数据核字 (2021) 第 267959 号

责任编辑　吴川灵
装帧设计　雅　风

中国传统土织布手工技艺与复原

ZHONGGUO CHUANTONG TUZHIBU SHOUGONG JIYI YU FUYUAN

王宏付　柯莹　白艳惠　著

出　　版：东华大学出版社 (上海市延安西路 1882 号，200051)
本 社 网 址：http://dhupress.dhu.edu.cn
天猫旗舰店：http://dhdx.tmall.com
营 销 中 心：021-62193056　62373056　62379558
电 子 邮 箱：805744969@qq.com
印　　刷：上海颛辉印刷厂有限公司
开　　本：889 mm×1194 mm　1/16
印　　张：15
字　　数：520 千字
版　　次：2022 年 1 月第 1 版
印　　次：2022 年 1 月第 1 次
书　　号：ISBN 978-7-5669-2022-5
定　　价：128.00 元

前言

我国民间土织布是经几千年的传承保护下来的珍贵手工艺品，不同地区的民间土织布具有不同的特色。民间土织布分布广泛，但正随着工业化进程在慢慢消亡。土织布是一项传统的纯手工技艺，织造工艺复杂且精湛，已被列为世界非物质文化遗产。研究土织布的图案、色彩、工艺和地域特色正是发掘、抢救和保护民间技艺，并让其与现代技术结合而发扬光大的一种重要方式。

本书将重点探索中国传统土织布的分布、技艺与复原，探究土布业的发展历程和历史背景，研究不同地域土织布的手工技艺，探索土织布所具有的的民间艺术特色、文化内涵。研究传统土织布艺术，探索中国土织布手工技艺，可以实现文化传承和保护非物质文化遗产。通过文献分析、实物考证、实地踏查等方法进行分析总结，希望以此丰富我国民间土织布技艺的研究，推动我国民间土织布的活态传承。

江南大学设计学院 王宏付

2021 年 6 月

目 录

【绪 论】

在历史的长河中，有很多传统的东西让我们难以忘怀，其一便是土织布。中国历来有男耕女织的传统，男人种田，女人在家织布。田里出吃的，机子上织穿的，自给自足。机子上织出来的布因为用的线材质不同，有“绢”“素”等之分，当然也有棉布，即土织布。绫罗绸缎是富人穿的，老百姓穿的只能叫粗布衣裳。粗布除了做衣裳，还用来做被子、被褥、床单等。

土织布，又名老粗布、老土布、手织布，是世代沿用的一种纯棉手工纺织品，具有浓郁的乡土气息和鲜明的地域特色，在中国纺织史上占有举足轻重的地位。通常每匹布长一丈至五丈，宽九寸至一尺五寸不等。布的名称随地而异，如纱布、机布、标布、套布、印花布等均是也。或以产地名，或以原料名，或以用途名，或以性质名，其实均是粗细不等之各种土布而已。此类土布之纺织品，多为平纹本色，及染蓝灰色者居多。至于染纱织及土法灰印品，自染织业发达以来，已渐归淘汰矣。纯棉土织布手工技艺是一项拥有几千年历史、由经验丰富农村妇女代代相传的制造工艺。其中，它所具有的民族图案、古老民间工艺等特点已经使它成为一项文化遗产。

土织布产品的织造工艺极为复杂。土布，纯为农家副业，并无何种工厂，由各地四乡农家妇女织造。每家备有织机一二架，即可工作。在耕种忙时，妇女入田助男丁工作，一有闲暇，则安机织造，故产量自无定数可言。土布织造所需原料，大多为粗纱，或为手纺纱。用手纺纱织成者，大多粗劣，每方寸经纬才七十线。在以前国内未有厂纱出产时，原纱多用自己纺织者。从采棉纺线到上机织布，经轧花、弹花、纺线、打线、浆染、沌线、落线、经线、刷线、作综、闯杼、掏综、吊机子、栓布、织布、了机等大大小小27道工序，产品以柳条、彩条、方格、提花4大系列为基础,农家妇女靠22种基本色线可以织造变幻出1990多种绚丽多彩的图案，堪称千变万化、巧夺天工。每道工序里还有很多子工序，可以想象一件产品包含着多少繁复的劳动，让人叹为观止。

中华民族有着2000多年高度精湛的手工纺织技艺传统。自宋元间，棉纺织生产便兴起，民间染织工艺和技术更是被普遍完善提高。元代杰出的棉纺织改革家黄道婆，借鉴黎族人民先进的纺织经验并通过自身几十年的实践，总结出一套先进的“错纱配色，综线挈花”的织造技术，推动了手工棉纺织技术，尤其色织土布技术，在上海松江、江苏苏南、苏中、苏北等地区的迅速传播。明清两代，手工棉纺织技术兴盛，形成以松江为代表的全国棉纺织工艺中心。图0-1为现代织布机的始祖——腰机。

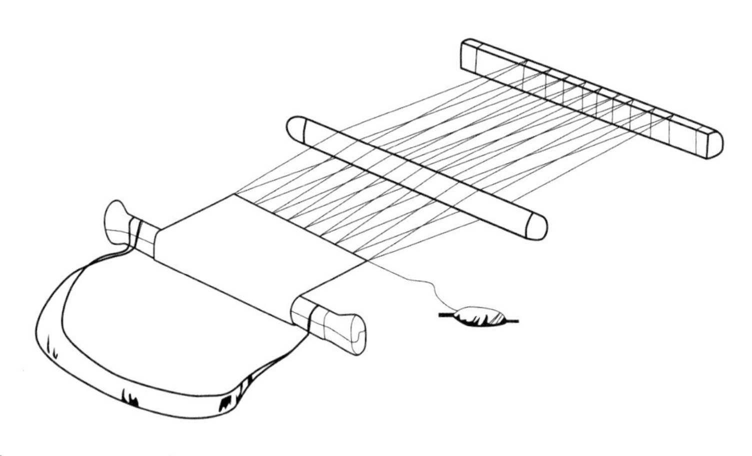

图 0-1 现代织布机的始祖——腰机

棉花在我国是纺织原料的后起之秀，宋、元之后才大规模普及，棉花可以“不蚕而绵，不麻而布，又兼代毡毯之用，以补衣褐之费”。自黄道婆改进棉纺织技术以后，棉花在上海乃至我国广大地区得到不断的推广发展。后来出现的土布业欣欣向荣的景象，后期的衰落与恢复发展以及再次衰落，其中都有一定的历史原因。

据文献考证，南通棉纺织技术源自江南。其源流自松江、浦东、太仓等地传入，经由长江入海口的崇明北路、海门外沙一带逐步向西北遍及苏北全境。数百年来，当地棉农男耕女织，“家家习为恒业”。进入清代末叶，江南地区饱受战火摧残，农村经济破产。大批吴地棉农移入南通，带来了江南先进的纺织技术，促进了南通色织土布的兴盛。20世纪初，近代爱国实业家张謇先生在苏北沿海提倡棉垦事业，20万启海移民北上拓植，辟地2000万亩的著名淮南棉区由此孕育而发。南农北移，促使棉纺织技术在苏北的传播、交流、融合，以及土布经济的空前繁荣。南通最终取代江南，成为历史上继松江之后，我国传统色织土布工艺的复兴之地和集大成者。

色织土布技艺全凭一代代民间织布者口授身传、不断创新才得以传承发展。这是一份生活在祖国大地上的历代祖先留给后人的丰厚历史文化遗产。经历数百年传承发展，南通色织土布逐渐形成了自己独特的风格和完整的织造工艺体系，代表了南通土布染织工艺的精华和最高成就。品种及图案多达120余种，纹样组织包括平纹、斜纹、提花、织锦等。织造机由双综双踏板发展到多综踏板，用色多，工序精细，工艺变化丰富。复杂的花纹，甚至产生出8只踏板30片提综的笼头提花织机。一匹布循环换色纱几千上万次，一梭一线都要数纱，不能错位。怎样穿综插筘、怎样换色投梭、何处提花，都没有记录，全靠口授身传，自由发挥。心灵手巧的织布妇女在局限的木织布机上，充分发挥色纱、穿综、织法上的变化，创

造出层出不穷的新品种、新纹样。

南通色织土布在我国当今土布存世品中，保留品种最丰富，体现织造工艺最全面，可以说南通色织土布技艺是我国传统棉纺织工艺的优秀代表。

宋末元初，邯郸地区棉纺织手工业逐渐兴起。元贞年间，随着黄道婆对棉纺技术的传授和发扬，棉纺织业迅速发展，棉纺织技术被广泛使用。明清时期，手工纺织业进一步发展，且出现织布市场交易现象。但鸦片战争以后，随着纺纱织布机器的引入，手工棉纺织业受到冲击，并逐渐步入低迷状态。受第一次世界大战的影响，布匹国际交易受阻，使得邯郸地区手工棉纺织业再度兴旺。同时，开始出现花纹土织布。受大生产运动的推动，邯郸地区的土织布生产得到进一步发展。解放后，邯郸地区土织布业得到飞速发展，大部分农家都备有纺车和织布机。

历史上贵州并不以纺织业著名，清代贵州的纺织业起步也比较晚，乾隆初年发轫，到清末已经较为发达。清代贵州的纺织业起步较晚，且由于多民族聚居等特点，纺织业的发展规模不大，步伐也不快。清代贵州的纺织业发展有着明显的阶段性。乾隆初年之前，贵州社会依然是民耕而不织，丝、布昂贵的局面。

海南纺织业历史悠久、闻名遐迩，黎族传统纺染织绣技艺为中国棉纺织业和世界手工技艺遗产的传承和发展做出了重要贡献。但由于黎族没有文字，历史文献记载又过于简约，留下许多疑难问题，如“穿胸民”“广幅布”“吉贝”“琼布”，等等。

云南有26个民族，每个民族又因为文化与经济等方面的差异区分出许多支系，是我国民族最多的省份。云南少数民族已有约3000多年的纺织历史，而且纺织技术水平相当高，民间有许多精美的纺织珍品，纺织品的生产在历史上曾普遍和著名。云南复杂的地理环境，多样的气候与物产，又为各民族纺织提供了棉、野生棉、木棉、丝、毛、草等丰富的材料资源。所有这些使云南各民族传统纺织品呈现出种类繁多的特点。

棉织业是新疆近代手工业生产中的重要一项。新疆自然条件独特，适宜种棉，以土棉布为代表的棉织业历史悠久。清政府统治新疆期间，出于军需、内外贸易及货币改革的需要，曾经一度十分重视棉布的生产。“关于棉纺物类多半在南疆，因南疆产棉，故南疆妇女多以棉纺纱织布。在宣统三年统计，以上各地总产七十余万匹，以疏勒为最为优，其他英吉沙、疏附、伽师、巴楚等地，各种大布之出产，多者十余万匹，少者数万匹不等。”民国以后，新疆土布生产有增无减。

我国蕴含着丰富多样的民间土织布艺术形式。工艺技术娴熟、精巧，融合、吸收了民间美术中多种品类的制作技艺，有很强的学术研究价值，极其具有我国传统民间文化的精髓，具有很高的文化和艺术理论研究价值。对民间土织布的制作技艺而言，它可以揭示民间遗存相关的工艺、技术、思想体系，它可以记录、阐释该遗产的现状、历史、价值；对未来而言，它可以让那些富有生命力和创造性的传统技艺因子造福于未来的社会与生活。

综上所述，可以看出中国色织土布工艺是继松江土织布技艺之后我国民间手工染织工艺硕果中仅存的一颗明珠，是中国700年棉纺织手工技艺延续至今的优秀代表。这是一份保存完整、流传有序的珍贵的非物质文化遗产。

【第一章 · 中国传统土织布的发展历程与分布】

第一节·土布业的发展历程

土布指流传于我国广大农村、近代机械化大生产诞生之前，以棉花为原料、用简单的手工机械制造的布。江苏传统的土布大致可分为两大类：即本色土布（俗称大布）和花式土布（俗称蓝货）。蓝货则包括青花布、色织土布和特种土布制品（织带、帐纱、高丽巾等）。其中色织土布是江苏民间工艺土布的上品。由于织造工艺复杂，构图用色讲究变化，一般织户难以效仿。以下以江苏土布为例，对我国传统土布业的兴衰成败做详细介绍。

一、土布业的兴起、发展（元代到清代后期）

自黄道婆于元末把海南崖州先进的棉纺织生产工具和织花技术带到松江后，人们将海南的棉纺织技术与江南原有的先进的麻纺织和丝纺织技术相结合，经过革新与创造，于明朝初期形成了一套与棉纤维相适应的手工棉纺织工艺流程与工具。棉纺织技术尤其是色织技术才在松江普及起来，并逐步以松江为中心向周边地区辐射开来。棉纺技术的革新、植棉地区不断扩大及织造工艺技巧的创新，使得土布在江苏各地区逐渐兴起、发展起来。

明清时期，江苏土布发展到最为繁盛的时期。这由当时江苏棉布的生产、流通情况足以证明。棉花根据产区分布，大致有三个流通特点：平原地区棉花向山区流动、北棉南运及中下游地区逆流运销上游地区。而棉布生产与棉花产地自然有一定关系，一些棉花产地同时也是棉布产地。因此，这些地区棉布的流通特点与棉花的流通特点是一致的：由平原地区向山区；北布南运；沿河地区的逆向运销。江苏常熟、昭文的棉布“南到浙江，及于福建”，“闽不畜蚕，不植木棉，布帛皆自吴越至。闽笋客贩卖江浙、汉广等处，货脱买布回发”。浙江北新关税收以“北来苏松布匹各物为大宗”。在长江上棉布多逆行，“川江来往货船上水布匹”；湖北江陵“川客贾布沙津抱贸者，群相踵接”；上海中机布“走湖广、江西、两广诸路”。

然而,棉布流通与棉花流通也有不同之处。其一,江苏松江、常州两府和通州、太仓州是当时最大的产布区。各种布匹除了向南运销外,还向北运往山东、奉天等地。淮安关、扬州关也都有南来布匹经过输税。其二,当时甘肃、宁夏、蒙古、青海等少数民族地区需要棉布,许多山西、陕西商人在江苏等产布区大量收购布匹往贩。江苏宝山棉布"有陕西巨商来镇设庄收买"。以上所述,都是省与省之间较长距离的运销。在各省内部还有县与县之间的运销,其特点与省际棉布流通特点基本一致。

此外,由于某些产棉区纺织业的不发达,也形成原料和纺织品的对流。长江上棉花和棉布就是相对流通的。

对各州县内部棉花、棉布的流通的状况,我们从另一角度进行分析,大体上可以分为是否种植棉花,有无棉布买卖两种情况,也就是有棉花、棉布自给不足或自给有余的州县、和自给自足的州县。

第一类棉花、棉布自给不足或自给有余的州县,江苏地区主要有以下三种情况:

(1)产棉外输,产布外销。江苏省松江府、太仓州的一些县,既种植棉花,又生产棉布,而且棉花和棉布的产量很大,因此,棉花、棉布都外销。如上海县"地产木棉,行于浙西诸郡。纺绩成布,衣被天下"。该县的北桥镇"多木棉",三林塘则"棉布独胜他处"。当然,这种情况也有例外的时候,康熙三十四、三十五年,上海遭受奇荒,"花种俱绝,陈花卖尽"。姚廷遴曾在日记中写道:"我年七十,未曾见我地人,俱到外边贩花归来卖者,真奇事也。"因此,这里举的例子(包括以下实例)指的都是一个县正常年景的情况。不过,象上海县这种棉花、棉布双双外销的县在全国也是不多的。

(2)产棉不足,输入棉花,织布自用。江西高安县"粗粗少足者,灰埠之棉布而已。而其料亦十八取于通州、湖广。尽高安所产之花,不足以给高安半邑之寒"。这类县虽然种植棉花,但棉花不够本地人用,靠输入外地棉花,织布自用。所谓自用也包括在本地出售多余棉布,易换或易买棉花等所需日用必需品。

(3)产棉外销,输入布。"奉天各处地多宜棉,而布帛之价反倍于内地,推其原故,大抵旗民种棉者虽多,而不知纺织之利,率皆售于商贾,转贩他省,既不获种棉之用,而又岁有买布之费。"在产棉区,当人们不会纺织时,多产生这种情况。四川"沿江一带,愚民将所种棉花,贱值卖于客贩,顺流而下,载至江楚织布,运川重价出售,川民习以为常,宁甘买用商布,初不知种棉自织之为利便也"。

第二类棉花、棉布自给自足的州县。从史料反映的情况看,真正自给自足,不买卖棉花、棉布的州县是很少的。

以上这些典型事例,几乎代表了清代前期江苏各种类型的县。从中可以看出,只有自给自足完全不买不卖棉花、棉布的县的人们,不依靠市场,而其他县的人们,不是需要依靠棉花市场,就是需要依靠棉布市场,或者两个市场都要依靠。据郑昌淦研究表明,"完全属于、或基本上属于自给自足类型的农村棉纺织业,为数甚少"。即使加上那些棉花或棉布其一是自给自足的州县,数量也不会多。而且对一个州县来说,也不是所有的乡村都产棉花,都织布,或者都相反。有的县是几个村镇产棉,几个村镇织布,前述的上海县就是如此。而江浙作为棉纺织业发达的地区,也有江苏吴县、常州和浙江元和三县大多数乡村不纺织的情况。就是无锡这类棉纺织业发达的县，也不是乡乡、村村、家家都从事棉纺织业。

明清时期，江苏地区成为全国最大的棉布集中产地之一，它以松江府为中心，包括苏州府的常熟，太仓州的镇洋、嘉定、崇明、宝山，常州府的无锡、江阴等县。此外，江苏地区的其他府县，棉纺织业也有一定的发展。在这些地方，棉纺织业已形成商品生产，并有了超出地区范围的大市场。

明代，江苏的棉布市场已经超出了本地区的范围，清代更有进一步发展。据历史文献记载，清代前期，东北、西北、华北、华中、华南、西南各地，均有江苏棉布的销场，江苏棉布运销国外的数量也在不断增长。

在国内外市场持续扩大的条件下，江苏农村土布业进一步发展，棉纺织业在农民家庭经济中的地位越来越重要。

自清代起，江苏成为全国人口密度最大、人均耕地面积最少的地区之一。以土布生产最集中的苏州和松江来说，嘉庆二十五年时，人均耕地面积不足 1.2 亩，即使耕地全种粮食，也不能满足当地口粮所需，更何况当时农民拥有土地数量低于当地平均水平。这些农民单靠土地连简单的农业再生产都难以维持，必须寻求其他方式补贴所需。因此当地的土布业有了很好的发展空间。

清代，江苏农村棉纺织业经历了由副业向主业转化的过程，这一转变推进了江苏土布业向繁盛发展的速度。部分地区以织助耕，即农民以农业为主业，以纺织业生产补充农业生产的不足或换取其他家庭所需。这时所织的土布大部分直接供农民家庭成员衣着、生活所用，有一些自给有余的则会送到市场上出售。如“吴中妇女日织布三丈，除衣着儿女外，余布卖以养家”。青浦县金泽镇“无论贫富，妇女无不纺织，……储其余为一家御寒具，兼佐米盐”。嘉定县“中下之户籍女红以佐薪水”。华亭县“女勤纺织，……即稍有家资者，亦资以利用焉”。宝山县“躬耕之家仍纺棉织布，抱布贸银，以输正赋而买食米”。石门县“田家除农蚕外，一岁衣食之资赖此（指棉纺织业）最久”。崇明县“妇女业布缕以济农丁之困”。另外出现了一些耕织并重甚至织重于耕的地区，最终江苏成为土布业的生产集中地。早在明代，松江一带就是“纺织不止乡落，虽城中亦然，……田家收获，输官偿息外，未卒岁，室庐已空，其衣食全赖此”。进入清代，有关记载就更多了，如上海县，“民间于收成之后，家家纺织，赖此营生，上完国课，下养老幼”。嘉定县外冈一带，“土脊则秋收必薄，故躬耕之家，必资纺织以供衣食”。石冈广福一带，“计口授田不足一亩，即竭终岁之耕，不足供二三月费，故居常敝衣藿食，朝夕拮据，寒暑不辍，纱布为务”，“妇女昼夜纺织，公私诸费皆赖之”。华亭县寒圩一带“女勤纺织，……贫者籍以糊口”。南汇县，农民“耕获所入，输官偿息外，未卒岁，室已罄，其衣食全赖女红”。太仓州，“农之最苦者佃户，耕耘粪壅，悉由称贷而来，迨至秋成，偿债还租竭其所入。所籍以糊口者……纺纱织布”。江阴县，“乡民多籍纺织度日”。无锡县，“邑不种草棉而棉布之利独盛，……乡民食于田者惟冬三月”。平湖县，“比户勤纺织，……挟纩赖此，糊口亦赖此”。

明清时代的江苏，突破了传统的男耕女织这一劳动分工格局，出现了男子纺纱织布的现象。许多男子也参与纺织。松江地区,“镇市男子,亦晓女红”。清人关于松江织布业的诗中写道:“乡村男妇人人谙。”有些男子的织布技艺甚至胜过女子。如昆山地区,“至于麻缕机织之事,则男子素习焉,妇人或不如也”。上海农村地区向有“男纺女织”之说。有人认为太湖周边地区的男子普遍参与纺织。作为农业社会主要劳动力的男子大量从事手织业,说明该业已成为许多农家的主业,并不仅是由妇孺承担的低报酬工作。嘉靖时期,上海县,“外内有事,田家妇女亦助农作,镇市男子亦晓女红”。万历时期,嘉善县,“纺之为纱,织之为布者,家户习为恒业,……男妇或通宵不寐”。乾隆时期,无锡东北乡,“不分男女,舍织布纺花别无他务”。吴县,“男妇并工捆履、编麻、织布”。太仓州沙头里,“于耕隙则男女纺绩”,“男女兼织,十室而五”。仁和县,“乡之男妇皆治棉布”。道光时期,太仓一带,“男妇纺织为生者十居五、六”。常熟昭文一带,“男女效绩,夙夜不遑”。秀水县阳行村,“男妇俱业纱布”。嘉庆时期,常熟人周廉在甘肃高台县推广纺织,“募江南善织者,设局教男子织成布,使转售于他方”。道光时期,乌程人徐璋在贵州大定府“设纺局,课男妇,各给车棉”。这些从侧面反映江苏地区有男子从事纺织业的事实。

一些小农家庭不再追求家有盖藏,他们“往往家无斗储而被服必极华鲜”。据当时人说,“江南当财赋之区,然士气浮而不实,民间无数月之蓄”。苏州附近,“不论贫富贵贱,在乡在城,俱是轻裘,女人俱是锦绣,货愈贵而服饰者愈多”。娄县青浦一带“俗尚骄奢”,“往往有乡村农妇,簪必金铛,衣必锦绣”。嘉定县农民“颇习华靡,稍遇丰稔,服饰趋时制,宴及效富家,赛神演剧,往往而是,故盖藏绝少”,甚至于“佃户家无担石,入市必沽酒肉,未冬先披羊裘”。由此可以反映当时土布应用范围之广。“托命剡缕,三日两饥,抱布入市,其贱如泥”,又是对当时土布多而布价贱这种情况的生动写照。

然而,史料中也不乏一些通过从事棉纺织业生产积累了财富,在经济上逐步富足的记载。兹举数例:

乌程县乌青镇人朱淑贞,“力勤纺织,因夫亡二十年未葬,康熙丁巳出针指所积,鸠工选料举夫葬焉,越三日,又出其余置田数亩,为翁姑终养计,病剧,又分其余以贻父母”。

武进县周杨氏与其母同居,“相与纺绩,置有田产”,“与族人约曰:吾夫亡时,无一垄之植,一瓦之庇,今之所有,乃吾母女两人十指所置。……百年后,捐所居瓦房六间作周氏分祠,田三亩二分作祭田。祠内东侧一间设杨氏祖龛三代,捐田五亩作祭田。又市房二间作茶亭,……捐田一亩,夏月施茶。拨田五亩,为侄孙四人读书之费,其余悉以付嗣孙”。

常熟人陈苏氏,“家本贫,纺绩置产。留遗业外,捐田三十亩为陈氏嗣墓祭产,十亩为夫本生父祭产,又捐二十亩为父母祭产”。

嘉善县倪氏,“勤纺织,置田十五亩以供葬祭”。

松江人熊氏,“勤苦有心计,积纺织资葬舅姑及夫,并创置田百亩”。

吴江同里人蔡氏,“家故寒微,氏勤纺织,苦积买田数十亩”。

无锡县人刘氏,“以织纴余买田数十亩”。

通过以上介绍可以看出，江苏土布业由元代出现并逐步发展起来，经过多年在纺织工具及织布工艺上的改进，到明清时期其发展相当繁盛，几乎达到家家纺纱织布的局面。且当时出现的色织土布都是用传统的手投梭织木机织造，数量相对较少，大部分都是织后染色。一般条形纹样都是经纱中夹用色纱，纬纱用单一颜色纱线，只用一把梭子即可织造。而格子布则是经纬纱同时使用色纱和白纱，用两把梭子，能引出两种不同颜色的纱线，织造时根据经纱的排列规律依次换梭，从而形成正方形的格子。

二、土布业初见衰落（清末民初，国门大开，洋布入驻）

据估计，1860 年，松江府的总人口为 300 万人，年产土布 30420560 匹，共需 182523360 个劳动日；以每家 5 口、每户 1.5 名织布者计，需要松江所有家庭每年织 202.8 天。应该说，织布是这一时期松江农家名副其实的主业。

除供应国内的市场外，明朝时，就有中国土布输往日本。英国这个以棉纺织业兴国的“世界工厂”，直到 19 世纪早期还大量购用“南京布”(即松江土布)。当时，“南京布”在颜色与质地方面均优于英国棉布。美国人把中国土布大量贩运到美国、南美乃至西欧。因此，工业化以前苏南地区的家庭手织业已发展成为市场经济的有机组成部分。

19 世纪末期现代工业兴起，对江苏不同地区的农家经济产生了极大的影响。土布开始慢慢走出了江苏人家的生活，逐渐退出千年以来的岗位，成为历史。清代已经有西方的机织洋布涌入中国，虽然很少人能够用的起洋布，但当时也是人们追求时尚的目标了。加之现代工业兴起后，工业品侵占了手工业品的市场，土布业这种自然经济随之瓦解；劳动力转移等因素，也造成江苏地区土布业呈逐步衰落的态势。

廉价的工业品竞争的结果，使工业品市场越来越大，竞争越来越激烈，土布市场逐渐萎缩。如包世臣写道：“近日洋布大行，价才当梭布三之一。吾村专以纺织为业，近闻已无纱可纺。松、太布市，消减大半。”

就市场竞争而言，包括洋布对土布的竞争及土布对土布的竞争。在1875年、1905年、1919 年和 1931 年 4 个年份中，土布(以平方码计)在国内棉布市场的比重分别为 78.1%、78.7%、65.5%和 61.6%。据 1933 年海关报告：“比岁以还，进口棉货，每况愈下。这足以看出土布比重在逐年下降。查四年以前，所有进口棉货总值，(棉纱在内棉花除外)尚居各项进口洋货之首席；迨及民国二十年，则退居第二；洎乎上年则降为第三；本年则一跌而为第六矣。”

就江苏布匹市场而言，甚至自清末起就是土、洋布在相互竞争。据镇江海关对 19 世纪末布匹市场的观察，“洋布减销尤甚……从前如江北内地各州县，均用洋布，近则用土布者渐多”。尤为重要的是，洋布和土布在相当长的时期内，有着不同的消费人群。费维恺认为，“国内机织布和进口货并不是手织布完美的替代品”。土布业在苏南衰落的同时，在其他某些地区却发展迅速，华北高阳、宝坻、潍县等地均崛起为新的土布中心。

进入 20 世纪，苏南成为中国现代工业最发达的地区。由于大工业提供了比土布业更高的收入，原来织土布的主力军被吸纳到工业中来，许多地区逐步从“副业主业化”过渡到“工业主业化”。时人指出：“商市展拓所及，建筑盛则农田少，耕夫织妇弃其本业而趋工场，必然之势也。”正如彭慕兰的假设：如果中国设立工厂，许多妇女会打破习俗，进厂挣钱。

上海附近农民成为工人的现象非常突出。在该市纱厂中，即使年老的乡村妇女也可在粗纱间找到工作。杨树浦附近村庄，“拥有土地的家庭，喜欢把土地出租一部分给别人，以便腾出时间，到都市工作”。据对无锡荣巷、开原两乡外出人口的调查，其中 82.5%的人前往上海，这些人中，做职工、店员的占 75%以上。上海公共租界中，1900 年，江苏人口为 141855人，1930 年增加到 500576 人。不少较富裕的家庭，大量离开乡村搬进城市居住，仅留下老人在家看门种田。上海近郊也成了其他地区农村人口向往和移居的地方，以便他们靠近上海，寻找合适的工作。

江苏其他城市工商业的发展，同样在当地吸纳了大量的乡村劳动者。据调查，无锡小丁巷80 户农家，依赖工商业为生的有 44 户(不包括小贩在内)；荣巷从事工商业的人口为 225 人，而从事农业的人口仅为 191 人；荣巷、开原两乡外出做工人口有 10%前往无锡。1949 年以前，仅无锡东部甘露、荡口等地迁入苏州等地做工经商的人数达 3085 人，占在乡人口总数的20.85%。1927 年，宜兴地区“由农妇变成工人者，可达六千之数”。

在常熟，1919 年以前，仅织布厂就有 31 家，招收女工 4320 人。宝山县的宝兴纱厂，一开工就招收工人约六七百名。杨思乡的恒源轧花厂和恒大纱厂，招收女工 900 多人，而该乡共有女性人口 8000 多人。1930 年，川沙县 47 家花边厂中，女工人数共 21450 人。据 1935 年户口统计表数据，该县女性人口“现住”为 64448 人，仅花边一业就吸收了“现住”女性总数的33.3%。此外，该县 12 家毛巾厂，工人数达 1656 人；纱厂也大量吸纳了手织女工。

缫丝业的勃兴，同样吸纳了大量的织布女工。1932 年，无锡有缫丝厂 50 家，共有成年女工 36350 人；现代纺织工厂 118 家，工人 64785 人，其中成年女工 47826 人。据统计，1933年无锡市的总人口仅为 171256 人。在宝山县，20 世纪 20 年代，闸北一区即创办 10 家丝厂，雇佣工人 5800 名，大多数是女工。在吴江县，据 20世纪30 年代费孝通在开弦弓村的调查，“最近 20年附近城市缫丝业的发展非常迅速。城市的工业吸走了农村的劳动力”。据满铁对无锡荣巷、开原的调查，两乡 16 至 25 岁的在家青年为 4 人和 19 人，分别仅占人口总数的 3.5%和 12.2%。

1933 年，仅沪、宁、锡三地就有工厂 4487 家，工人 319565 人。1932 年，江苏女工占全省女性总数的 12.76%。全省从事工业的女性人口达 200 余万人，考虑到务工的女性绝大部分集中在苏南地区，苏南女子从事工业的比重至少比全省平均数高一倍。

据上海农村一老年居民在 1929 年的回忆：“工厂开始在附近设立的时候，经营者派人到村里招工，有些人放弃农活进入工厂……后来，工厂招收女工，在这里招了许多人，于是只剩下我们这些习惯于干农活的老年人在家种田。因为许多人移居城市，村庄日益缩小了。上海农村那些进厂工作的妇女，原来多是农村的手织者。”其他像真如地区，“女工殊为发达，盖地既产棉，多习纺织……自沪上工厂勃兴，入厂工作所得较丰，故妇女辈均乐就焉”。宝山县，“向恃织布，运往各口销售。近则男女多人工厂”。川沙县“向以女工纺织土布为大宗”，“今则洋纱洋布盛行，土布因之减销。多有迁至沪地，入洋纱厂、洋布局为女工者”。如此众多的手织女工被吸纳到工业中来，使得苏南土布业衰落下去。据调查，松江华阳镇 800 户农家，有职工670 名，织布户仅有 1 家(1 女)。89 户农家中，仅前往上海一地的做工者即达 29 人，兼营织布副业的仅 6 家。

在农村土布利润不变、甚至减少的情况下，苏南土布业的衰落势所必然。但农村商品市场并没有普遍让位于工业品的迹象，而是使其商品性生产大量地转向自给性生产。

在上海农村，20 世纪 30 年代，原来以商业化为主的“棉七稻三”制度，已明显地转向以自给性为主的粮食的种植。据 1930 年对上海 140 户农家的调查，棉花在农家的种植比重下降到了 34.8%，远小于稻、麦、豆等粮食作物 50.5%的比重。这也从侧面反映出当时土布业已开始逐步衰落。

衣着是城乡居民重要的消费支出，维系土布生产同样可减少家庭开支。土布业的衰落在城市中尤为迅猛，而在农村却是缓慢变化的。在一些地区土布依然深受人们的喜爱。尽管近代上海引领全国服装之潮流，但上海的苏南籍女工仍喜欢自家织制的衣料。至于宝山县，“中人之家妇女尚以荆布相安”。在嘉定，自光绪初年至 20 世纪 20 年代，“邑人服装朴素，大率多用土布及绵绸府绸”。20世纪20 年代末，南汇县仍盛产经花布，“乡间妇女织以自用或馈亲友”。真如地区，“日用所需，乡人类能自制”。一般家庭对土布的消费偏爱及出于生计考虑是手织业继续存在的基础。

而同时代苏中通海地区的手织业则逐步发展为典型的自给性生产。有学者认为：明朝前半期，由于棉花与棉织业的推广，通海与江南地区的商业经济同样发达；但在明代后期，通海手织业受到了松江棉布业的强力竞争；到了清代，这个地区成了纯粹的棉花供应地。在清代中期以前，南通农家所产的土布主要用于自给，而不用于出售，故称为“家机布”。那些质地较优的布匹由富裕之家雇工定织自用，并非流通商品。高等衣料，除富裕家庭定织外，均购自苏南地区。“富豪之家，谓罗绮不足珍，求远方吴绸、宋锦、云锦、缣、驼褐，价高而美丽者，以为衣，下逮裤袜，亦皆纯采向。所谓羊肠葛、本色布，皆不鬻于市”，一般平民家庭很少织布，“四乡之人专务农耕”。而通海沿江居民种棉较多，但“所为布颇粗……俗谓纱布”。这种布显然无法在市场上与一江之隔的松江与太仓土布竞争。

通海地区土布的商品化程度远较苏南为低。棉布的商品性生产，仅存在于极少数乡镇中。直到 19 世纪七八十年代，才有宿迁人到二甲镇、金余镇、候油榨一带收买南通土布，其后又有一些里下河米商和山东骑骡客到金沙、兴仁镇一带收布。1884 年，洋纱进入通海地区，其后 15 年间，由于上海等地洋纱的涌入，通海地区的大尺布有所发展。时人写道：“棉花为通属出产一大宗，大布之名，尤驰四远……岁会棉值增至数百万。” 1893 年，通州农家的织机总数约四五千架，“所出各色土布甚多”，“又有一种新出之布，系用印纱与土纱并织，其坚致温暖，虽稍逊土布，然颇动目，甚为合用……价亦较廉”。1899 年，大生纱厂开工，开始时日产机纱 45 件，其中 90% 为 12 支纱，全部售作通海关庄布的原料。通海销往东北的大尺布，由 10 万件增加到 15 万件。关庄布的质量也有极大提高，从而产生了更多高档大尺布。1923 年大生纺织系统大力扩充后，农家大尺布的产量又增加了一倍。

通过对南通土布生产的考察，学者认为：“当手织布使用了机纱以后，曾迅速提高了它的产量和商品化的过程。”通州土布自使用机制纱为原料后，机纱市场也日益扩大。大生纱厂一直把 12 支纱作为主要产品，“销售对象全是织关庄布的手工织户”。

通海地区的许多织布厂，客观上为乡村培养了大量的手织人才。如海门的宝兴织布厂、通华布厂、国华布厂、利生布厂等，存在时间均极短暂，但对于当地改良织造工具、研究染色、翻新织品，起到了推动作用。各厂培训的骨干织工，估计在千人以上。此外，各种形式的传习所也极大地推广了手织技术。最值得称道的是大生纱厂创办的传习所，招集大生的失业工人，轮流学习，传授织造技术和染色方法。所织土布以改良大机布为主。

在现代工业推动下，土布副业逐渐演变成通海地区农家的主业。农民虽未离村，但已大量离土。民国前期，海门地区，“乡间农家，大都置有织机，自行纺织。年共出布百万匹以上，约值银一百三十余万元。除本地服用外，由各关庄运销东三省及俄境”。靖江地区，“工作以织布者最占多数……岁可出五六十万匹。”泰兴，“各户均有机织，难以统计”。崇明的土布有大布、小布之别，小布“岁销约五万匹，皆出女工手织”。如皋，“布业四百余家，岁销八万余匹”。

在苏南农家认为织布收入降低，许多家庭放弃织业之时，通海地区的土布业以商品性生产为主，并且用机纱代替土纱织布，农民需要卖棉买纱，这不但扩大了布匹的商品市场，而且提高了农业的商业化程度。在这里，商品市场的扩大不是以农家手织业的破产为前提，恰恰相反，它是以农家手织业突飞猛进的发展为前提。

尽管同属长江三角洲地区，但苏南地区在现代工业的推动下，当地由织布主业化时代过渡到工业主业化时代；而同在现代工业的推动下，通海地区从男耕女织的自给自足时代过渡到织布主业化时代，农家织布业获得了较大的发展。

对于缺乏“女织”记载的苏北地区，徐州、淮安、海州地区与附近的河南、鲁西南一样，在宋代以前，农家经济是男耕女织型。《尚书·禹贡》载：“淮夷玭珠暨鱼，厥篚玄纤缟。”可见这一带在数千年以前就以产优质丝织品著称。在唐代以前，在政治与经济上，该地区均是中国的“核心”地区。唐代辖境包括江苏淮北、鲁南、河南省的河南道，贡品纺织物有绢、绵、布等。据载：“淮安自唐以来，即以棉存布、苎布入土产。”邳县在中古时期，其物产有丝、布等。从明朝人辑录的农书中，可知一些纺织器械多是北方的工具或以北方的为先进。如络车，“此北方络丝车也。南人但习掉籰取丝，不若络车安且速也”；纬车，“东齐海岱之间谓之道执。”但自宋以后，苏北的手织业开始凋落。查各地方志，明朝以后，苏北等地已基本见不到手织业了。

在松太地区实行“棉七稻三”耕作制度的时候，徐、淮、海地区棉花的种植如凤毛麟角。看乾隆年间成书的《江南通志》，徐、海两府的物产中根本未列棉花、棉布，淮安府的物产中列有“木棉”，但特别注明“产于淮南”。另据清《淮安府志》记载：“棉则国初多植之，其后浸微。”甚至在20世纪20年代，海州某些地区的农民还未曾试种过棉花。

在苏南地区的织布能手成为“顶价姑娘”或“顶价娘子”的时候，苏北地区的女性却不能在家庭经济中撑起“半边天”。史称：“蚕织之政未修，妇女无以自给，则其自视也轻。一失所依，求死不暇。”盐城妇女，“弗勤则匮。冻馁随之，乃或不能自持，沦于污贱。较之康熙府志所谓女不蚕织，叛仰无资者，抑又甚焉”。邳县妇女，“未嫁不出户，窥嬉寡妇或诟詈攘。”在兴化，“妇女半属宽闲，或倚门观望，徒耗日时，或甘学清音，竞忘羞耻……朝夕不给，甚至流为娼妓而不悔也”。

鸦片战争前，松太地区的妇女凭借纺织自立被收入“列女传”的故事不胜枚举，同样的事迹在徐、淮、海地区却闻所未闻。据对《江苏省通志稿》的统计，徐、淮、海地区被旌表为“贞孝”的女性，占首位的竟是“刲股”疗亲，其中淮安府16人(被旌者45人)，徐州府8人(被旌者28人)，海州为13人(被旌者29人)，无一靠纺织而自立者。

苏北农家的衣物全靠购买，而平时又要“粜精籴粗”。进入近代社会后，地方士绅效仿南通工业化的模式，为当地家庭手织业的重新兴起提供了物质保证。

清末，淮安府阜宁县因张謇等在这里创办了一批盐垦公司，“罗致通海佃农，经营棉田产额颇巨”。民国初年，铜山县年产棉花160万斤，价值16万银元；萧县年产棉花79000担，价值96万银元。淮阴渔沟“讲求桑棉者甚夥”；五市“兼之种桑植棉”。1920年成立的淮北劝棉场，“鸠工购械，竭力经营，适年荒歉，不惜重资向通泰各埠购办美种，救弊补偏，不取分文，对于植棉新法，有选种、下种、施肥、中耕、防治、收花各宗手续，约采访金陵东南大学经验较深、学术素著之植棉家言，编为简章，期于改良普及”，为淮北地区推广植棉事业作出了较大的贡献。

自机纱输入中国后，苏北农家开始用机纱织土布，此项洋货很快成为苏北地区进口的大宗商品。1891年，据苏北进出口商品的主要商埠镇江海关的观察，“洋货入内地之价值，比去年绌十九万二千余两。原洋布减销十五万五千余匹，而印度棉纱……均与进口同一畅旺”。次年，棉纱进一步热销。海关税务司认为：“本口北方各处之人，俱购洋棉纱自织，其织成布匹较市中所售，价廉而坚……独本口北方各境尤觉棉纱销场兴旺。去年此货进口仅二万七千担，今年进口有八万五千担，比去年计多三倍。窃恐通商各口未必有多至三倍者。第以棉纱由本口转运各处而论，计运至徐州五万二千担……可见新旧黄河腹内各府州县，系购纱自织明矣。”当时运往徐州的棉纱可方便地通过运河转运到淮安各属县；后陇海铁路东段建成，徐州与海州的交通也极为便捷。1902年，镇江进口的印度棉纱价值450万海关两，占该口进口货物总值的30%。这些棉纱“大都运往江苏省之徐州府、山东省之济宁州、河南省之陈州府，当为此三处销行为最。内地民人以之织布，较之外国用此纱织成之洋布，尤为合用”。据镇江海关观察，1903年的前10年中，印纱进口“历年递增”，“只就本年较之前十年之时，已增至四倍之多”。与棉纱的销路相反，从19世纪90年代至20世纪20年代，洋布在苏北的销路基本上逐年递减。海关报告认为：“推原其故，系因外洋布价昂贵，内地乡民均皆自行织布。惟织布自盛，用纱必多。”20世纪20年代以后，镇江进口的洋布已寥寥无几。

1913年成立的淮阴省立第四工场，所织布匹有丝绵布、丝花布、丝条布、蓝白格被面等，“自工场成立以来，毕业工徒，挟一艺之长，转相授受，实业之流传推广，效果为不细矣”；淮扬公立贫民工厂，“议定规则，以纺纱织布为正业”；1920年，淮阴绅士“概出钜资，凑合基本金银洋以万数。窃念振兴实业为江北之首图，提创棉品尤为农工商三界中之要着”。

在淮阴王家营，1898年邓贤辅设南洋广机利公司，“始大募齐鲁流民，教之纺织。经画未久，所业衰歇，然艺事有成者，多克自树立。于是王营始有机房，其始犹三数家，光复以后，厂乃逾百”。这些家庭织布“厂”实为真正的家庭手织户，其后，“王营产布最多，设厂者皆齐鲁人，有小布、长头、丝光格、条子诸种”。据1928年统计，该镇东街有机房40户，南街41户，西街28户，北街2户。民国初期，淮阴徐家湖，“城厢内外，居民近数年多纺纱织布”。毛巾等织业也在淮阴兴盛起来，“清(江)各工厂皆产之”；洋袜，“以机织成，近年开厂者亦多”。安东县直到近代才“稍稍知兴棉利”。由于棉花的种植，“女工取以织作，精良逊南布”。泗阳，“植棉、饲蚕风气潮开……民国以来，地方商人竭力提倡，凡油、酒、烟草、布匹诸业，次第振兴”。

在徐州府睢宁县，洋纱的涌入使这个地区的织布业很快兴起。19世纪90年代初，“曷来洋纱盛行，村人均有抱布之乐，户户织锦(棉)，轧轧机声，谓每尺布可省钱十余文，诚无衣者之的发展历程与分布乐事也”。民国初年，睢宁年产土布38000匹，价值95000元。宿迁县，“布匹夙仰通州。今则遍树木棉，间习纺织矣”。铜山县，“城乡各纺织木机，每家三四张，或一二张，所在多有”。丰县，“土布为本地出，织户在昭勇、强毅二区”。萧县，“城内织布者尚有四五家，其布机三四张至七八张不等。乡间则多用旧机，能织之家甚多，然原料来自他处。织成售诸本地”。邳县年产白大布14万匹，价值22万元。到了20世纪30年代，铜山居民大都以手工业为生，普遍织布匹、毛巾、线球、洋袜。

综上所述，由于现代工业的兴起，劳动力的转移、洋布与土布的竞争及土布与土布的竞争，苏南地区土布业发展由地区普遍繁盛的景况逐步萎缩转为少数农家家庭自给性生产，苏中地区通过改良工具、改革技艺等，使得土布业在农家兴盛起来，苏北地区在植棉业和纺纱业发展完善的情况下，逐渐发展起当地的土布业。从宏观上看，这个时期，江苏省的土布业已呈现出衰落的大势。

三、土布业的回暖（抗战，大生产，天灾，自力更生，支援前线）

抗战爆发后，机器纺织业遭受严重摧残，为了满足军民的需要，补充战时衣被之需，中国共产党大力扶植民间纺织生产，江苏地区的农村几乎家家都有纺车、织机，此时，土布纺织业得到进一步发展。

战争时期条件艰苦,地方农民不分昼夜地织布送往前线,使战士度过严寒,为战争的胜利起到不可磨灭的作用。20 世纪 30 年代,江苏土布业的典型地区已从苏南转移到了通海地区。当时,上海的土布业主要经营来自南通、上海邻县四乡和常熟等地产品。"不过上海邻县和常熟等地出产的土布,因其尺度狭短,所以用途没有南通土布这样广,当然,行销范围也比较小。"有学者认为,此时南通的土布生产典型地反映了苏南的模式。

这一时期,广大人民积极投入生产,江苏土布业异常活跃。农村中十家有七八家备有纺车、织机,成年妇女都能摇车纺花、登机织布。广大妇女还通过自己的聪明才智和生产实践,对工具进行革新,使织造技术得以进步,土布的色彩和图案更加丰富多彩。这个时期的主要特征是在模仿进口洋布的技术上对传统的色织土布进行了品质改良,生产的色织土布往往被称为以铁木机为先进代表的改良后期(1930年—解放初期)。

20世纪30 年代初,通、海两县依靠土布为生的人数约 60 余万人,户均手织者约 2 人。南通一地的土布,年销售值达 2600 多万元。东北沦陷后,1933 年销售值达 1700 万元。南通一地乡村织布区,人口约 50 余万人,纯粹以织布为生的人口占总人口的 38%,半以织布为生的人口占54%,不织布的人口仅占 8%。

据调查,南通县金沙镇头总村 94 户农家中,46 户从事土布生产,其次有 12 户从事手纺纱的贩卖,7 户从事搬运业,其余拉人力车、务工、挖野菜、皮棉、制造手纺纱工具各 1户,土布行商 2 户,中介业 3 户。在上述从事副业的 75 户中,直接从事织土布的户数在各种副业中占压倒性的优势。另外,与织土布直接相关的手纺纱的贩卖、手纺纱工具制造、土布行商等达 16 户,与土布业有间接关系的搬运业、中介业达 10 户。这一地区农家经济结构中,"织布主业化"的倾向非常明显。

如同苏南地区"织布主业化"过程中所表现出来的情形一样,通海地区的男子纷纷加入到织布行业中。在靖江县,"至织布之户,则散处四乡,男女俱有"。20 世纪 30 年代,南通是公认的男子织布的典型地区。据对南通县金沙镇头总村农家的调查,全村共有 90 人直接从事织布业,其中男性 47 人,女性 43 人。男性织布者的比重已超过了女性。在海门农村中,还有一种专门供男子使用的"洋机",完全靠脚踏,速度极快。作为农村主劳力的男子大量转移到织布业中,且成了织布业的主力,同样表明织布业已取代了农业的主导地位。不难理解,在这样的地区,"大姑娘不会纺纱织布,小伙子是不登门求婚的"。

1924 年,江苏省立麦作试验场在徐州地区推广美棉。1934—1936 年,植棉户从 1346 家增至 23184 家,美棉种植面积从 6147 亩增加到 111207 亩。与粮食作物相比,种植棉花的风险较大。为此,江苏省农民银行等机构在 1936 年为徐州地区的棉农贷款 222412 元。1935—1937 年,整个苏北棉花种植面积与产量均处于快速增长之中。1937 年苏北棉田面积达 1788684 亩,年产量达 309747 担。只是到了 1938 年,由于战争尤其是花园口黄河决口给苏北棉花种植和生产造成了沉重的打击。据日本华北联络部调查,到 20 世纪 30 年代,苏北地区以阜宁为中心的旧黄河、射阳河一带、西部陇海铁路沿线一带及中南部旧黄河流域等地区均成了重要的棉花产地。这些区域包括苏北东南部阜宁、淮阴、淮安、涟水，西部丰县、铜山、萧县、沛县、砀山等地。这些植棉业的改进及植棉面积的扩大，从侧面反映这个时期江苏土布业从衰落趋于回暖。

四、土布业的二次衰落（20世纪50-60年代）

中华人民共和国成立后，更为廉价的布匹的出现及技术更新等现状，让服务于人们多年的粗布再次退出人们的视线。20世纪60年代后，机器纺织业迅速发展，人们的穿戴被机织布和各种化纤布所代替，土布业逐渐被冷落，大部分农户的纺车、织机都被闲置起来，纺花织布的社会景象渐渐退出了人们的生活，淡出了人们的视野。很多年轻人都已不再学习土纺土织这门技艺，有的甚至不知道土布为何物。化纤面料的增多，化学染料的出现，社会劳动力进一步的转移都加剧了土布业的衰落。

其实江苏土布业在20世纪20年代末已经开始走下坡路了。《江南土布史》摘自1933年1月出版的《沪市商会提倡土布》(《纺织时报》第95号)中这样记载：我苏镇、武、锡、吴、昆、阴、崇、都、淮、铜及上海各县盛产土布，远销南洋两广，以及律渝各地，年值恒在二千余万金。近来洋布充斥，国人心理又爱用外货，销路日滞。织女停机，农村经济于以困迫。1932年6月出版的《东北国产纱布销路减少》(《工商半月刊》第4卷 第11期)中记载：兹据纱布同业公会之调查，四十余家纱布字号，本年来倒歇者已十余家，平常通(州)、海(门)两县赖此为生者约有六十余万人，但今年织机停织，工人失业约十万人，因此平民生计大受影响。申时电讯社1935年4月出版的《沪市土布业近况调查》中也有记载：通州大尺布，又名沙布，为北沙所产，通州附近产量颇巨，在土布中具有特殊势力，故另立沙布公会。其会员只二十一家。现已营业衰落不能维持，多假公会会址，权作营业之所.回顾过去盛况，不胜沧桑之感。

究其衰落原因，1933年6月15日出版的《土布销售锐减》(《工商半月刊》第5卷)这样解释：土布为我国农民手织之副(业)产品，农民耕种之余，自纺棉纱，自织土布，销售于市，以补家用之不足。惟近来洋布充塞市场，销路既去其半，而对外输出，又一蹶不振……其不振原因，(一)国外贸易不振，如南洋橡皮(胶)事业日渐衰落，金融奇紧，影响土布海外营业颇大；(二)东(三)省销路断绝，日本增加关税至值百抽五十；(三)内地"盗匪"横行，杂税又多，难以推销。

当时在敌伪统治上海租界期间，花、纱、布均被严格统制，强行收买。手织土布虽不在收买之列，但因织制土布的原料——机纱来源稀少，生产受到限制。同时，由于机制布也不能运出市区，人民衣着，受到威胁。农村织户乘机恢复自纺自织，或采用郊区小纱厂生产的机纱和统制区内外流的少量机纱，织造土布，除自给外，还供应市场，因而三林塘、南翔、江桥等地土布生产曾一度出现复苏现象，布商、摊贩也趋活跃。这种曲折反复的过程，在上海土布的历史上曾一再出现，但这终究只是局部的暂时的现象。

五、土布业的崩溃（20世纪70年代后）

现代人们生活条件的进步，经济效率的提高，使这项复杂的传统土布手工织造技艺离我们远去，逐渐被淡忘。20世纪70年代后的人们不再掌握这项技能，农村的男耕女织的现象早就不存在了。掌握这门传统织布工艺的，只有20世纪50年代以前出生的老人了。可这些花甲老人过世以后，会不会把这项传统技艺带走呢？

新技术的运用，使得土布业全面崩溃。"机器替代手工，机制布取代手织土布，这是事物发展的必然规律。然而，尽管土布生产每况愈下，特别是商品布已几绝于市，但由于长期禁锢于衣食自给的生产方式，加上广大农民喜用土布的习惯势力，在农民生活尚处于低水平的情况下，土布生产并没有完全消失。特别是在自给性生产上，始终保持着一定的数量。"尽管这样，但社会生活节奏的加快、工业化时代的到来，不得不使土布退出历史的舞台。

到 20 世纪 90 年代，随着人民生活水平和文化素质的提高，人们重新认识到棉布渗汗保暖、无毒保健的优点，对手工纺织品有了新的理解。部分农民重操旧业，登机织布，土布产品重新进入人们的生活。纯棉土布已发展出彩条、方格、花格、提花等系列土织布，可以用20 多种基本色线组合搭配，编织出上百种图案。

第二节·苏南地区传统民间土织布

苏南地区传统民间土织布的产生与发展是由其特定的地域文化所决定的，这种地域文化包含该地区的历史文化背景和特殊的地理环境。"有史以来，人们在不同的地域所创造出来的的各种风格流派的艺术作品之间，并不存在先进和落后的问题，而在于文化观念的差异和由此而形成的美学观念的区别。"所以，首先探索苏南地区传统民间土织布产生发展的背景，在此基础上才能了解苏南地区传统民间土织布的文化内涵和精神功能。

一、苏南地区的地域界定

历史上，元代以前，江苏省境内的长江两岸大多数分属于不同的政区。明代时期，江苏省一同划归南直隶后，长江以南地区归属于应天巡抚管辖，长江以北地区归属于风庐巡抚管辖。清代时期，江苏建省后，曾多次以长江为界划分南北而分治。长江以南的大部分地区属于驻扎在苏州的江苏布政使管辖，长江以北和南京属于驻扎于南京的江宁布政使管辖。清末时期，一度在长江以北清江浦（今淮安市）设立江淮巡抚，与驻扎苏州的江苏巡抚并立。1949 年到 1952 年，华东地区分别设立苏南行署区（驻地无锡）和苏北行署区（驻地扬州）。1952 年9月，苏南、苏北行署区以及直辖市南京市共同合并为新江苏省，南京被降为省辖市。

现代，苏南地区是指江苏境内长江流域以南长江三角洲及太湖流域的大部分地区。根据2013 年 4 月国家发展改革委员会印发的《苏南现代化建设示范区规划》，苏南地区主要包括南京、无锡、常州、苏州、镇江五个地级市。

二、苏南地区传统民间土织布的历史背景及生活环境

1. 苏南地区传统民间土织布的历史背景分析

苏南地区传统民间土织布生产历史悠久，闻名遐迩。《江苏通史：先秦卷》记载："在马家浜文化时期，纺织已经成为手工业的一部分，于草鞋山遗址的最下层挖掘出土了 3小块被炭化的织物的残片，经过研究发现这种织物的原料为野生葛，它属于纬线起花的罗纹织物，经密度每厘米罗纹约 10 根，纬密度每厘米约 26~28 根，地部则 13~14 根，纹样有山形纹和菱形斜纹，它是中国迄今发现的最早的纺织实物。"从马家浜文化遗址发现的用于捻线的纺轮来看，当时已经出现了原始的"腰机"，人们已经穿上了以野生葛为原料的布类织物。说明苏南纺织生产的起源可以追溯到距今约 7000 年的远古时代。良渚文化时期，太湖流域的丝、葛纺织业得到进一步发展。《尚书·禹贡》记载："谓常州向中原王朝的贡物有'玄纤缟'，即黑色的细绸和白色的绢。"东汉前期，手工纺织业又有了较大发展。如会稽郡生产的细质麻布——越布，就是一种堪与织绣相比的纺织品。《后汉书·皇后记》载，汉明帝死后，诸贵人当徒居南宫，马太后"感惜别之怀，各赐王赤绶，白越三千端……"。这反映了会稽郡纺织业的发展。魏晋南北朝时期，苏南地区广植桑麻，发展纺织。陈时萧《赋婀娜当轩织诗》云："东南初日照秦楼，西北织妇正娇羞，……

三日五匹未言迟，衫长腕弱绕轻丝。”唐人张籍的《江南行》诗云：“江南人家多橘树，吴姬舟上织白苎。”由此可见，苏南地区的纺织生产历史非常久远。

苏南地区的棉纺织业尤其发达。《江苏通史：宋元卷》记载：“南宋时期棉花作为一种域外的经济作物开始传入苏南一带，到了宋代，政府为了进一步扩大财源，积极鼓励境内各地种植棉花。”因此，棉花种植在苏南得到普及，棉纺织业也由此兴起。《江苏通史：明清卷》载：“明代，苏南地区是当时全国棉纺织业的中心，其中苏州府属各县的棉纺织业最为繁荣，各县生产的土布行销全国各地，有的甚至远销日本等国。”随着棉纺织业的发展，清代苏南地区的棉纺织业无论产品种类、产销规模、生产技艺都有了进一步提高，与纺织有关的轧花、纺纱、织布、漂染等行业分工也更加专业和细密，并出现了棉纱、棉布交易市场。鸦片战争期间，英国的东印度公司已经开始购买“南京棉布”。当时，南京是两江总督的驻地，可以说是江苏省的代表地区，因此，人们把江苏省整个地区出产的棉布统称为“南京棉布”。纺织工厂逐渐建立。可见，苏南地区的棉纺织业是苏南纺织工业的主导。

苏南土织布是在苏南纺织历史的背景下产生的，主要产于江苏苏州、太仓、昆山、无锡、江阴、常州、高淳等地。

2. 苏南地区传统民间土织布所处地理环境分析

苏南地区位于中国的东南沿海地域，居于长江三角洲的中心地段，东部与上海相邻，西边连接安徽，南方与浙江相接，东北部则与长江、东海相连（图 1-1）。苏南地区的地势特点：东部地区和中部地区总体地势较为低平，为广阔的太湖平原。同时，太湖周围也会偶尔分布一些孤丘，但整体高度不高，例如无锡的惠山海拔高度为 328 米。苏南地区大部分地方河道纵横交错，尤其以东部的太湖平原的河网最为密集。苏南地区拥有众多湖泊，例如太湖、澄湖、滆湖等，其中太湖是中国的第三大淡水湖。苏南地区的气候类型属于亚热带向暖温带的过渡区，气候温和适宜，雨量适中，四季分明，平均气温在 13℃~16℃之间，多年平均降水量约为 1002.7毫米。

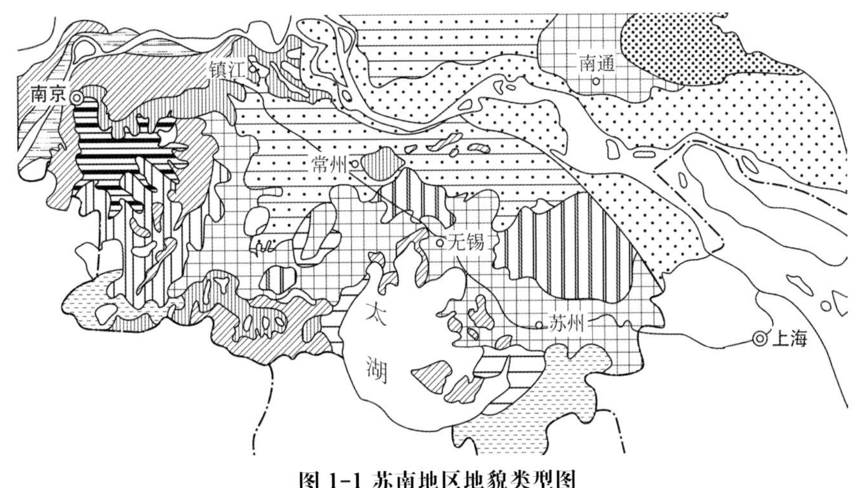

图 1-1 苏南地区地貌类型图

（图片来源：《江苏地理》）

3. 地理环境对苏南地区传统民间土织布的影响分析

苏南地区所具备的地理特点，对苏南地区土织布的产生和发展起到举足轻重的作用。首先，这种优越的自然地理因素为棉花的种植提供了得天独厚的条件，为民间土织布的加工提供了充足的原料。其次，适宜的自然地理环境适合各种作物的生长，例如桂花、水稻等。这为苏南地区传统民间土织布图案的创造提供了灵感来源，使那些民间手工艺者拥有丰富的创作素材，将他们看到的美好事物用自己勤劳的双手在土布上织造出来。最后，自然地理环境对苏南地区土织布的色彩也有一定的影响。苏南地区天然的地理环境为染织土布的自然染料例如蓝草、红花的种植提供了土壤，进而决定了苏南地区传统民间土布的色彩特征。苏南地区整体的地理环境色调体现在苏南传统土布上，例如《苏州郊区志》第27卷第3章第3节记载："苏州农房多为青灰小瓦，黑灰墙壁……"，折射出苏南土布色彩的整体色调是以青色、黑灰色为主，表现在土布色彩上的青灰色调与江南水乡的建筑色彩达到了统一。

三、苏南地区传统民间土织布的起源和发展

南宋时期，棉花作为一种重要的经济作物传入苏南一带。到了元代，政府为了扩大财源，积极鼓励各地种植棉花，再加上棉花本身优点突出，因此，棉纺织业作为一种新兴的手工业在元代开始得到普及。但是棉纺织技术的落后，大大阻碍了棉纺织业的发展。古书记载，过去苏南地区大多采用"手剖去籽，线弦竹弧置案间，振弹成剂，厥功甚艰"，体现了当时纺织工具的落后。元贞年间，松江府的妇女黄道婆流落海南崖州，在那里学习了先进的黎族纺织技术并传授给家乡人民。很快这种技术就传遍整个苏南地区，自此苏南一带成为中国著名的纺织中心。黄道婆发明了一种专门用来脱籽的搅车工具（图1-2（a））。这种搅车是由一根直径较小的铁轴装置和一根直径较大的木轴装置组合而成，并用由四块木板组装成的框架固定起来，每一个轴的一端都有用于摇动的手柄，并且伸出框架外面。在操作过程中，两人分别居于搅车的两侧，摇动手柄以使两轴转动，第三个人则需将籽棉塞入两个挨紧的轴间。由于直径的不同而转速不同的两轴相互交扎，棉籽和棉花就会被分开了。在解决了轧棉工具之后，黄道婆又研制出了一种以绳当弦的4尺多长的绳弦大弓工具。它的作用是将轧出棉籽的棉絮开松。在黄道婆回乡之前，苏南地区虽然已有弹棉弓，但是形制很小，约1.5尺，因此效率很低。所以，绳弦大弓的发明，对苏南地区的纺织业产生了极大的促进作用。当地人民原来采用手摇单锭纺车纺棉（图1-5（b）），每天生产10小时，仅得棉纱4两有余，效率极其低下。为此黄道婆和当地妇女们发明与改进了三锭脚踏纺车（图1-2（c）），使之更加适应于纺纱，大大提高了纺纱的速度。张春华的《沪城岁事衢歌》云："一轮飞卷蹋雏娃，不数山家课绩麻。莫訾江乡夸独擅，问君何处觅三纱。"这充分体现了当时纺纱技艺的发展。

到了明代，棉纺织技术较前期又有了新发展。从纺织的全过程分析，由原棉到棉布主要需经过擀、弹、纺、织四道加工工序。擀，是将原棉去籽。明代前期，这道工序仍然沿用了元代轧棉搅车工具来完成。明代后期，在实践的基础上苏南百姓不断改进棉纺织工具，出现了"句容式"和"太仓式"改进型的轧花

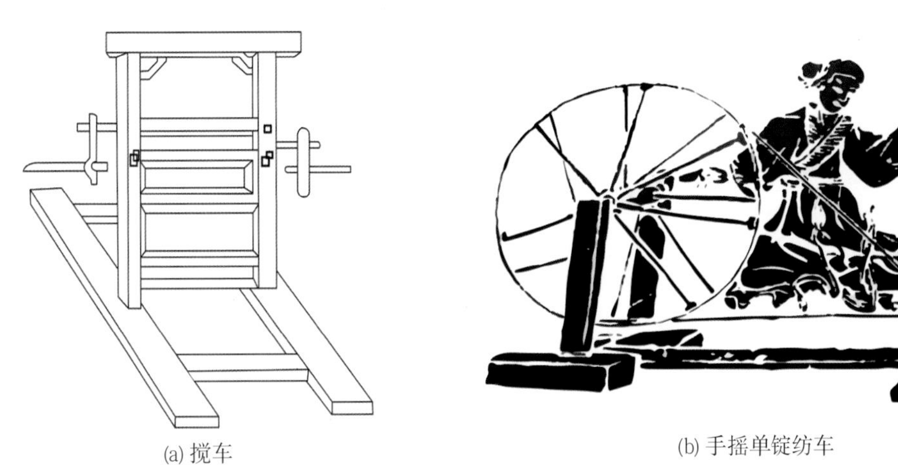

(a) 搅车　　(b) 手摇单锭纺车

(c) 三锭脚踏棉纺车

图 1-2 纺纱工具的演变

（图片来源:《乌泥泾手工棉纺织技艺》）

机。据明人徐光启云:“今之搅车以一人当三人矣,所见‘句容式’一人可当四人,‘太仓式’两人可当八人。”生产效率在全国居于领先地位。弹,是将去籽的棉花弹松。明代初期,依然沿用元代“以竹为弓,以绳为弦”的木棉弹弓,明代后期改进成“以木为弓,蜡丝为弦”的弹弓工具,将弦由绳换成丝,大大提高了棉花弹松的效率。纺,是将棉花纺成纱。明代苏南地区纺车工具仍普遍使用元代出现的纺纱工具——手摇纺车。徐光启的《农政全书》记载:“轮动弦转,莩繀随之,纺人左手握其绵筒,不过二三。”在明代,这种纺车的装置,似仍未超过三锭。织,是棉纺织生产的最后一道工序。明代苏南地区继续使用元代流行的投梭织布机。明代后期,织机有了进一步的改进,在织机上安装了足踏板和棹杆的钓竿装置,大大提高了织布速度。

四、苏南地区传统民间土织布的艺术特色分析

独特的纹样、色彩和织造技艺使苏南地区传统民间土织布形成了一种独特的风格，这些苏南土织布所特有的传统特色具有“非这样不可”的独特性，因此，研究苏南土织布的艺术特色是研究苏南地区传统民间土织布的重要内容之一。

1.苏南地区传统民间土织布的艺术特色及基础纹样解析

苏南民间土织布具有独特的历史文化背景，形成了特有的文化积淀和鲜明的地方特色，是江南水乡一带的精华所在。据乾隆年间《长洲县志》记载：“苏南土布名称四方，……谓之字号，漂布、染布、看布、行布各有其人，一字号数十家赖以举火。”经历了长期的发展历程，智慧勤劳的苏南人民对土布工艺不断地进行改造和创新，使苏南地区传统民间土织布在纹样方面形成了自己的独特风格。这种风格典雅朴实，粗犷中透着细腻，高贵中渗透着浓浓的乡土气息，真实地反映了苏南地区善良朴实的民风。

（1）苏南地区传统民间土织布图案的发展演变

苏南地区传统民间土织布图案从产生至今经历了漫长的发展过程，其与苏南土织布的染色工艺和人民生活水平的提高相关。首先，苏南土织布最初是用未经染色的手工纺纱而成的纱线直接织造的，因此没有任何的颜色也就不存在图案纹样了。伴随着染色技艺的产生，人们将纱线染上颜色，就产生了单一的色织布。而图案纹样则是在染色工艺得到进一步发展的过程中逐渐形成的，条纹、格纹及其变化纹样都是在染色工艺得到提升后产生的。其次，苏南地区土织布发展受到生产力水平的限制。现有的生活条件，导致当地的民风民俗相对稳定和封闭。因此，苏南地区的图案纹样种类变化速度非常缓慢，基本保留着传统的对身边美好事物的模仿与表达的风格。所以说，苏南土织布图案纹样的发展与社会的发展，人民生活水平的提高息息相关。随着生活质量的改善，苏南地区传统民间土织布图案纹样越来越丰富，出现了很多纹样特殊的图案。

（2）苏南地区传统民间土织布纹样的造型构成艺术

苏南民间土织布的图案构成主要以直线、曲线、长方形、正方形等为元素造型组合而成的抽象几何图案，通过运用一定的平行、重复、间隔、连续、对比等变化手法而形成。苏南土织布的构图主要采用的是二方连续、四方连续，使图案布局上下呼应、有聚有散、疏密有致……由于苏南地区织女的文化水平普遍较低，大多没有接受过专业的培训，在织造的过程中没有章法可循，织造者大部分都是“自由发挥、随心所欲”，但是她们却凭借着对美的独特理解，织造出了符合美学原理法则的富有节奏与韵律、变化与统一、对比与调和、分割与比例的织物纹样。

（3）苏南地区传统民间土织布的基础纹样解析

苏南土织布基础纹样的来源都是苏南人民日常所见的事物，在长期的织布过程中也是运用最广泛的纹样。取材不同，表现的特点就会不同，在变化中体现的涵义也会不同。苏南地区的基础纹样可以单

独地运用在土布织造中，也可以作为基础纹样造型，不断地变化组合，变化出数以千计、个性鲜明的图案艺术作品。以下将从自然植物、日常生活工具和民风民俗三个方面出发，对苏南传统民间土织布的基础纹样进行解析。

①自然植物类

柳条纹

柳树作为中国的代表性植物，自古至今就被赋予了特殊的文化寓意。因为“柳”字的谐音为“留”，所以柳树在苏南广大人民看来具有惜别之意。《送别》诗云：“杨柳青青着地垂，杨花漫漫搅天飞。柳条折尽花飞尽，借问行人归不归？”据史书记载，古人在送别之时，往往折柳相送，用来表达惜别之意。苏南妇女将柳条的造型抽象成几何纹样，通过纱线色彩和织造工艺的搭配运用在土布上，送给即将远行的亲人与朋友，是对其留恋与依依惜别之情的表达。此外，在苏南人民看来，柳条作为阳性树种，在民间被用于辟邪和招风水，因此，苏南人民也会在特殊节日穿上织有柳条纹的土布，以求生活风调雨顺，五谷丰登。

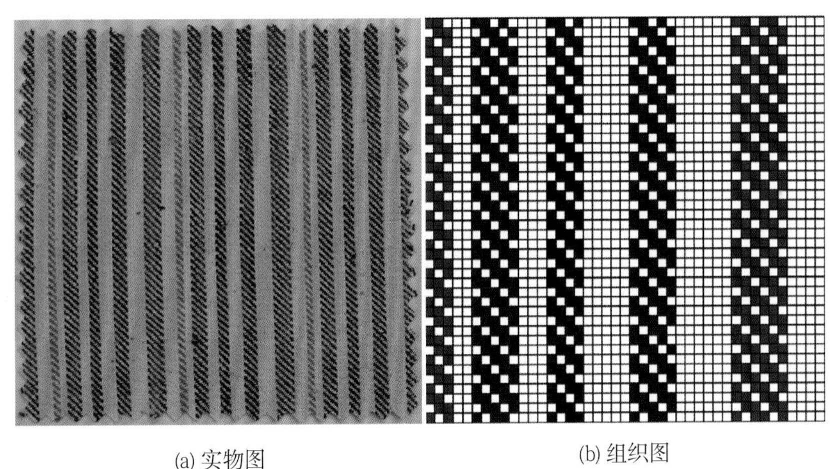

(a) 实物图　　(b) 组织图

图 1-3 柳条纹实物图与组织图

（图片来源：a.实地调研拍摄；b.作者分析绘制）

如图1-3所示，由三页综织成的柳条纹采用了提花的织造技艺，由提花技艺织造而成的正方形在土布上以二方连续的形式均匀分布，两边长条将其固定其中，点与线的完美结合，具象地呈现了修长的柳条造型。

桂花纹

桂花是苏南一带特有的植物之一，苏南地区的人民对桂花具有特殊的情怀。据《本草纲目》记载，桂花能“治百病，养精神，和颜色……，为诸药先聘通使，久服轻身不老，面生光华、媚好常如童子。”因此，苏南人家，每当中秋佳节之时，阖家聚餐饮食，总喜欢喝二两桂花酒。《吕氏春秋》夸赞：“物之美者，招摇之桂。”现在，桂花依然是美好生活的象征。人们称赞桂花“不似虚幻梦，是在艳花丝；赏罢神情美，望花笑满容”，表现人们赏罢桂花后的美好心情。另外，苏南一带人民还取桂花的“桂”字谐音为“贵”，家家户户穿上织有桂花纹样的衣饰，预示生活可以富贵平安。

(a) 实物图　　(b) 组织图

图 1-4 桂花纹实物图与组织图

（图片来源：a.实地调研拍摄；b.作者分析绘制）

如图1-4所示，桂花纹像一种四角的风车造型，形似桂花开放。苏南地区人民将桂花图案以四方连续的形式进行排列，组织在土织布上，体现了苏南地区人民对桂花的喜爱和对桂花象征意义的崇尚。

米通纹

苏南地区色彩斑斓的稻文化，深深渗透进苏南地区的民情风俗，形成了独具一格带有稻文化烙印的特殊节气。《浣溪沙》载“十里西畴熟稻香，槿花篱落竹丝长”所描绘的就是金秋时节苏南地区处处稻谷飘香的美景。明代王士性在其《广志绎》卷二《两都》中云：“苏南泥土，……，南土湿，……，南宜稻，……”这些都指出苏南是比较适合种植水稻的地区。西汉司马迁在《史记·郦生陆贾列传》中云：“王者以民人为天，而民人以食为天。”早年时候，人们的生活衣食无着，穷困潦倒。对于把水稻作为主要食物来源的苏南地区人民来说，农民们祖祖辈辈把希望寄托在水稻的收成上。人们把水稻看作生命的根本，但又无法与恶劣的自然条件作斗争，因此把对水稻丰收的渴求寄托在土布的纹样上，希望人们穿上织有米通纹的服饰，气候能够风调雨顺，生活能够衣食不缺、丰衣足食。

如图1-5所示，两个竖条纹的上下左右各平衡对称分布两个点，其一个单元纹样“ ”看起来比较接近汉字“米”字，然后将单元纹样向左向下旋转90° 排列组成一个新的单元纹样“ ”，最后将由这两个纹样组成的新的单元纹样进行四方连续的排列构图。

②日常生活工具类

井字纹

江南水井伴随着苏南地区农村生活的衣、食、住、行。苏南地区的天气比较潮热，人们虽然临水而居，但河水具有不稳定性，经常会泛上来，容易污染。而井的面积小，且为深层地下水，比较稳定，所以，

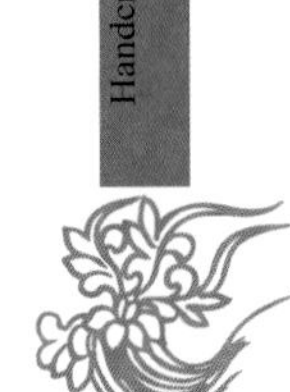

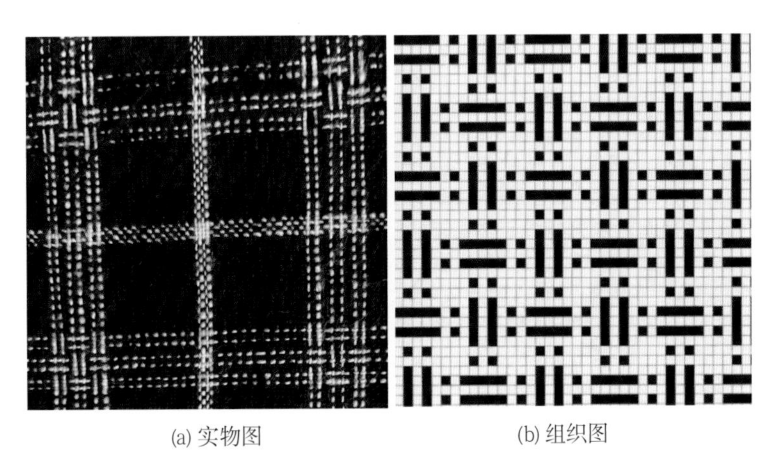

(a) 实物图　　(b) 组织图

图 1-5 米通纹实物图与组织图

（图片来源：a.实地调研拍摄；b.作者分析绘制）

水井是苏南水文化中极具使用价值的生活必需品。另外，苏南地区人民还受道教"万物有灵论"的影响，认为水井神是五祀对象之一，因此，人们为了水源的充沛，对水井神进行祭拜。据史料记载，每逢节日，当地人民都要在井边供奉水井神，须备蜜食等食物祭祀，以求井水清甜、水源充足。求雨时，人们往往要去古老的大井里担水插柳枝，请井神帮忙，助龙王降雨。这些带有迷信色彩的习俗，显示了人们对水井的重视与依赖，既增添了水井的朴实气质，又给水井带来了一些神秘色彩。

图 1-6 井字纹组织图

（图片来源：作者根据实物分析绘制）

如图1-6所示，由红绿两种色彩的矩形组合而成的井字，非常具象地还原了事物的原型，苏南地区人民穿上织有井字纹样的土布，体现了对生活衣食无忧的祈求。

棋盘纹

棋盘自古以来就是智慧的象征，棋盘纹即是由棋盘组成的纹样结构。弈棋是一项高雅的智能技艺。与书、琴、画一起并列构成了中华民族古代传统文化的四个品类。棋类项目自古以来就被视为和兵法之道相通，并被看成"乃仙家乐道养性之具"。日本诺贝尔文学奖得主川端康成在其作品《名人》中指出，

"棋具有'智慧游艺'和'消遣技艺'的双重特性"。加里·卡斯帕罗夫在《棋与人生》中也提到"人生如棋，棋如人生"的观点。棋类项目蕴含着聪慧与精明。苏南地区妇女将棋盘以纹样的形式织在土布上，并做成衣饰穿着在夫君和孩子身上，是对家人聪明、明智的一种希冀。

(a) 实物图　　(b) 组织图

图 1-7 棋盘纹实物图与组织图

（图片来源：a.实地调研拍摄；b.作者分析绘制）

如图1-7所示，一个蓝正方形格子、一个白正方形格子和两个灰色正方形格子组成一个单元，进而再进行四方连续的排列构图，组成貌似棋盘一样的土布纹样。这体现了苏南地区人民高超的模仿借鉴能力和对棋盘赋予的特殊意义。

梯子纹

梯子在苏南地区农村有"登高"之意，即"节节高"。亲人穿上织有梯子纹的土布衣饰，警示人们要脚踏实地、一步一个脚印地攀爬。这一方面是对踏实、求真的生活态度的强调，同时也是对亲人的一种鞭策，提醒他们要抓住机遇，大胆、勇敢地往上爬。另外，梯子在苏南地区农村同时具有些许封建韵味。《周公解梦》载："见上梯子，主名誉；下梯者，主受辱。"苏南人民认为登梯象征着名声，将梯子的具象图案演化为简单的抽象图案织在土布上，亲人穿上也有名扬四海之意。

如图1-8所示，两条竖条纹统领面料的幅长，在其中间均匀地排列着较小的横向条纹，构成形似梯子的单元纹样，然后再进行二方连续的组合排列。

碗架方

在农耕社会里，"十全十美"的生活是人们所追求的。形似地处苏南地区的苏州太仓老式碗架的碗架方纹样首先是表达对家庭富裕殷实的美好渴望，苏南人民期望每天碗架里都会装满各种粮食，即代表了对衣食无缺、红红火火生活的追求与向往。同时，由四条横竖条纹组成的格子纹样也代表通往四面

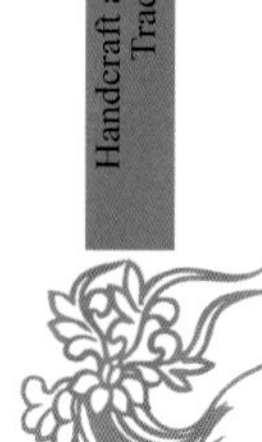

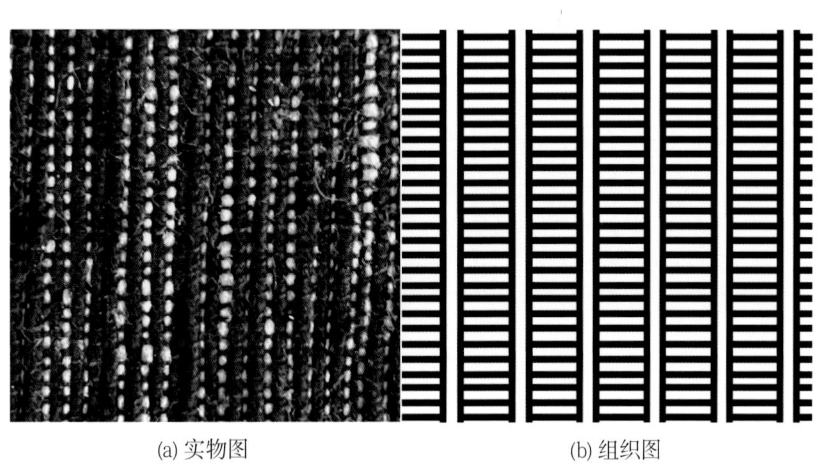

(a) 实物图　　　　(b) 组织图

图 1-8 梯子纹实物图与组织图

（图片来源：a.实地调研拍摄；b.作者分析绘制）

八方的马路，即“路路通”，亲人穿上织有碗架方纹样的衣服，希望其财路、求学之路等都会四通八达，路路通畅，是苏南人民对美好生活的一种寄托。

如图1-9所示，碗架方纹样是由两个横条纹和两个竖条纹交叉分布而成，在其基础上横竖条纹分别向四周渐变的纹样，非常形象地体现了位于苏南地区的苏州太仓老式碗架的造型。

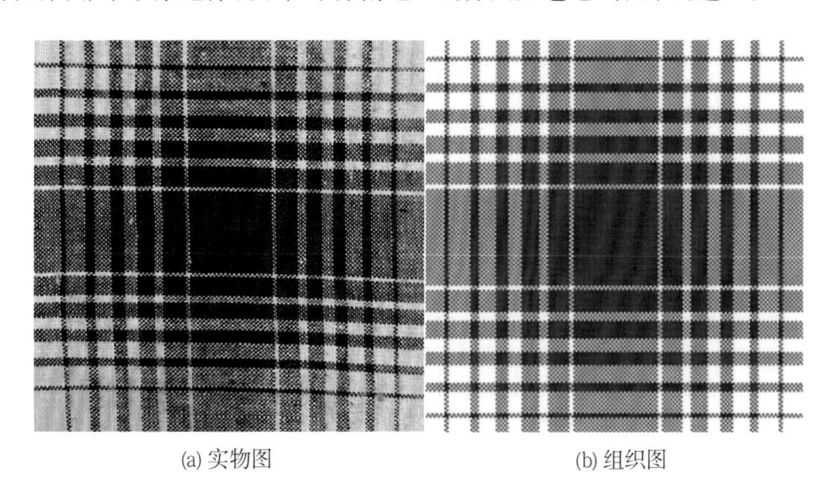

(a) 实物图　　　　(b) 组织图

图 1-9 碗架方实物图与组织图

（图片来源：a.实地调研拍摄；b.作者分析绘制）

电线纹

随着农村经济的发展，苏南地区农村用电也逐渐普及。《苏州地方志》第25章记载：“民国14年，苏州电气公司亦开始向农村供电，……”广大苏南百姓因为电力带给大家的便利，所以将电线这一具象物体抽象成简单的几何纹样，将其运用到土布的染织上，体现了广大劳动人民对电力带来便利生活的喜悦之情。

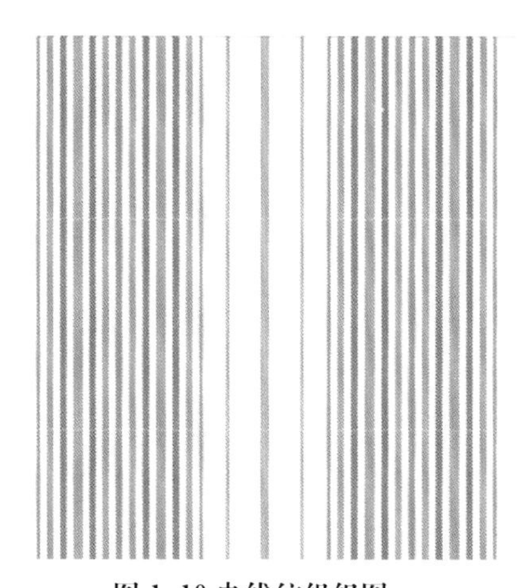

图 1-10 电线纹组织图

（图片来源：作者根据实物分析绘制）

如图1-10所示，电线纹是通过运用不同颜色的纱线织造而成。不同颜色的竖条纹组合在一起，形如电线一般，体现了苏南妇女对周边事物敏锐的洞察力和效仿能力。

③民风民俗类

阴阳格子纹

阴阳属中国古代哲学的范畴。它普遍存在于天地万物之中，阴阳只有相互依存，相互协调，万物才能生生不息。所谓“无阴则阳无以生，无阳则阴无以长也”。《周易·说卦》中也这样记载：“内阳外阴，内健外顺，则使天地交而万物通也，上下交而其志同也……”苏南地区妇女将阴阳纹运用在土布上主要体现的是阴阳两性的相互统一与相互转化。《周易·系辞下》曰：“日往则月来，月往则日来，日月相推则明生焉；寒往则暑来，暑往则寒来，暑寒相推则岁成也。”它强调当人类处在极其恶劣的的生活环境时，美好的生活即将来临。人们对阴阳纹的大量运用是一种精神层面上的依托，同时也体现了对美好生活的无限向往。

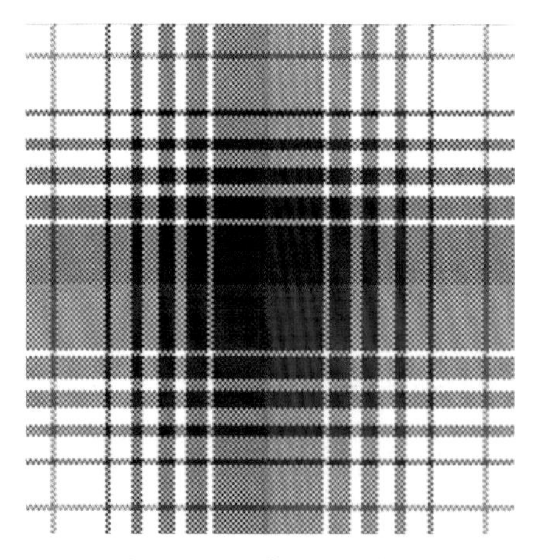

图 1-11 阴阳格子纹组织图

（图片来源：作者根据实物分析绘制）

如图1-11所示，苏南土布将阴阳格子纹处理成了以红色竖条纹为界，一面为黑色的渐变色调，一面为蓝色的渐变色调。通过走访苏南地区农村得知，黑色是凝重、愚蠢、贫寒、愁苦、卑微的象征，一般指处在艰苦境遇下的危难情形；而蓝色是江南文化品质的本色，象征着生生不息、波澜壮阔及一切美好的事物。它的含义是，人们欲通过一条充满艰辛但通向光明的红色路线，使人民脱离苦海走向幸福美好的生活。

一面脸

苏南地区妇女对一面脸纹样的解读是，即各类非对称的图案。在一面脸纹样出现以前，当地妇女所织的纹样都是呈对称分布的。人们把这种织有一面纹样的非对称图案称为一面脸纹样。中国有这样一句俗语，“对称即是美”。但是，苏南地区妇女却大胆地打破了这种传统，将这种不对称的纹样运用到土布上，体现了苏南妇女们热爱自由、生动活泼及反叛传统的审美趋向。

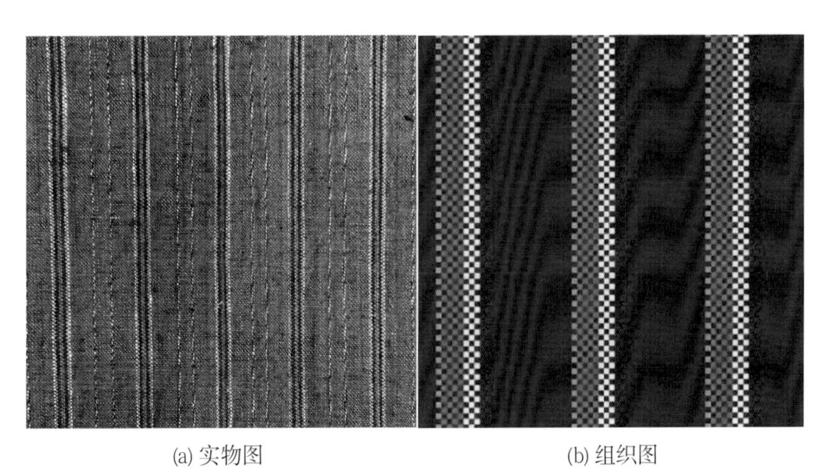

(a) 实物图　　(b) 组织图

图 1-12 一面脸纹样实物图与组织图

（图片来源：a.实地调研拍摄；b.作者分析绘制）

如图1-12所示，运用红、黄、蓝色组成的条纹，通过色彩体现一种不对称性。苏南地区妇女对只有一面图案的非对称纹样的大量使用，充分显示了苏南地区人民不拘小节、反对墨守成规、勇于突破的精神。

秤星纹

秤星即杆秤上的花星。作为计量的标志，大多是将金属镶嵌在秤杆上形成小圆点状。自古至今，秤星被视为延年益寿的象征。据史料记载，秤星由天上的三大星座——南斗六星、北斗七星和福禄寿三星组成，它们共同主宰着人们的祸福。同时，秤星还是正大光明、光明磊落的象征。诸葛亮云：“我心如秤，不能随人低昂。”这说明了秤作为一种商品买卖的工具，已经上升到了衡量人们品德、人格的高度。此外，秤星即“称心”，被引用到苏南地区的传统民俗中。在苏南农村中，上梁时都要将秤杆拴在竹筛上，既能祈福又能压邪，体现了苏南地区人民对秤星的重视。

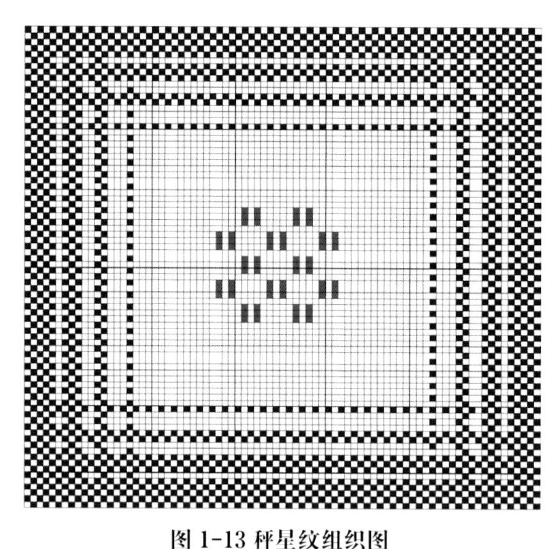

图 1-13 秤星纹组织图

（图片来源：作者根据实物分析绘制）

如图1-13所示，将两个平行的矩形图案以四方连续的形式进行排列组合，织造在土布上。一方面，祈求穿着者延年益寿，生活顺心如意；另一方面，也警醒穿着者无论何时都要磊落、无私。

苏南地区传统民间土织布造型大方美观，符合美学原理法则。其纹样大都建立在对生活本身的阐述上。土织布图案纹样是对当地劳动人民的全面描述，作为一种文化载体，同时体现了制造者最朴实的审美情趣，蕴含了极其丰富的审美文化。

2.苏南地区传统民间土织布的色彩分析

色彩是苏南地区传统民间土织布艺术特色的重要组成部分。苏南土织布色彩作为一门民间艺术具有区别于其他门类艺术造型的特殊之处，因为民间艺术中的色彩运用要受到诸多因素的影响。因此，对于苏南土织布色彩特点的分析，不止要对其外观色彩进行分析，更要究其根源，分析色彩形成的原因。

（1）色彩种类分析

苏南地区传统民间土织布所采用的色彩种类多样。首先，从色相方面按照暖色、中性色、冷色三大类进行分析。苏南土织布常用色彩种类，其中暖色系中常用的传统色彩包括桃红色、朱红色、大红色、淡黄色、紫色及棕色等；中性色系中最常见的传统色彩是黑色、白色；冷色系中常见传统色彩包括靛蓝色、淡蓝色及草绿色等（表1-1）。其次，从纯度方面分析，苏南土织布所采用的色彩多为稀释的、低纯度的红色、蓝色和黄色。最后，从明度方面分析，苏南土织布所采用的色彩大部分是低明度、较含蓄的色彩，少部分采用高、中明度的色彩。

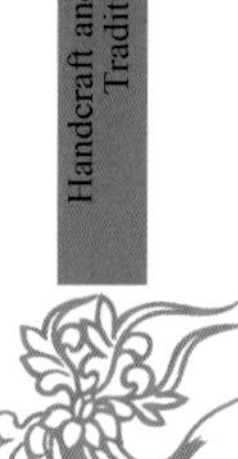

表 1-1 苏南地区土织布色彩种类分析

暖色系	中性色系	冷色系

表 1-2 苏南地区典型传统民间土织布色彩比较表

实物图片	青色	黑色	红色	白色
			无	
某一色彩占整体色彩的比例	5/12	3/4	无	7/12
			无	
某一色彩占整体色彩的比例	3/10	2/5	无	3/10

表 1-2 苏南地区典型传统民间土织布色彩比较表（续）

实物图片	青色	黑色	红色	白色
	无		无	
某一色彩占整体色彩的比例	无	3/5	无	2/5
某一色彩占整体色彩的比例	1/5	7/20	1/20	3/5
某一色彩占整体色彩的比例	3/5	1/5	1/10	1/10
		无	无	
某一色彩占整体色彩的比例	3/10	无	无	7/10
			无	
某一色彩占整体色彩的比例	1/5	1/5	无	3/5

从表1-2可以看出，苏南地区土织布色彩具有三个基本特征。

①以白色作为底色的色彩运用。自古以来，土织布的穿着者都是一些身份地位低下的劳苦大众，《沙洲县志》第28卷第3章记载："普通农家衣料多为自织的各种土布，而权贵、士绅、富户则衣着讲究，以绸缎呢绒和龙头细布为主。"所以，受经济条件的制约，色彩的运用是十分单一的，特别是未经过任何加工的白坯布在当时的应用是比较广泛的。但是又由于人们的爱美心理，在白坯布的基础上也会稍稍印染上一些成本比较低廉、加工比较方便的色彩。因此，苏南土织布中有很多是用白色作为底色的织物面料。

②苏南地区土织布色彩的主色调是以蓝、青、黑为主体的冷色体系。这些主色基本上是当地传统民间色彩的延续，具有典型的传承性。其色调体现的是一种素雅与含蓄之美，与苏南地区的水乡文化相得益彰。

③无彩色系和有彩色系的经典组合。苏南土织布采用无彩色系与有彩色系对比应用的手法来表现色彩的形式美感。它延续并升华了色彩对比的组合，由对比色的对比上升为无彩色系和有彩色系的对比，使得这种视觉审美具有了时代性。青色、红色和黑白的搭配，青色和黑白的搭配等共同构建成无彩色系和有彩色系的经典简约的组合。

（2）苏南地区传统民间土织布色彩特征的形成原因分析

影响土织布配色的原因很多，它包括民族传统、文化生活和自然环境等方面。以下将从与土织布色彩关系密切的几个方面进行分析阐述，说明土织布色彩形成的根源。

①苏南地区传统民间土织布色彩与园林建筑

整个苏南地区处于江南水乡的大环境之中，江南水乡特色给人以高雅、鲜明、幽静的感觉。黛瓦、粉墙、栗色的柱和窗，是江南水乡民居建筑的总结。江南民居的建筑类型丰富多样，亭台楼阁高低错落，造型设计复杂。如果色彩过于繁复，势必使整体效果过于杂乱，不能构成统一，破坏了整体的协调性。在形式美的创造中，色彩比造型有更强烈的视觉冲击力。因此，江南民居的建筑造型配以粉墙黛瓦和水石花鸟，显示出一种恬淡雅致、若水墨渲染的山水画的艺术效果，使江南水乡真正成为立体的诗、立体的画。苏南当地居民把对水乡民居的建筑风格融入到土布的织染上，低调的青、红、黄、白、黑穿梭于水乡之间，恰到好处地向人们传达着江南水乡的人文和社会环境及意境，与静、动、意的小桥流水人家的水乡景观相呼应。

②苏南地区传统民间土织布色彩与道家思想

自古以来，苏南地带的水乡文化都受到道家文化思想的影响。身居在当地的居民对自身着装的要求也无不例外地统一于苏南一带的整体文化。

传统苏南地区土织布色彩的哲学基础是"素"与"玄"。庄子认为"朴素而天下莫能与之争美"，他的审美思想充分表达了道家的精神“朴素”。苏南土织布色彩的运用折射了道家的思想观念,低调的靛蓝色是苏南土织布运用最普遍的色彩,其次黑与白无彩色的运用也是比较常见的,经过调和的黄色和赤色也会在苏南土织布上看到。以上这几种常见色彩的明度、纯度都较低,体现了道家“素”的思想。《易经》记载,定天色为玄(黑),地色为黄,所谓“天玄地黄”。老子曰“玄之又玄,众妙之门”,玄(黑)色有派生一切色彩并且高于一切色彩的功能。道家学派中有关“玄”的思想在苏南土织布中也得到了充分的印证,例如苏南土织布中的梯子纹、棋盘纹都是采用大面积的黑色纱线交织而成的。

传统苏南地区土织布审美精神的取向是“道法自然”的自然美。司空图提倡“妙造自然”,刘勰提出“标自然为宗”,苏轼认为“文理自然,姿态横生”等,引申出了崇尚自然、含蓄、质朴的审美价值。道家自然美的思想,对苏南地区色彩的运用产生了深远的影响,而苏南传统的土织布色彩也正体现了这种“自然”的审美属性。

③苏南地区传统民间土织布色彩与自然环境

土织布的色彩受到当时染色技术条件与自然环境的制约,在色彩的色相上的变化不是很丰富。蓝色是苏南地区土织布色彩中最常用的颜色,是因为蓝草的种植广泛,蓝色的印染在居民自家就可以完成,方便实惠,因此蓝色被作为最普遍的颜色来使用。宋应星的《天工开物》记载了植物染料制造蓝靛的过程:凡造靛,叶与茎入窖,水浸七日,其汁自来。每水浆壹石,下石灰五升,搅冲数十下,靛信即结,水性定时,靛澄于底。凡靛入缸必用稻灰先和,每日手执竹棍搅动不计其数。其最佳者曰“标缸”。而像染红色、黄色、黑色等颜色,则一般需要送到染坊去加工,这样一来,布匹的成本就增加了。这些都间接地反映了当时、当地的生活以及经济状况。

第三节·邯郸地区土织布

一、邯郸地区土织布历史文化背景及生活环境

邯郸地区所属区、县甚多，本书仅选取魏县、鸡泽县、肥乡县土织布为研究对象。主要原因有以下几点。首先，邯郸地区土织布织造方法各县差别不大，惟有肥乡县织字土织布有些不同，具有独特性和代表性；其次，邯郸地区其他市、县虽有土织布织造，但不及此三县集中，且诸如大名县、成安县等很多织手风格更多地集中向魏县土织布织造风格靠拢；最后，三县均位于邯郸偏东方向，在地理位置上三县几乎呈等边三角形，距离相对比较近，但土织布选取题材、色彩风格等方面却有较大差别，值得对其进行对比分析，更全面挖掘邯郸地区土织布的艺术特色。

1.邯郸地区土织布的历史文化背景

邯郸地区隶属燕赵文化之地，当地文化历史悠久。而燕赵文化可以说是一种平原文化、旱地农耕文化或农业文化，当地民俗古朴厚重。也正是这一文化底蕴促成了邯郸地区土织布的出现、发展进而壮大，同时也赋予当地土织布图案题材、色彩特色及民俗隐喻等独特的意义。

邯郸地区“男耕女织”的家庭经济方式及棉纺织技术的革新、推广、发展及社会大环境的稳定，不仅为当地人们提供生活所需，也为土织布的长期发展提供了广阔的空间。

2.邯郸地区土织布的生存环境

邯郸地处河北省南端，东接千里平原，西临太行山余脉，是河北省的产棉大区。《史记·货殖列传》记载：“亦漳、河之间一都会地。北通燕、涿，南有郑、卫。”《邯郸县志》记载：“邯郸城为九省通衢”。可见其经济、文化、军事等在河北省历史上具有举足轻重的地位。而数千里肥沃的平原，成为植棉及发展手工业的理想之地。方观承的《御制棉花图》记载：“在河北冀、赵、深、定诸州，栽培棉花者占十之八九。”邯郸地区的肥乡县、鸡泽县、魏县三县整体气候特点是四季分明，雨量适中，无霜期长，气候温和，日照充裕，雨热同季，干旱同期。这为棉花的生长提供了有利的环境。同时三县均属平原，土地平坦，土层深厚，非常适宜棉花的生长。三县均有较为便利的灌溉用水，有利资源丰富。

邯郸是通往晋鲁豫数省的交通枢纽，如此便利的交通，带动了当地经济、文化与其他地区的交流，促进了当地土织布的长期发展。

邯郸地区地理、气候、土质等适宜种植棉花，并且产量及质量较好，为当时邯郸手工纺织业发展提供了良好的生态条件。棉纺织业也逐渐突破了男耕女织与自给自足的传统形式。正是在优越的自然环境和民众优先选用棉布用品的双重条件下，邯郸地区土织布才得以进一步存在于人们的生活中，服务人们，美化人们，又传述着人们的情感，流淌着时代变迁的故事。

二、邯郸地区土织布的起源和发展

宋代以后，中国经济重心南移，加之自宋代开始，国家在全国范围内大力推广植棉技术，使得棉布在衣着材料中逐渐处于重要地位。宋末元初，随着我国植棉的普及，邯郸地区棉纺织手工业逐渐兴起。元贞年间，棉纺织革新家黄道婆将所学的棉纺技术传授给江南织农，并推广和传授捍（搅车，即轧棉机）、弹（弹棉弓）、纺（纺车）、织（织机）技艺和“错纱配色，综线挈花”之法。而这一技术革新恰恰改变了“厥功甚艰”的棉纺状况，大大提高了生产效率，一时“乌泥泾被不胫而走，广传于大江南北”，五光十色的棉织品从此呈现出了空前的盛况，同时这也使邯郸地区的棉纺织业迅速发展起来，老百姓对棉布的使用也更为广泛。

元代以前，河北纺织业多以麻、丝为原料，其中又以丝为主。元代后期，随着棉花传入河北，邯郸地区开始由麻纺织、丝纺织逐渐转入棉纺织。明清时期，手工纺织业得到进一步发展，织手们开始把自己织的布拿到集市上去卖。鸦片战争后（即清末民初），海禁渐开，英国及欧洲大陆诸国的机纺纱布输入中国，使棉纺织手工业受到严重打击。这时期中国广大家庭棉纺织手工业曾顽强抵抗，据《高阳县志》记载，在以高阳为中心的河北大部分地区，一时间造成一派“轧轧之声，比户相结，集期一至，毂击肩摩，商货云屯”的繁荣景色。但最终抵不过来势汹汹的国外化纤面料，手工棉纺的销售受阻，邯郸地区的土织布开始步入低迷状态。

19世纪末20世纪初，随着手工纺纱的衰落，手工织布遍及广大农村，各地出现了许多新兴的土布业中心。河北定县，原来就是土布生产中心，外销量从1892年的60万匹上升至1915年创纪录的400万匹；河北高阳，手工棉织业有悠久历史，20世纪前以自给为主，1919年开始成为手工布业中心，每年有大量土布远销各地。邯郸地区的土织布正是在这种良好的大形势下蓬勃发展起来。

第一次世界大战使欧洲各国输入中国的布匹骤然减少，这给中国的手工棉纺业带来了一丝生机，邯郸地区土织布再一次兴旺起来。与此同时，化学染料的引进和应用，使得土织布的花色品种开始增多，这时期邯郸地区土织布一改过去朴素、单调的风格，色织、提花增多，并且出现了多种几何图案错落有致的排列在一起的花纹土织布。

八年抗战使中国机器纺织业遭受空前浩劫。为满足军民需要，补充战时衣被之需，抗战时期的以自家劳动为主的家庭手工业对当时的纺织业起了一定作用。同时中共领导的大生产运动也推动了民间纺织生产，冀南地区的农村几乎家家都有纺车、织机。1946年我国重要产棉区晋冀鲁豫边区植棉850万亩，产棉250万担，有纺妇、织妇300万人，年产土布5000万斤，全区自给自足。邯郸地区的土纺织得到了进一步发展。

解放后为尽快恢复国民经济，邯郸地区土织布进一步得以飞速发展。大部分农户家都备有纺车、织布机，成年妇女都能摇车纺花、登机织布。广大妇女还通过自己的聪明才智和生产实践，在两页缯的基础上创造了三页缯和四页缯的织布方法，土织布的色彩和图案更加丰富多彩。20世纪50年代，邯郸地区的魏县妇女又发明了新的土织布样式——苏联开花，这也充分说明了广大劳动妇女的创造能力。

20世纪60年代，中国遭遇的三年自然灾害及延续到70年代的“文化大革命”，使得人们都以素色的土织布为衣料及家用，这时邯郸地区的土织布达到了兴盛时期。但是原料不足，也让土织布在“新三年，旧三年，缝缝补补又三年”的衣用原则下长久地陪人们走过那段艰苦的岁月。

20世纪80年代，随着商品化、机械化时代的到来，土织布工艺受到现代纺织技术的冲击趋于沉寂，人们更青睐花花绿绿的化纤面料。近年来，人们的生活水平不断提高，人们对土织布又有了新的认识。用土织布制作的各类用品，用起来健康、舒适。土织布又在邯郸地区重新焕发出夺目的光芒。

三、邯郸地区土织布艺术特色概述

1. 色彩搭配的艺术特色

邯郸地区土织布色彩的运用，一方面是由织手们模仿自然界万物自由发挥搭配而来，另一方面是借鉴了其他地区的土织布配色。整体来看，旧时用作穿衣的土织布色彩较为单一，而床单、被褥、包袱等土织布的色彩则较鲜艳（当地称“新”）；现代的家纺用品为迎合人们的审美观而偏向淡雅，多色线色彩繁复的情况比较少。

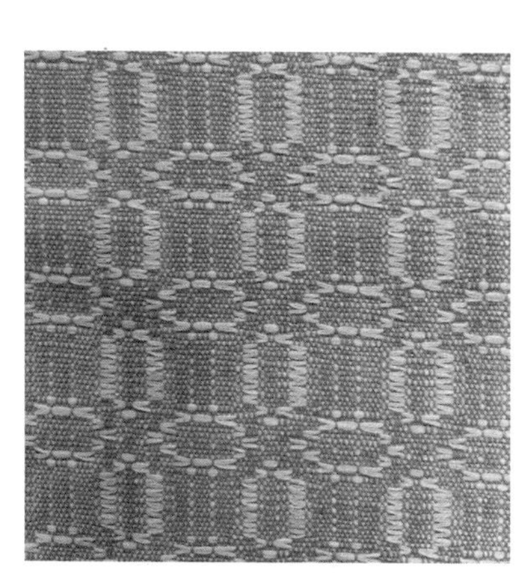

图 1-14 桃花纹

（图片来源：拍摄于肥乡县张庄村织户）

色彩对人有种精神作用，使人产生联想，能左右人的情绪，影响人们对生活的态度，更有甚者能影响人们的语言及活动。织手们根据颜色所产生的联想和大众心理情感的要求来搭配色彩。如肥乡县张庄村非常擅长织楷体字，通常字是用红色线织，用黄色线作底，整体上韵味十足，气势宏大。同时人们还根据人们的生活态度、价值标准、审美情趣、社会环境等，将用色经验编成了通俗易懂的口诀，如“红红绿绿，图个吉利”“光有大红大绿不算好，黄能托色少不了”“红搭绿，一块玉；红间黄，喜煞娘；红冲紫，臭如屎”等。这些搭色口诀遵循了当地人们的配色要求，反映了当地人们的生活。

图 1-15 织字对联

（图片来源：拍摄于鸡泽县织户）

在邯郸地区土织布配色上，三县又有自己的风格特色。肥乡县土织布用色偏于淡雅、清新，较为明快。最常使用的颜色有粉色、红色、青绿色、橙黄色、天蓝色等。如图 1-14 所示桃花纹，其通常是用粉色或天蓝色表现主图案，白色做底衬。鸡泽县土织布配色则较为朴实，有庄重、古朴之感。最常使用的颜色有紫色、土黄色、酒红色、鲜红色、湖蓝色、黑色等。如织笔画简单的规整字对联的门帘（图 1-15），字用酒红色线，

配以黑色、湖蓝色为衬。而魏县土织布与其他两县相比，色彩更为艳丽。两页缯纹样由于图案变化相对简单，色彩比较容易分辨，方格布、条格布多用蓝色、黄色、红色、绿色，白色作底（图1-16）。四页缯纹样繁复，色线相互交织，色彩变化频繁。出现这种变化的原因与图案变化多样有关。同时，也与魏县在地理位置上与鲁锦盛行地菏泽相距不远，人们借鉴吸收了鲁锦用色也有一定关联。正如德国哲学家康德所说：“在自己的举止行为中，同比自己重要的人进行比较，有这种模仿方法是人类的天性，仅仅是为了不被别人轻视，而没有任何利益上的考虑。”

图 1-16 方格布

（图片来源：拍摄于魏县李家口织户）

表 1-3 邯郸地区魏县、鸡泽县、肥乡县土织布色彩比较分析表

地区	色彩特色	常用颜色	代表纹样
魏 县	丰富、艳丽	红色、橙色、粉色等	苏联开花、半个脸
鸡泽县	朴实、庄重	紫色、酒红、湖蓝等	土、丰等简单字样
肥乡县	淡雅、清新	粉色、蓝色、红色等	寿字、洛神像等

2.图案题材的艺术性

邯郸地区土织布图案题材来源于生活，是对当地客观事物的提炼、概括、升华，是通过经纬线相互穿套编制的形式语言，是传递人民生活的真实写照。同时，图案还充分运用了反复、对称、均衡、渐变等形式美法则，使其在形式上呈现浑然一体的和谐美。图案题材总体包括方格、条格、字体、人物、动物、器具等。

按图案选取题材形象特点分，邯郸地区土织布图案主要分为具象图案和抽象图案。

（1）具象图案

具象图案是指依照实在、具象的事物创作出的图案造型。邯郸地区土织布具象图案主要有字样、

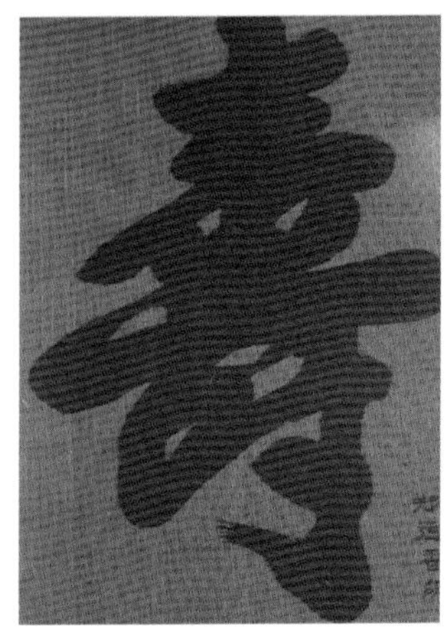

图 1-17 寿字图

图1-18 洛神像

（图片来源：拍摄于肥乡县张庄村织户）

人物、动物。这类图案通常为四页缯所织，其中运用了提花、挑花等技艺。如图 1-17、图 1-18 所示，这种具象图案主要集中在肥乡县，依照字模织出的图案与原图大小一致，并且栩栩如生。这种图案一般用两种色线织成，蓝色或红色线为纬线做图案色，黄色或白色线为经线做底纹。其中选取的素材多为伟人像、寿字、福字、喜字及各种吉祥物（图 1-19、图 1-20）。

图 1-19 喜字　　图1-20 福字

（图片来源：拍摄于肥乡县张庄村织户）

（2）抽象图案

抽象图案是指非具象的图案造型，是指不代表任何物象的几何图形、有机图形和随意图形等，一般为纯粹点、线、面的构成形式。邯郸地区土织布图案中的抽象图案是人们日常所见、熟知事物的变形图案。它是通过各种几何图案的搭配来表现具体事物的。两页缯和四页缯都可以织出各种各样的抽象图案。两页缯一般织出的是简单的平纹布，如条纹布、方格布（图1-21、图1-22）。它们的不同是通过色彩的数量、成格、成条的宽窄等分出千差万别的图案，如苏联开花、倒石榴图案等。如图1-23、图1-24所示，它们虽然都是两页缯所织，但整体效果是不同的，一个是多色彩的方格层层嵌套，一个是大小方格间的有序排列。而四页缯织出的抽象图案在花色上繁杂多变，例如斗纹，四把椅子转桌子（中间长方形图样为桌子，围绕其四边的长方形图样为椅子），桃花纹等，如图1-25、图1-26、图1-27所示。

图 1-21 条纹　　图1-22 方格纹

（图片来源：拍摄于鸡泽县、魏县织户）

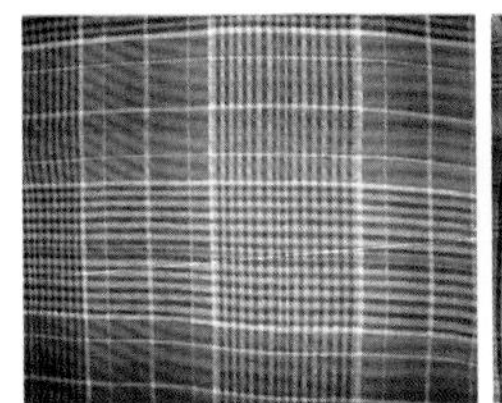

图 1-23 苏联开花　　图1-24 倒石榴

（图片来源：拍摄于拍摄于魏县李家口村织户）

图 1-25 斗纹　　图1-26 四把椅子转桌子　　图1-27 桃花纹

（图片来源：拍摄于鸡泽县、肥乡县织户）

通过两年对相关文献的查阅及多次深入实地调研，走访老艺人，对邯郸地区魏县、鸡泽县、肥乡县的历史文化背景、生活背景及土织布艺术特征进行具体剖析，明确了三县土织布通过织造、色彩、图案等生动地表现了当地的风土人情，再现了当地织农惊人的创造力和想象力。

四、邯郸地区土织布的艺术审美分析

艺术本身是在历史中产生的，也是在历史中成长起来的，这是艺术发展的一个纵向过程。而从其横向的关系看，人们处于不同的地域，并且分属于不同的民族，大到一国一省，小到一镇一村，生活习惯及文化背景都有所不同。因此，所创造出的艺术也自然千姿百态，风格迥异。对艺术的发生，通常总结为“从实用到审美”。邯郸地区土织布是历代劳动妇女历史性的集体创造。它在满足人们自身生活必需的同时，也灵活自由地散发出千姿百态的地方风格。它不仅反映当地人的风采，也表现出一代代织手们的审美精神。魏县、鸡泽县、肥乡县在地理位置上比较近，但土织布同中有异。在对三县多次进行田野调研的基础上，对其土织布色彩、图案等的演变做具体剖析，以进一步梳理三县的艺术审美特色。

1.土织布色彩审美分析

城一夫曾说过，“人着色于物，改变了被着色物体自身的本质，无声或者有声地传达各种思想、感情和情绪。颜色变成了语言、思想和感情”。所以，自古以来，色彩的“悦目”与否常常会优先于造型，左右着人们心理愉悦的产生。人们所穿、所用的服装和家居用品也都追求一种看上去舒服的感觉。纺织品有句“远看颜色近看花”的俗语，即是说色彩在图案设计中所处的重要地位。不同的色彩搭配，不同的颜色布局，配以不同的纹样，就会产生迥异的艺术视觉效果。而相同的图案纹样，色线搭配不同，同样会产生截然不同的视觉效果。以下对当地特定时间、社会环境、人们向往的生活状态等因素是如何影响邯郸地区土织布色彩的选用做详细剖析，旨在理清当地土织布色彩发展变化的过程。

（1）肥乡县土织布色彩审美分析

肥乡县土织布分两页缯布和四页缯布。不同图案的织造及一幅布中图案的变化繁简都会选用不同的缯，因而也会影响色线的多少。

18至19世纪，中国的土织布与植物染料已经出口到欧洲等地。随着鸦片战争推开中国国门，列强们也把花色洋布和合成染料带到了中国。由此中国土织布的色彩也开始更为艳丽斑斓，而肥乡县土织布也由最早的原白布、蓝布变为多彩的花色土织布。这时期，肥乡县土织布在整体色彩上为明亮且纯色运用较多。其中用于衣着的土织布色彩较为单一、沉闷，用于儿童衣着的还稍显亮些，一般用湖蓝色、青色、酒红色、灰色等。而用于被褥、包袱、床单等的土织布颜色则较为明亮，一般多用红色、金黄色、蓝色、橙色、绿色等。鉴于技术有限及人们当时的喜好，色彩中没有出现同色系间颜色细微过渡变化的现象。

抗战时期，人们处于水深火热之中，舍不得丢弃穿着的旧衣，也不肯或无力添置新衣，能置办起床单、被褥的人家更是寥寥无几。为了补充战时衣被之需，织成的土织布大多被染成灰色、暗绿色、土黄色、红色等，大部分白色土织布也被直接用于衣着用料。这个时期的衣着色彩分外灰暗无光，人们织出的也多是用两页缯的色彩搭配比较单一的土织布。

伴随抗战的胜利，肥乡县土织布色彩也由暗淡无光逐渐向喜庆艳丽的方向发展。这时四页缯土织布的日常运用也增多了。人们用橙色线作经线，红色线作纬线，织“囍”字纹，来表达内心的喜悦之情。红

色、黄色、绿色、蓝色等明度较高的色彩多体现在被褥、床单上，人们衣着用色彩也出现大红色、绿色、青绿色等鲜艳的颜色。

20世纪六七十年代，蓝色、灰色、军绿色成为社会的主色调。而此时的肥乡县土织布在整体用色上只能适应大环境的变化。作者在张庄村郑运香老人家看到的一床被子的被面色彩，就显得较为沉闷，主要由褐色、湖蓝、土黄等颜色构成，可想当时人们的衣用颜色是何等单一。

改革开放给肥乡县土织布色彩带来了一股春风。人们开始喜气洋洋地奔小康，色彩逐渐丰富起来。虽然土织布的运用较以前少很多，但织手们却迎合了消费者的喜好。色彩上偏淡雅、清新、明快，其中粉色、天蓝色、黄色、红色、橙色等颜色运用较多，即便是不被常用的褐色也变淡了。

（2）鸡泽县土织布色彩审美分析

鸡泽县民间土织布是纯棉手工提花纺织品，被当地群众称为“粗布”“提花斗纹”“核桃纹子”等。在调研过程中了解到，鸡泽县土织布在整体配色上较为朴实，有庄重、古朴之感。

每个时代都有其独特的审美观点，这是由不同的时代有着不同的社会背景和不一样的物质基础及人群所决定的，由此人们形成不同的经历与爱好，产生了不同的审美价值与情趣。因此，中国社会上的几个重大事件或者说分水岭，同样影响到鸡泽县土织布的色彩搭配。

20世纪60年代以前，鸡泽县土织布工艺比较粗糙，花色单调。人们只能运用所掌握的简单的工艺技术织出单调的土织布。而日常所见的颜色如青色、灰色、湖蓝等暗色调成为当时土织布的主要配色。用作姑娘陪嫁用品的颜色则会鲜艳些。

20世纪60年代是现代主义的分水岭。它一方面是精神上发生本体危机的年代，另一方面是物质生活中一次商品大量涌入的新消费时代。然而此时的中国却是另一番景象，三年自然灾害使得鸡泽县人民的生活水平普遍偏低，红色、玫红色、褐色、蓝色、紫色等深色系成为当时鸡泽县土织布的主色调。文革时期的潮流自然会影响到当时土织布的配色。军绿色、灰色和蓝色是那个时代特有的标识色，鸡泽县也适应这个环境的特点，土织布在色彩上空前单一化。

随着纺织技术水平的提高，土织布色彩运用也逐渐趋于多元化，但整体上依然给人以朴实、庄重之感。从鸡泽县文化馆李馆长收藏的一幅用作门帘的土织布可以看出，紫色、土黄色、酒红色、湖蓝色等依旧为常用色。

（3）魏县土织布色彩审美分析

魏县土织布与其他两县相比，用色更为丰富、艳丽。其用色同样是随着社会、经济、技术的发展而相应地起伏变化。

第一次世界大战的爆发，使得进口纱布锐减，给中国棉织布业的发展带来了机遇。化学染料在此时引进并得到广泛应用，土织布的花色品种开始增多。魏县土织布同样一改过去朴素、单调的色彩搭配，五颜六色的色织、提花品种逐渐增多。红色、粉色、橙色、黄色等亮丽的色彩随处可见。

抗战时期，在紧张的社会局势下，魏县土织布色彩也随之朴素单一化。灰色、蓝色、白色等纯色布开始源源不断地成为补充大后方的军用之需。

中华人民共和国成立后至20世纪50年代末，社会相对稳定，广大人民群众积极投入生产，此时魏县土织布的生产活动也异常活跃起来。伴随纺织技术的不断提高与创新，并借鉴了鲁锦用色，魏县土织布色彩更加丰富多彩。这时期土织布色彩较为热烈，红色、粉色、青绿色、紫色、蓝色等亮色系较多。人们用鲜艳的颜色来表达欣欣向荣、热火朝天的生活。据李家口村的织布能手张爱芳老人介绍，当时非常流行"苏联开花"，构成这个图案的纱线的色彩是从里往外一点点变深，这是用同色系的六种色线相互搭配来表现层层花瓣绽放的效果。这也充分说明了当时劳动妇女的聪明智慧和惊人的创造力。

20世纪60年代以后，机器纺织业迅速发展，人们的穿戴被机织布和各种化纤面料所取代，土织布的运用逐渐淡出人们的视野。曾经非常时兴的色彩也让人们觉得"土"。这时期过于繁杂的色彩较少，灰色、蓝色、军绿色被大面积运用，家居用的床单、被褥面等的颜色多为酒红色、褐色、湖蓝色等。

随着人们对生活水平要求的提高，魏县土织布又重新焕发了以往的风采，只是色彩上开始向淡雅、恬静的氛围转变，青绿色、米色、粉色、橙色、红色增多，而凝重的湖蓝、褐色几乎不再运用。

综上所述，邯郸地区的三县土织布色彩各自都有其独特的特征。社会形势的变化、技术的提高与改革、地区间的相互借鉴都会不同程度地影响色彩的搭配运用。总的来看，抗战以前，各县土织布色彩都比较丰富，只是人们的喜好不同，搭配效果也不同；抗战时期，人们无暇顾及视觉上的"好看"，色彩又都呈沉闷之感；中华人民共和国成立后至20世纪50年代末，社会形势稳定，色彩又开始绚烂起来，以表达人们心中的喜悦之情；20世纪60年代的天灾人祸、物资匮乏，使人们思想被牢牢禁锢，稍微的"乍眼"就会被套上"封、资、修"的帽子，整个社会色彩惊人的统一，以灰、蓝、军绿为社会的主旋律；20世纪90年代，土织布重新登上历史舞台，色彩风格也逐渐根据消费者的消费品位转型，但各自依然保留着独特的配色原则。表1-4为三县土织布色彩审美特征分析表。

2.土织布图案审美分析

图案题材主要通过其风格、形式、表现技法等来实现，如人物、动物、花卉、风景、抽象图案、几何图形等。而一个地区的社会经济状况、政治状况、文化背景、风格特色等都或多或少地会成为影响其变化的因素。本节通过走访当地老艺人及部分学者，对三县土织布图案的发展、人们的思想认识及图案所包含的人们的生活态度等做进一步探究。

（1）肥乡县土织布图案审美分析

肥乡县主要织造变化多样的字样和人物纹样。织字土织布主要分布在旧店乡张庄村，它的前身是手工土织布。肥乡县最早用两页缯织布，图案一般为条格状，条纹布主要用于被褥里、床单等，小格状布主要用于衣着，大格状布主要用于床单、门帘等。在明清和中华人民共和国成立初期，民间纺织技术十分发达。张庄村的织手们在生产实践中又织出"福""寿"等单个字体，还能织灯笼等

表 1-4 邯郸地区魏县、鸡泽县、肥乡县土织布色彩审美特征分析表

时间	地区	社会环境	代表纹样	代表色彩	审美特征
抗战时期	魏县	物资匮乏 生活窘迫	方格纹	白色、蓝色、灰色	朴素、单一化
	肥乡县		条纹	暗绿色、土黄色、白色	单调
	鸡泽县		丰、土等简单字	暗红色、黑色	保守、灰暗
中华人民共和国成立至20世纪50年代末	魏县	社会稳定 热火朝天	苏联开花	红色、紫色	丰富、热烈
	肥乡县		人物头像	红色、橙色	亮丽
	鸡泽县		囍字纹	红色、蓝色	传统
文革时期	魏县	思想禁锢	五点梅	军绿色、湖蓝色	沉闷
	肥乡县		四把椅子转桌子	土黄色、黑色	对称、规整
	鸡泽县		织字门帘	湖蓝色、酒红色	稳重
改革开放以后	魏县	喜气洋洋	水波鱼眼纹	玫红色、青绿色	丰富而又淡雅
	肥乡县		桃花纹、洛神像	蓝色、粉色	清爽、明亮
	鸡泽县		福、囍、吉祥纹样	蓝色、红色	朴素

复杂的具象图案，如图 1-28 所示。织手们选取的图案题材逐渐增多，字体、动物、器具图案已经出现，如图 1-29、图 1-30 所示，并且织造技术由两页缯发展到四页缯，挑花、提花技艺开始出现。

织字土织布是一种抽象化的艺术，肥乡县织手们通过自己的聪明才智，将书法样模贴在织布机卷布轴下，透过经线看到字样样模，按字体穿梭，便可织出相应的字。肥乡县织字土织布的起始已无从考证，但是土织布和织字土织布却一直没有停歇。1970 年，由该村书法教师栗慎行提议，在原

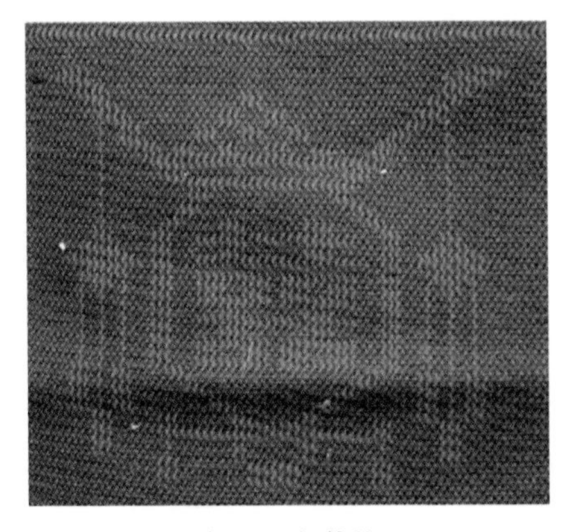

图 1-28 灯笼纹

（图片来源：拍摄于肥乡县张庄村织户）

有的“福”“囍”等图案的基础上开始织栗老师书写的毛泽东诗词。这时的字体已经出现隶书、楷书、行书、草书等。该县的郑运香老人 13 岁起向母亲学织布，那时就开始琢磨织复杂的字。老人织成的楷书字“寿”“福”等大方而美观，同时期还出现了与时代相呼应的“四把椅子转桌子”“胡椒花”等纹样，如图 1-31 所示。人们用直白的“囍”“福”、诗词等来表达自己的心声。肥乡县的织字土织布技艺自古以来都是口传心授，母传女或婆传媳，在千百年的实践中已形成了本地特色。经过多年的纺织实践，现在织手们还以人物、动物为题材，织出伟人头像、洛神像等。2008 年，她们还为北京奥运会织了奥运福娃，后来又织了广州亚运会吉祥物。

图 1-29 织字土织布1
（图片来源:拍摄于肥乡县张庄村织户）

图 1-30 织字土织布2
（图片来源:拍摄于肥乡县张庄村织户）

图 1-31 胡椒花
（图片来源:拍摄于肥乡县张庄村织户）

综上所述，肥乡县土织布主要以隶书、楷书等字体，诗词、动物、人物为题材，其繁杂程度、技艺精巧让人叹为观止。其规则图案主要有胡椒花、斜纹、鱼眼纹、四把椅子转桌子、水波纹等，如图 1-32、图 1-33 所示；不规则图案主要有灯笼、囍字及人物、动物纹。通常这类自织自用的土织布多用于沙发巾、门帘、被褥里、床单、装饰物等。

（2）鸡泽县土织布图案审美分析

鸡泽县土织布图案主要是规整的字样。宋代以前是以纺织生产技术的全面发展为特征的，纺、织、染工艺和所有工具进一步完善，织物的三原组织已出现，经显花向纬显花的过渡也已完成。南宋以后，随着商品经济的发展，棉花的种植得以突破，棉纺织生产勃兴，纺织工艺和产品进一步向艺术化和大众化两个方向发展。织金、妆花等富有艺术性的纺织品和紫花布、毛青布这类大众化纺织品相继盛行，并且花色品种越来越丰富多彩。明、清两代是手工纺织的全盛时期，我国纺织生产达到十分繁荣的

图 1-32 斜纹

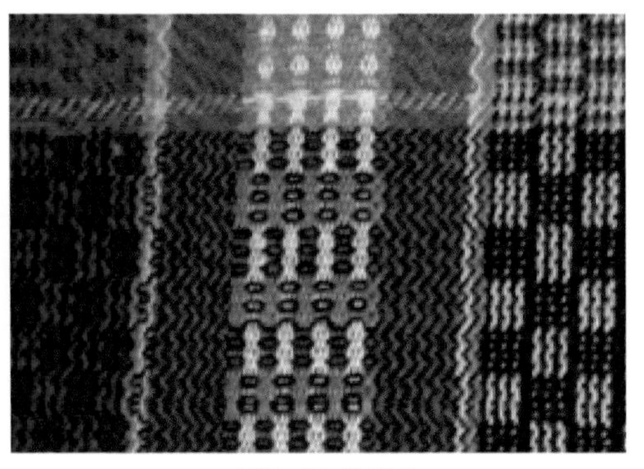

图1-33 鱼眼纹

（图片来源:拍摄于肥乡县张庄村织户）

程度。此时鸡泽县以两页缯织成的土织布已普及到全县。人们日常所穿、所用的纺织品都是由土织布制成，图案多是条格纹，只是宽窄和面积大小不同。

大约清初，四页缯织法传入鸡泽县，这时期的纺织生产主要利用简单的工具。随着历史的发展，出现了组合工具，但还是属于比较原始的手工纺织。此时出现了由多种颜色的经纬线织成的简单规整的字样，并借以其他图案做衬托。例如织“土”“丰”“工”“王”等字，辅以福、囍、吉祥纹等，如图 1–34、图 1–35 所示。

图 1-34 吉祥纹样

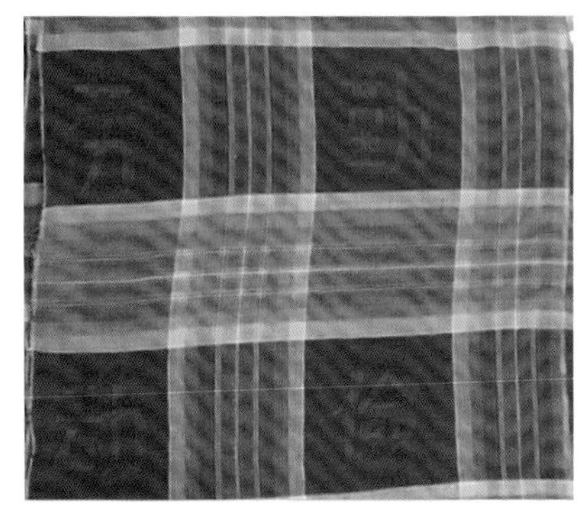

图1-35 织字土织布

（图片来源:拍摄于鸡泽县织户）

20 世纪 70 年代，鸡泽县农村家庭纺织业达到了兴盛时期，全县拥有织布机 3 万余台。在农闲时节从事纺织的妇女达 5 万余人，村庄里几乎每家都有一台织布机，二三架棉纺车，各家都能独立地完成纺、浆、经、刷、织等全套工序。这时期人们在纺织工艺上不断地进行揣摩、研究和改革，创造出了许多织工精细的土织布。据鸡泽县文化馆李馆长介绍，鸡泽县用作姑娘出嫁的陪嫁品被褥面等都会织出八个花鸟、八个字的图案，用来表达人们对未来美好生活的祈福。

随着织布技艺的日趋完善，织手们开始织较为复杂的字。在李馆长收藏的一幅用作门帘的土织布上织着“1984 鹤立窗前竹叶青，虎走雪地梅花舞”字样，下面两边各织一个囍字纹（图 1–36）。织手们通过织布展示自己的高超技艺，同时也传递对自己及亲人的美好祝愿。

（3）魏县土织布图案审美分析

魏县主要织花纹图案。清代魏县的手工纺织技术已达到很高的水平。清末民初，外国粗布进口量提升及机纺业快速发展的双重影响，使魏县土织布出现了萎缩现象。此时人们通常仅织简单的两页缯布，一般为白布、条纹布，如“菜瓜道”“豆腐块”等，如图 1-37、图 1-38 所示。

20 世纪 20 年代，魏县土织布迎来了兴旺时期。洋布进口的骤然减少和化学染料的引进及应用，使得手工土织布的花色品种丰富起来。这时魏县土织布面貌焕然一新，色织、提花增多，并且出现了由多种几何图案错落有致地排列在一起的花纹土织布，例如“半个脸”“窗户棱”等图案，如图 1-39、图 1-40 所示。图案里面包含由直线构成的大、小方形，相互串套，呈现对称、反复、调和、均衡的审美效果。

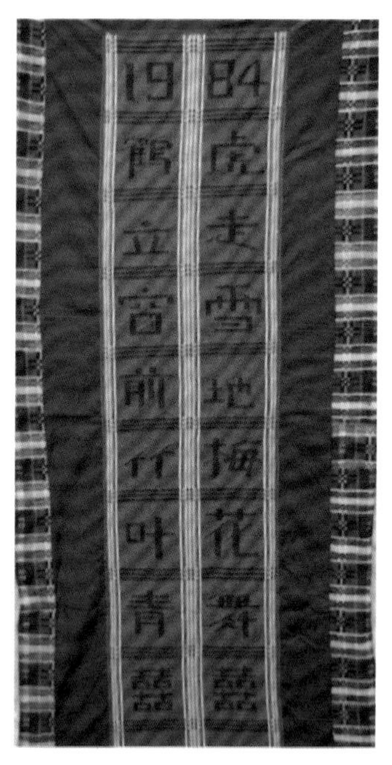

图 1-36 织字门帘
（图片来源：鸡泽县文化馆提供）

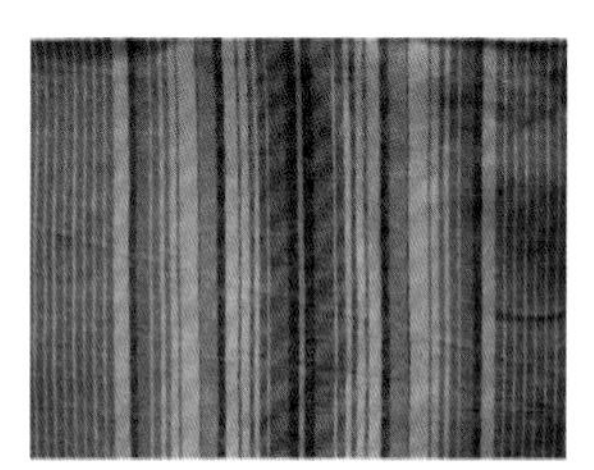

图 1-37 菜瓜道

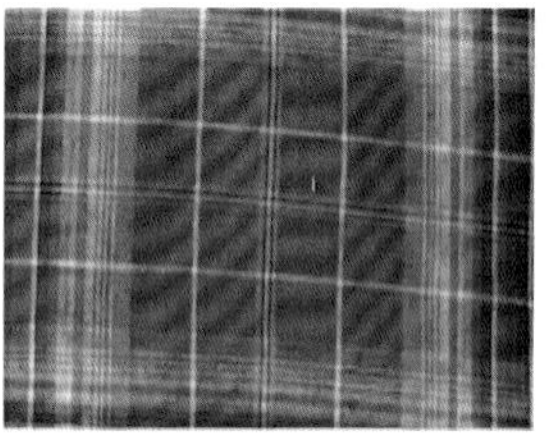

图1-38 豆腐块
（图片来源：拍摄于魏县张二庄乡织户）

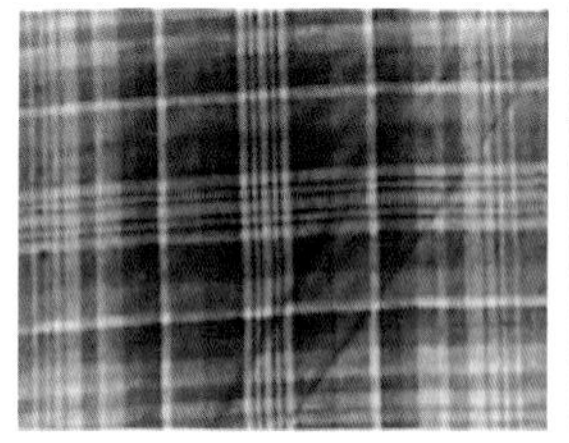

图1-39 半个脸

图1-40 窗户棱
（图片来源：拍摄于魏县李家口村织户）

中华人民共和国成立后，全国各地都在积极恢复生产和生活，这时期魏县土织布也异常活跃。全县农户十之八九都备有纺车、织布机，几乎每个成年妇女都会纺花织布。此时，魏县广大妇女在生产实践中通过自己灵巧的双手，在两页缯的基础上创造出了三页缯和四页缯织法。土织布的色彩和图案更为丰富多彩，例如由曲线构成的水波纹，类似椭圆形构成的鱼眼纹、胡椒花纹等，如图 1-41、图 1-42 所示。通常这几种花纹还会混搭在一起出现，整幅布图案和谐美观，浑然一体。

20 世纪 50 年代，由于中国和苏联的密切友好关系，魏县妇女又创造出新的土织布样式——苏联大开花和苏联小开花，如图 1-43、图 1-44 所示。这个图案共需 6 种色线，整匹布是一个图案的循环。据张爱芳老人回忆，当时非常流行这种布。

在与鲁锦的交流过程中，魏县土织布随后出现了“斗纹”， 如图 1-45 所示。或许因为它有“日进斗金”的美好寓意，所以它在土织布的运用中也就逐渐增多起来。经过广大妇女长时间的生产实践，

图 1-41 鱼眼纹

图1-42 胡椒花

图1-43 苏联大开花

图1-44 苏联小开花

（图片来源：拍摄于魏县李家口村织户）

魏县又创造出了条格花纹布，其花色图案多达 200 余种。据普查统计，2006 年，全县 100 多个村，3000 多户在登机织布。织手们通过织“石榴籽”“七彩虹”等图案，向人们传递她们真实的生活写照，如图 1-46、图 1-47 所示。

综上所述，邯郸地区的肥乡县、鸡泽县、魏县都完好保留着各自土织布图案的风格特色，并且各县都在实践中不断创新、积极借鉴，来发展自己的艺术内容。魏县织花纹样以繁杂的技巧、巧妙的配色，创造出艳丽而丰富的图案；肥乡县以多种字样、人物、动物为题材，通过织手们灵巧的双手织出惟妙惟肖的图案；鸡泽县则是以织出朴实、直白的规整字样传递着自己的风格特色。在纺织技术发展的大趋势下，邯郸地区三县的土织布在相互交流过程中不断完善各自的技术，吸收新鲜内容，推动着土织布技艺发扬光大。表 1-5 为三县土织布图案比较分析表。

图 1-45 斗纹

（图片来源：拍摄于魏县罗屯村织户）

图1-46 石榴籽

图1-47 七彩虹

（图片来源：拍摄于魏县李家口村织户）

表 1-5 邯郸地区魏县、鸡泽县、肥乡县土织布图案比较分析表

地区	题材选取	风格特色	代表纹样
魏 县	植物、食物、用具	繁杂、抽象、韵味深	苏联开花、半个脸
鸡泽县	规整字样	简单、朴实、直白	土、丰等简单字样
肥乡县	多种字样、人物	精巧、生动	寿字、洛神像、诗词等

第四节·鲁锦

一、鲁锦概述

1.鲁锦的概念

"鲁锦"这一名称并不是历史上就有的,它是流行于当今学术界和家纺界的一种美称。在鲁西南地区,为人们所熟知的是"粗布""土布""手织布"及"花格子布" 等家用织布。关于鲁锦这一概念的提出,众说不一。第一种说法是,1985年,山东省工艺美术研究所组织了一次对这种手织粗布的调研,并将其命名为"鲁西南织锦", 简称"鲁锦" 。第二种说法是,1986年,在济南举办的"鲁西南织锦与现代生活"的展览研讨会上,中国工艺美术学会廉晓春、刘洛山以及美术家郁风等专家对鲁西南土织布的评价为"技艺精炼,色彩斑斓,似锦似绣",并将这项民间手织工艺定名为"鲁锦"。第三种说法来自山东艺术学院李百钧教授的《鲁锦调查报告》。李教授在山东省"七五"期间,赴菏泽地区鄄城县农村调查当地民间土机织物的情况,由于所见织物色彩缤纷,寓意丰富,令人爱不释手,故把这项手工艺织物称为"鲁锦"。尽管学术界对鲁锦概念的提出所持观点并不统一,但是将一种棉布称之为"锦",都是对它的珍爱和肯定。

2.鲁锦的历史文化背景和生活环境

(1)鲁锦的历史文化背景

齐鲁大地人杰地灵,有着深厚的文化底蕴,在这一地区开启了中国儒家文化的先河。这些历史文化资源对鲁锦的生成、发展及演化起到了积极的推动作用,对鲁锦纹样的图案造型、寓意及色彩风格产生了深远的影响,这在我国纺织业的发展过程中是绝无仅有的。

鲁锦是在以自然经济为主体的农耕社会中发展起来的,家庭手工业与农业相结合的结构形式是自然经济的支柱。家庭既是一个自给自足、循环再生产的单元,也是技艺发扬和传承的基本单位。"一夫不耕,或受之饥;一女不织,或受之寒",正是对鲁西南人们生活的真实写照。这种稳定的家庭环境,既是村民们生活的保障,又成为艺人们抒发情感的媒介,几千年来所形成的这种"男耕女织"的农业经济结构,不仅是解决民众衣食生活的基础,同时也是鲁锦艺术得以世代传承、经久不衰的重要因素之一。

(2)鲁锦的生活环境

鲁锦的盛产地鄄城和嘉祥是由黄河冲积而成的平原,地势平坦,土地资源肥沃、气候湿润,属于季风型温带半湿润区,光照充足,水源充沛,四季分明,雨热同期,具有发展棉花等农作物种植业得天独厚的条件。这种"地宜植棉"的自然环境使得山东地区的棉纺织业比较发达和普及,在此基础上,广大手工织造者因地制宜,努力开发和利用,最终创造出了以棉质为特征的地域性纺织艺术品——鲁锦。

鲁西南地区地处偏僻、交通闭塞,导致经济贸易和文化交流相对不足。清宣统版《濮州志·风俗》载:"境不通水陆、两京大道,故不善商贾,男耕女织以为长。"因此,人们没有机会接触"洋布",更没有多余的钱去购买，只能靠自己动手纺织来解决一家人的穿衣取暖问题，这为鲁锦的发展成长提供了有利条件。

鲁锦的存在和发展不仅仅是因为有“天时”“地利”的自然环境，更重要的是因为棉布与当地民众的生活密切相关。吃苦耐劳的鲁西南妇女自食其力，勤俭持家，在解决基本生活需求的同时也借此手艺来表达自己的内心世界，抒发情感，使得最终精神生活和物质生活双方面得到满足，可以说鲁锦艺术是一种真正的劳动者的艺术。

3.鲁锦的起源和发展

山东纺织生产历史悠久，据考古挖掘发现，远在新石器时代，在菏泽成武大台、东明窦堌堆和曹县梁堌堆等文化遗址中均有“纺纶”出土，经过时间的推移和技术的不断创新，直到汉代斜梁织机的出现，齐鲁大地的纺织业逐渐走向成熟。

在商周时期，山东境内就曾出现过一种木制的，可以用来纺织的工具——腰机。虽然结构简单，但为后来纺织机械的出现和发展，在制造技术上提供了铺垫和借鉴。西汉刘向所著《列女传·鲁季敬姜》篇就有一段关于早期织机结构的详细描述，后人据此复原出了一种适合于麻、毛、丝织物生产的“鲁机”。

春秋战国至秦汉时期，齐鲁大地已经成为我国纺织业的中心了。《民间织锦》一书提到，春秋战国时期，丝织物产地多集中在北方的黄河流域一带，尤以齐鲁地区最为发达。汉代斜织机的出现，则标志着纺织技术的进一步成熟。在济宁嘉祥县武氏祠汉画像石所示的“曾母投杼”图中，曾母所使用的斜织机可以说是今日遍及鲁西南，家家户户有的立式织机的祖先。

唐代，纺织业的繁荣，在诗人的作品中到处可见。诗仙李白曾在《五月东鲁行，答汶上君》中写道：“鲁人重织作，机杼鸣帘栊。”诗圣杜甫在《忆昔》中也有“齐纨鲁缟车班班，男耕女桑不相失”的描述。

宋代期间，鲁西南人民就有种桑养蚕的传统，家家靠蚕桑为生，故有“河朔山东养蚕之利，逾于稼稔”之说。宋代皇室还在青州设立织锦院，专门织造高级纺织品。

元明之际，随着棉花在黄河流域大面积种植，山东境内大兴棉纺织业。“自明中期后，棉纺织生产在东昌府所属各州县广为普及，并产生了一些纺织业比较发达的地区。例如，定陶、濮州（今鄄城）等地区，棉纺织业生产已由自经性生产向商品性生产转化。”

清代鲁西南棉纺织技术已相当发达，达到了登峰造极的地步。据光绪版《曹州府志》记载：“地产木棉，以之为布。木棉转鬻他方，其得颇盛，茜草靛青可以为染，田间多种之。定陶植桑蚕，所产棉布为佳他邑，郓城县地广衍饶沃土，宜木棉，贾人转鬻江南为市。”当时，鄄城织锦曾作为贡品晋献朝廷，成为宫廷御用之物。至今中央美术学院还收藏着清代鄄城数百个鲁锦样品。

二、鲁锦纹样的特征

鲁锦纹样不是具体的事物形象，而是鲁西南人民根据自己生活中的所见、所闻、所悟，按照自己的审美标准，通过经纬不同色线的交叉搭配，织造出的各种各样的几何图形。然后，通过几何图案的重叠、平移、连接、穿插、间断、对比等一系列变化,形成了纹样特有的风格和韵律。

鲁锦纹样的特征主要体现在图案造型、色彩运用和织造工艺三个方面。这三个方面相辅相成造就了鲁锦的独特风格,即古朴典雅中不失高贵大方,粗犷中透着细腻,艳丽中蕴含着稳重。

1. 鲁锦纹样的图案特征

图案是鲁锦最具特色的地方,也是当地民俗文化最直接的表现。鲁锦图案织造精巧,构思严谨;图案布局讲究左右对称,上下呼应,疏密得当,聚散有度,曲直对比。大都为人们所熟悉的二方连续和四方连续图案。鲁锦图案一般都有主纹和副纹之分,主纹通常作为图案名称的依据,副纹主要起衬托作用,以主纹为中心对称分布,其宽度、长度都要与主纹相通连贯,使纹样整体看起来具有一定的连续性。

鲁锦是靠通经断纬、直来直去的方法织造。经纬结构反复循环变化,再加上经纬色线的错综交叉,就可以产生出变化无穷、丰富多彩的纹样,令人叹为观止。织者的乐趣,也正在这随心所欲的千变万化之中。通过以简单的几何格子纹为基础,任意的组合,随意的创新,鲁锦纹样发展至今已多达1990种。根据织造工艺以及织造综框数目,鲁锦图案主要分为两大类:两匹缯图案和四匹缯图案。

(1)两匹缯图案

两匹缯鲁锦图案织造工艺还不成熟,造型比较简单,样式种类比较单一,常见的图案造型一般是简单的线条分割和排列,主要以平纹、方格纹、条纹为主,如图1-48、图1-49、图1-50所示。最初只是作为一种普通的家用土织布,用于被里、褥里和床单,没有什么特色,后来,随着当地经济的发展,染色工艺的出现,织造工艺的成熟,才逐渐形成花纹。

图 1-48 白色平纹布

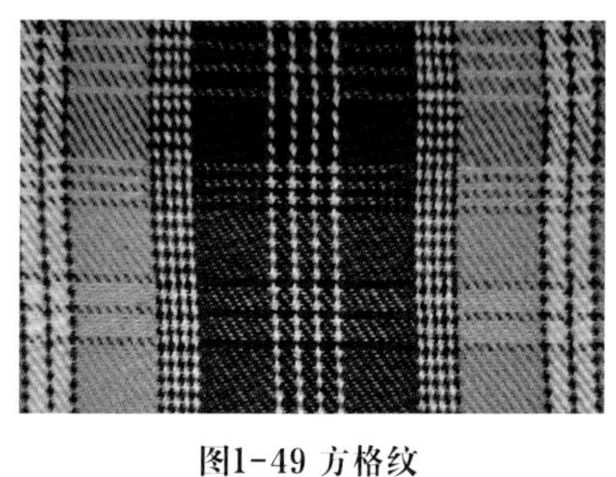

图1-49 方格纹

图1-50 条纹布

(图片来源:拍摄于鄄城李庄村)

(2)四匹缯图案

四匹缯图案工艺复杂,种类繁多,是鲁锦织造工艺成熟的标志,也是鲁锦纹样的典型代表。四匹缯图案有传统古老的类似于图腾的纹样,也有现代的富有时代气息的纹样,如图 1-51 所示。这些色彩斑斓的图案都被命名以具有形象感的名称,有着丰富多彩的民俗寓意。我们撇开各种各样的名称不说,仅从纹样本身或纹样的组合来看,也可获得不可言传的形式美感。

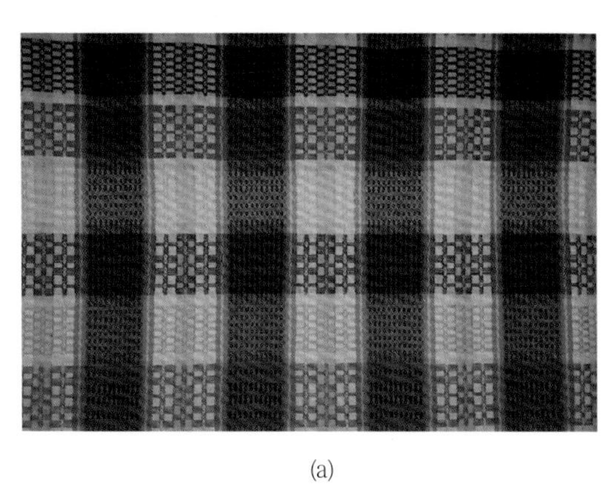

(a)

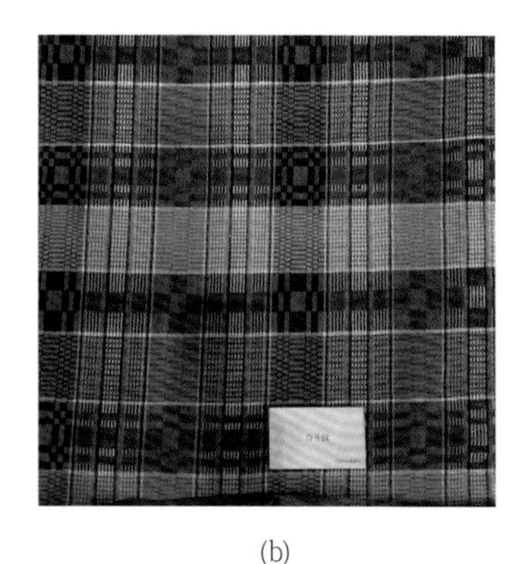

(b)

图 1-51 四匹缯图案

（图片来源：拍摄于嘉祥高庄村）

民间艺术纹样以其特有的方式体现着非主流文化层面的习俗惯制、价值观念、心理趋向、伦理道德和生活方式。表达了人们对“生”的追求和对“吉祥”的渴望。纯朴善良的鲁西南人民，用最朴素无声的语言，把能展现幸福美好理念的人物故事情节，诠释在鲁锦上，使其丰富多彩的纹样更具备文化属性和地域色彩。

2. 鲁锦的色彩特征

鲁锦的色彩，受中国传统文化的影响，体现了黄河流域根深蒂固的文化底蕴，在不违背色彩文化象征寓意的情况下，用色鲜艳大胆，形成了特别讲究的色彩视觉美感。

鲁锦用色节奏明快，色彩对比强烈，同时又和谐统一，耐人寻味。常用颜色有湖蓝色、靛青色、绿色、棕色、黄色、榴黑色、大红色、桃红色等。在色彩搭配时遵循了“红红绿绿，图个吉利”“红间绿，一块玉”“红间黄，喜煞娘”“红冲紫，臭如屎”“青间紫，不如死”等民艺配色口诀。其中虽不乏色彩的视觉要求，但重要的是民间关于祈福、欢庆、和美等心理情感的直接描述。鲁锦配色在要求具备视觉效果的同时，还要满足人们精神上的需求，最终描绘出了象征热闹红火、欢乐喜庆的鲁西南织锦。

人着色于物，从而改变了被着色物体自身的特点，无声或者有声地表达了人们各种思想、情感和情绪。此时，颜色就变成了语言、思想和感情抒发的方式。同样，鲁锦的色彩从侧面反映了鲁西南人民至诚的情感和豪爽正直的性格。

3. 鲁锦的工艺特征

《考工记》指出，“天有时，地有气，才有美，工有巧。合此四者，然后可以为良”。所谓“工巧”包含着对主体创造性的肯定。鲁锦名字的确立则是对其“工巧”的肯定。

鲁锦的织造过程非常复杂，从采棉、纺线一直到织出成品要经过70多道工序。要想织造出理想的纹样，每道工序都需要精心去做，主要的工序有棉花的加工、纺线、染线、浆线、经线、刷线、穿综、闯杼、吊机子、织布等。每道工序都是繁琐的，有很多子工序，且都非常讲究技艺。勤劳纯朴的鲁西南妇女凭着心灵手巧，足踩手掷，在嘣噔、咔嚓、咣当的声响中，融入素提花、打花、坎花技术，使得鲁锦由最初的斜纹、条纹、方格纹扩展到现在比较常见的枣花纹、水纹、狗牙纹、斗纹、芝麻花纹、合斗纹、鹅眼纹以及猫蹄纹等8种基本纹样。通过不同纹样的搭配组合，不同线纱的交织变化，使并不复杂的艺术手段获得了绚丽多姿的艺术效果，创造出了瑰丽神奇的鲁锦艺术世界。

三、鲁锦纹样的民俗寓意

鲁锦纹样不仅造型、结构、色彩符合形式美，还隐含着丰富多彩的民俗寓意。鲁锦艺术作为一种民间文化观念的载体，是鲁西南地区的妇女表达情感和意愿的直接见证。下面通过对菏泽鄄城和济宁嘉祥等鲁锦产地的多次深入考察和相关文献资料的整理，结合中国传统民俗文化和民间手工艺装饰艺术，解析6种鲁锦纹样的民俗寓意。

猫是鲁西南地区非常普遍的动物，承担着捉老鼠的任务，具有灵性，走路的姿态也很优美，现代T形台上的模特走秀，就是根据猫的走姿创造出来的。鲁西南人民把猫的蹄印用鲁锦图案的形式织造出来，体现了鲁西南人民善于捕捉美好的事物，如图1-52所示。

芝麻花纹，取材于鲁西南主要农作物芝麻开的花，取其寓意"芝麻开花节节高"，表达人们对于美好生活的期盼，希望日子节节升高，越来越红火。芝麻花纹的图案介于抽象与具象之间，芝麻花的白色点状图案，以芝麻秸秆为中心对称分布，上下延展，远看好比田里开满了白色的芝麻花，如图1-53所示。

图1-54所示为合斗纹，以几何图形组成一些"十"字、"井"字之类的图案。"十"字、"井"字，在农耕社会里，表示人们希望生活"十全十美"，拥有好的收成。图案视觉效果好，容易织造，是鲁锦图案中使用比较多的纹样，经常搭配其他纹样出现。

图 1-52 猫蹄纹

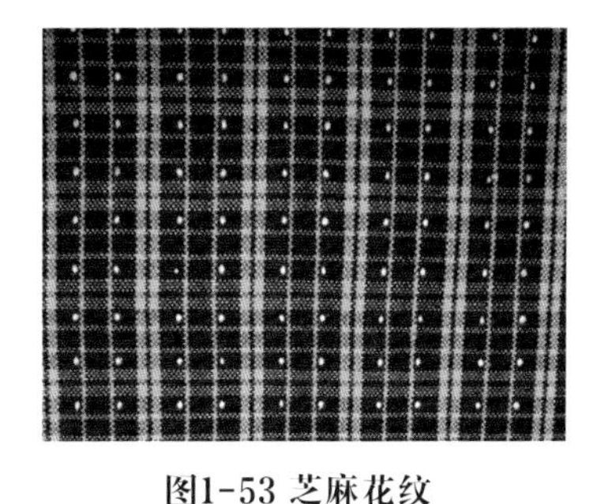

图1-53 芝麻花纹

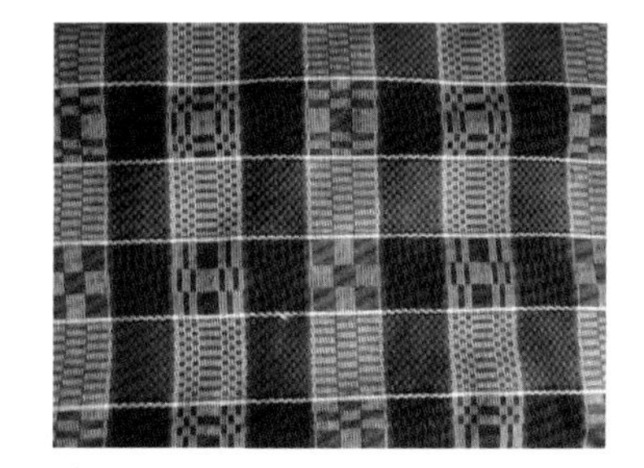

图1-54 合斗纹

(图片来源：拍摄于鄄城鲁锦艺术博物馆)

"难死人、迷魂阵"这类的图案非常有趣，从名字上就能看出其难度指数。纹样中间织有跳线的花纹，组成八角形，由于连续跳线的织造技艺难度比较大，故而得名"难死人"。还有一种说法来源于八卦阵思想。战国著名军事家孙膑曾经提出"因地之利，用八阵之宜"的策略，巧妙地利用自己的优势，借机打击敌人。图1-55所示纹样中的八角形意为八卦阵，用当地人们的话讲，就是织进去就不容易出来了，连自己也迷了魂，故而得名"迷魂阵"。

满天星以浓重色调的合斗花纹构成“八盘八碗”的图案，以清淡明亮的蓝白两色交织出闪耀的星星，用来表现当地婚嫁宴席的热闹景象。人们想与星星同庆，从天亮到天黑，以此来表示婚宴持续的时间非常长。这个图案记录了当地人热情豪爽的性格以及为了讨个吉利以“八”为上菜单位的风俗特点，如图1-56所示。

窗户楞是一种用多种色纱交织出的纹样，织出了太阳的光辉、星星的闪耀和纱灯的光影。当地流传着一句关于它的歌谣：清早的太阳，哼黑的星，窗户楞子上挂纱灯。从中我们可以体会到农家儿女日出而作、日落而息的忙碌生活，还隐含着织锦人从清晨到深夜的劳苦之情，同时也表现了她们对未来的期盼，对美好事物的追求，如图1-57所示。

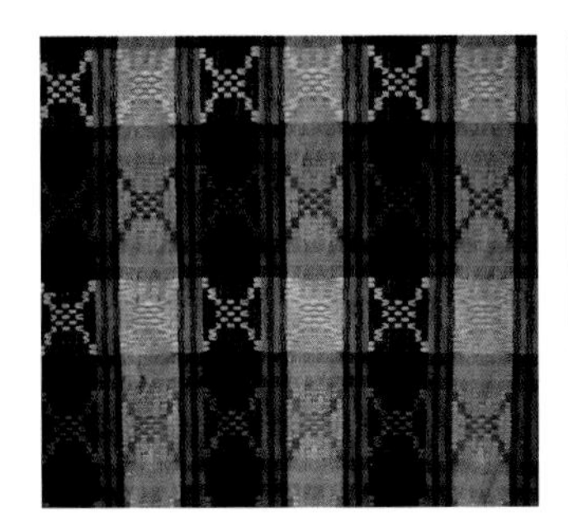

图 1-55 迷魂阵

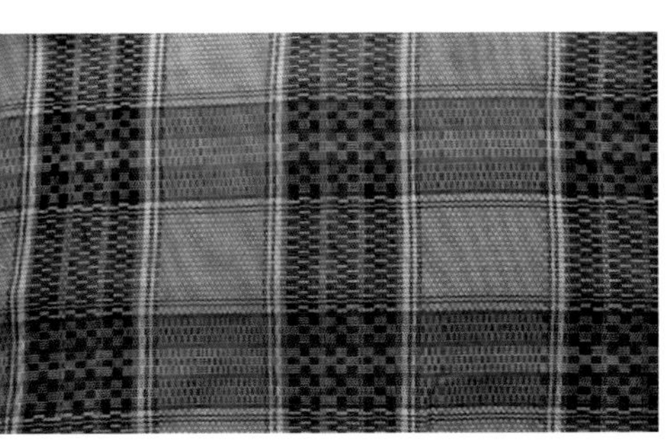

图1-56 满天星

图1-57 窗户楞

（图片来源：鄄城县文化局、中国鲁锦博物馆）

第五节·云南土织布

云南有26个少数民族，是我国少数民族最多的省份。每个民族又因为文化与经济等方面的差异分出许多支系。云南少数民族已有约3000多年的纺织历史，而且纺织技术相当高。民间有许多精美的纺织珍品，纺织品的生产在历史上曾普遍和著名。云南复杂的地理环境，多样的气候与物产，又为各民族纺织提供了棉、野生棉、木棉、丝、毛、草等丰富的材料资源。所有这些使云南各民族传统纺织品呈现出种类繁多的特点。

以傣族织锦（傣锦）为例，傣族织锦在云南纺织品中占有重要地位，其历史较长，古代就颇有名声，成为朝廷贡品。织有菱形、双鸟、孔雀、龟形、锦鸡、象鼻、绕线板等纹样的织锦通常用来制成被面、床单、靠枕、枕头、手巾等日常生活用品。其中绕线板是绕线的工具，是妇女纺织时的必备物品，傣族妇女们把绕线板变化成美丽的图案织入锦中，体现了傣族妇女的丰富创造力，更有了强烈的生活气息；而孔雀被傣族视为美丽、吉祥、善良的象征，用孔雀纹织成的床单，常常是结婚的必备之物。

傣锦是一种流传在傣族人民中的传统民间手工艺品，其织造工艺相当古老，自汉代起就有史书记载。傣锦的图案是通过纯熟的纺织工艺与技巧创造出来的，成品多是单色织锦，以经纱为底纬纱起花，所织成的花纹组织严谨有序。傣锦基本采用木架织机织成，这种木架织机有提综装置，可以织几何纹样，效率与其他织机相比较高。织布的时候，经纱需穿过机综后将其两头分别系于卷纱辊和卷布辊，接下来将纬纱贯于梭中，而后将梭子左右来回地穿梭织出各种纹样。

傣锦起源于汉代，发展于唐宋时期，在宋元时期由于傣锦织工精巧、图案别致以及色彩艳丽等特点，被用作贡品进贡朝廷。独特的图案纹样与色彩使傣锦形成了一种独特的风格，其题材多取自身边的山水、森林、花草、村寨等，融合了人的形象以及崇拜的动物图腾，充分体现了傣族人民的衣、食、住、行、信仰、文化等方面的内容。傣锦独特图案的形成与当地的生活环境、民俗习惯、宗教信仰的形象息息相关，因此，傣锦不仅是美丽的民间艺术品，体现着当地人民的勤劳与智慧，它更是傣族生活与文化的缩影。傣锦也反映了傣族当时农耕社会的面貌，因此在现今许多其他民族那些与农耕社会相关的手工艺都在渐渐消亡的时候，傣锦就体现出它独特的珍罕之处。傣族的手工织锦技艺已被列为第二批国家非物质文化遗产项目，这一举措将会为傣锦技艺的发展带来更大更好的机遇，而且今后也将有专项经费用于傣锦的保护。

“锦”字由“金”和“帛”两字组成，以表示高贵犹如黄金般的丝织物。《释名·释采帛》中提到：“锦，金也。作之用功重，其价如金。”锦的种类繁多。就原材料而言，古时候的织锦专指丝织，有花纹者。到了后来，除了丝质的织锦以外，那些丝与棉的混合锦、纯棉锦和麻棉混合锦等也均相继被社会所承认。织锦被用作衣料、饰件，或当作艺术摆设以及悬挂的欣赏品等，用途广泛。

傣锦是傣族人民利用丝、毛、棉、麻、金丝线等材料，使用傣族最传统的木架织机，通过提花、织造等

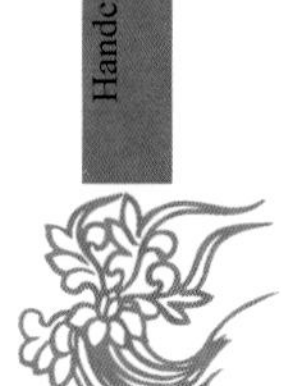

工艺制作而成的一种长条形状的织锦。其幅宽一般为20至60厘米不等，长度不定。其花纹题材丰富、变化繁多、颜色绚丽，是傣族人民进行宗教活动以及日常生活中不可或缺的东西。傣锦保留和体现了傣族特有的民族文化以及地域特征，在云南的少数民族织锦中独树一帜，享有着很高的声誉。

历史上的云南织锦，其生产曾经很普遍也较著名。时至近现代，织锦这项手工艺却主要在部分少数民族地区才得以保留和延续。20世纪50至60年代，在傣族、景颇族、布依族、佤族、壮族和苗族等少数民族地区的村镇，有着许多善织锦的能工巧匠。生产的织锦一般都是自给自足，但也有些地区像西双版纳、德宏地区，那里的傣锦产量较大，除了提供内需外还有剩余，人们则将其拿到市场交换其他物品。然而，随着社会的进步和经济的飞速发展，由现代纺织技术批量生产的工业纺织品大量地涌入市场，对传统的手工纺织业造成了严重的冲击和压迫，市场的萎缩致使从事手工纺织业的人数骤然减少，手工织锦的产量受到影响也随之大幅度下降。尤其到了20世纪80年代以后，那些原本织锦较多的村镇也越来越少有人从事织锦生产了，这项古老的手工织锦技艺濒临消亡。

一、傣族的历史文化背景和生活环境

1.傣族的历史文化背景

傣族起源于我国古代南方的“越”人，有着悠久的历史。早在一万年前傣族的祖先就已经居住在现云南与缅甸交界的广大地区。傣族在汉文史籍中有记载则可以追溯到公元1世纪，《史记》中称傣族先民为“滇越”，亦称“乘象国”。而后傣族先民又在《汉书》《后汉书》等书中以“掸”“擅”等名称出现。东汉王朝曾在滇西南傣族地区设立永昌郡，“滇越”“掸”人地区属于永昌郡管辖，这时的傣族社会开始跨入阶级社会的门槛。“掸”人曾建立过掸国，掸国王雍由调曾三次派遣使臣携带土产、珍宝和精湛的乐队、杂技艺人到东汉王朝的京城洛阳进贡，掸人的杂技艺术在东汉的宫廷演出受到了东汉皇帝以及群臣的赞誉。东汉王朝赐给掸国王及其使节印绶、金银和赠彩等，并封掸国王雍由调为“汉大都尉”，从此傣族和东汉王朝正式建立起了隶属关系。公元8世纪到12世纪的唐宋时期是傣族社会迅速发展的时期，此时期傣族地区先后归属西南地方政权南诏和大理的管辖。傣族社会到了唐代进入了成熟的阶级社会，宋代开始向封建农奴制社会转化。唐宋时期傣族已跨越了刀耕火种的原始农业，进入了犁耕农业的发展阶段，随之而来的是金属冶铸业、纺织业、商业等都有了新的发展。元朝开始在云南建立行省，接着又在少数民族地区设立土司结构，这时各地傣族均已进入封建农奴制的发展阶段。元末西部傣族思可法势力崛起，建立了强大的麓川政权。思可法为元代麓川王国首领，原名刹远。1340年，麓川路军民总管罕静法卒，无嗣，思可法被迎立为勐卯主，建城于蛮海，即位后称思可法。明朝在元朝土司制度的基础上，将其扩大完善成一套统治制度。清朝在傣族地区采取了废除土官、实行直接派流官统治的政策。

在长期的历史发展过程中，傣族和汉族以及其他少数民族之间的友好往来绵延不绝，通过联姻、贸易等形式相互交流生产经验，传播宗教、文化科学知识，使傣族人民的聪明才智得到了充分的体现，创造了灿烂的文化。

傣族是以爱美著称的民族，其美学观念早已形成。这和傣族人民的自然环境、生产和生活方式有着密切的联系。傣族人民环境美的审美观念的形成，是与他们长期居住在条件比较优越的大自然环境中分不开的。其居住地区气候炎热，森林茂密，河川纵横，野生动物繁多，自然环境极其优美。生活在这么优美的环境里，他们必然对大自然产生深刻的认识。傣族人民认为，山、水、林、田、动物等自然环境与人类生存有着十分密切的关系，人们在爱美与享受大自然的美的过程中，形成了保护自然环境的风度气质，将保护环境美提高到审美观念的重要位置。这一文化反映在傣族织锦中，体现在其图案纹样有许许多多的植物、动物图案，表现傣族人民对其生活环境的热爱。傣族的审美文化还受到了宗教的深刻影响。15世纪以后，南传上座部佛教开始逐渐传入傣族地区，影响到傣族的审美文化，并慢慢渗透到傣族人民生活的方方面面。佛教分为大乘、小乘两大教派，其中小乘佛教即南传上座部佛教（南传佛教）。南传佛教主要流传于东南亚各国，在我国仅云南独有，传入云南已一千多年，分布在西双版纳、德宏、思茅、临沧等地，傣族、布朗族、德昂族几乎是全民信仰南传佛教。手工纺织业也受到了很大的影响，相当一部分织锦开始作为佛幡使用为佛教服务，带有浓重的佛教色彩。其图案纹样主要取材于佛寺的各个组成部分，以及佛教传说中的一些神兽。除此之外，傣族人民还保留了百越人断发文身、龙蛇崇拜等的习俗，这些特有的文化对傣族织锦及其图案的形成与发展都造成了深远的影响。

2.傣族的生活环境

据《南师帕萨傣龙勐》（即《傣族迁徙史记》）记载，傣族分别在三江（金沙江、澜沧江和怒江）上游一带生活了很久，由于人口不断增加，土地狭窄，生产、生活条件越来越差，于是各江首领决定分别率领自己的家族顺江而下南迁。原定居在金沙江流域的傣族南下到了大水滩的下游停了下来，作为迁移的第一站，生活了相当一段时间后，发现依然满足不了生产、生活的需要，于是在江边附近找到了一个适合生存的平坝定居了下来。后来由于其他民族陆续迁来，大家为了争抢土地而起的纠纷不断发生，于是只能再次南迁，最后定居得比较分散并渐渐与别的民族融合了。原来在怒江流域生活的人们沿江一直向下，到了现在的怒江坝定居了下来，但是考虑到今后的发展，又决定继续向下寻找新的地方，最后到达现在的腾冲、德宏地区。在澜沧江生活的部分傣族人一直南下到了澜沧江的中游地区，找到一个少有人居住的荒坝子，于是便在那里定居。因当时这一带孔雀很多，故取名为景永（今景洪），即孔雀城的意思。首领告诫大家，孔雀是吉祥物，希望大家能够爱护，有条件的还可以饲养，傣族饲养孔雀的习惯就是从那时开始的。

现今傣族主要分布在云南省的西部和南部边疆，主要聚居区有西双版纳傣族自治州、德宏傣族景颇族自治州等，在临沧、澜沧、腾冲等地有散居或杂居。傣族地区属于亚热带气候，气温较高，雨量充沛，物产十分丰富，森林密布，动植物种类繁多，这些都为傣锦的图案纹样提供了丰富的原形来源。同时，傣族作为古越人的后裔也延续了百越民族的诸多文化特征，如傣族妇女自古以来就保留了穿筒裙的习俗。据汪宁生先生《晋宁石寨山青铜器图象所见古代民族考》一文中描述，傣族先民在两千年前就已经有了束发为髻以及穿筒裙的习俗。在明代的《百夷传》中对傣族服饰有着更详细的描述："男子皆衣长衫，宽襦而无裙。妇女则绾独髻于脑后，不施脂粉，身穿窄袖白布衫，皂布统裙白行缠，跣足。贵者以锦绣为统裙。"由此可见，明代傣族服饰的一个显著特点就是妇女皆穿着筒裙，上装着白色上衣、用白色头帕，这说明傣族人民对白色有着明显的偏好。傣族因为聚居地较为分散，所以各地的筒裙存在着一些差异。西双版纳的妇女服装，以紧身衣和薄筒裙为主要特征；德宏、孟定、耿马等地区的傣族妇女则喜爱穿着色彩鲜艳的筒裙，并配以短小齐腰的上衣。造成这些服饰类型差异的原因与其地理环境和自然条件有着密不可分的关系。由于当时的服饰更看重的是其最基本的功能——实用功能，根据人们所处的地域空间、气候条件、自然环境的不同，对于服饰的实用功能的选择和要求也不同。傣族妇女多用织锦来制作筒裙，她们选择织锦而鲜少选择有刺绣工艺的布料来制作服装，是跟她们的生存环境有着很大的关系。傣族地区潮湿、炎热的气候导致了衣服需要天天洗涤，而织锦耐磨耐洗的特性使之成为了她们制作服装的首选。所以，傣族独特的审美文化的形成与其生活环境是密不可分的。

二、傣锦的起源和发展

傣族有着悠久的历史和深厚的文化底蕴，傣族人民用自己的勤劳和智慧创造了丰富灿烂的历史文化，造就了傣族民间手工业生产的发达。其中，家庭纺织业是傣族最普遍的家庭手工业。早在秦汉时期，傣族人民就开始使用木棉纺线，并利用原始的踞织机来织布。汉代四川商人将德宏傣族生产的木棉布运到内地以及南亚一带销售，因此木棉织品在汉代就已经驰名，这在当时云南各族的经济发展中是处于先进行列的。到了唐代，傣族依然延续了用木棉纺纱织布的传统并开始使用棉花。《蛮书》记载："自银生城、拓南城、寻传、祁鲜以西（皆为傣族居地），蕃蛮种并不养蚕，唯收娑罗树子（木棉），破其壳，中白如柳絮，织为方幅，裁之笼头，男子妇女通服之。"到了宋、元时期，金齿百夷（现居住在元江、思茅和西双版纳地区的傣族）长于种桑，一年四季养蚕。他们用丝来织锦，织出的成品以质地细软、色泽光润而极受欢迎，并且产量很高，干崖（今盈江地区）生产的丝质五色锦还被作为贡品来向朝廷进贡。傣族纺织手工业得到迅速发展是在明代，木棉、草棉、蚕丝的纺织技术继续发展，明代傣族的"兜罗锦"（即木棉锦）远近皆知。

时至近现代，纺织更是傣族最为普遍的家庭手工业，几乎每家每户都有纺车和织布机，西双版纳、德宏、保山等地区是傣锦的主要产地。纺织的整个过程都由妇女承担，是妇女必须掌握的生产技能，基本是在从事农业生产之余作为副业来进行的。织成的织锦成品多数是自产自销，只有少数有剩余的才作为商品用来交换和出售。在极个别经济状况较好和商品交换活跃之地，织锦产品甚至会出现供不应求的现象。然后在德宏、腾冲、西双版纳的嘎洒镇曼鸾典村、勐罕镇曼听村、勐养镇等傣锦的高产地出现了一些以织造织锦为基本生活来源的手工艺工匠。在他们的作品中，既保留了浓厚的傣族传统文化特征，又融入了许多创新元素。这些艺术品代表了傣锦工艺以及艺术的高水准以及别具一格的民族特性，非常引人注目。

三、傣锦的纹样及色彩分析

独特的图案纹样与色彩使傣锦形成了一种独特的风格，其题材多取自身边的山水、森林、花草、村寨等，融合了人的形象以及崇拜的动物图腾，充分地体现了傣族人民的衣、食、住、行、信仰、文化等方面的内容。傣锦不仅是美丽的民间艺术品，体现着当地人民的勤劳与智慧，更是傣族生活与文化的缩影。

1.傣锦的主要纹样分类及特征

傣锦最大的工艺特点是通过经纱和纬纱的线型交织而形成织锦的，然而正是因为这一工艺的局限性，使其在表现事物的形态、色彩等方面的时候，无法完全使用写实的手法来表达这些事物的特征。因此，必须借用抽象、简化等手段，将事物最具特色、最明显的元素提取出来，然后加以整合，这样就形成了简洁、明快的傣锦纹样。

（1）傣锦纹样的图案题材

傣锦的图案纹样擅长于将生活场景进行描摹、提炼、演变，然后表现在织锦中。它常将许多不同题材的纹样搭配组合使用，体现了浓郁的地域特征。傣锦中常见的图案题材有以下几种。

①几何图案

几何图案有着简洁、精美、易于制作等特点，备受傣族人民的喜爱，成为傣锦中使用最为普遍的图案，尤其是在德宏地区的傣锦中，流传相当广泛。傣锦中具有代表性的几何图案是菱形纹、八角纹、象鼻纹以及牛角弯纹。a.菱形纹（图1-58）：菱形纹是傣族生活中广泛使用的织锦纹样，有些菱形纹作为框架，在其中添加其他纹样形成菱形连缀式图案；有些则搭配花草和其他几何纹样作为点缀，形成丰富的综合图案。菱形纹种类繁多，大多数的菱形纹表现了一些常见但是具有代表性的动植物，还有一些则体现了人们的生活文化，比如将原始的菱形纹加以抽象概括，形成其他的纹样，如绕线板纹（图1-59）。绕线板是傣族妇女生活中最常见也是经常会使用到的物品之一，是进行纺织活动时必不可少的物品。通常的绕线板上会由一些能工巧匠刻上各种精美的图案，这样便使其成为一件具有使用价值的工艺品，然后将这件工艺品的形象融入傣锦的图案中，充分体现了傣族妇女丰富的创造力。由于绕线板纹是将生活中的必备之品体现在织锦图案中的纹样，因此地域差异并不明显，在德宏和西双版纳地区均被广泛流传。b.八角纹（图1-60）：八角纹即将图案八等分，每一份就是一个单元图案，每个单元图案都有一个相同的组成元素，将这些单元图案旋转、排列，就形成了八角纹；c.牛角弯纹：牛角弯纹是傣锦中特有的纹样，取材于动物的某个部位，然后经过变形夸张所产生的纹样，多应用于床单；d.象鼻纹（1-61）：象鼻纹是傣族织锦特有的纹样，通过对大象鼻子的造型进行夸张、变形所产生的纹样，多用于床垫中部的装饰。

②植物图案

植物在傣锦图案题材中占有最大的比例，大多数傣锦都会用到植物纹样，单独使用或搭配其他纹样使用。常见的植物有刺桐花、芭蕉花、四瓣花、红毛树花等，这些植物都是在傣族人民居住的热带雨林

图 1-58 菱形纹

图1-59 绕线板纹

（图片来源：拍摄于西双版纳）

图 1-60 八角纹

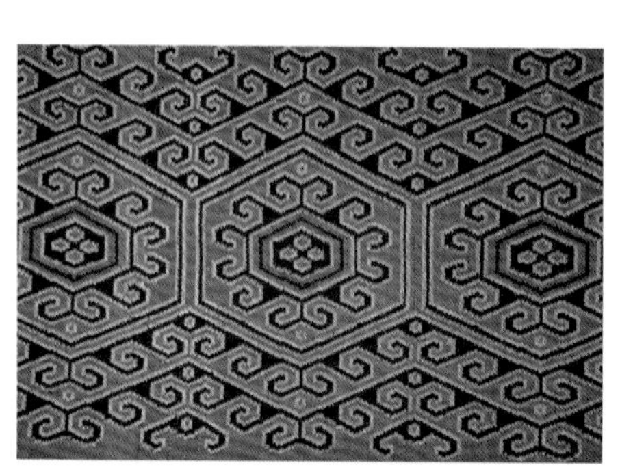

图1-61象鼻纹

（图片来源：拍摄于西双版纳）

中特有的也是最常见的。将这些植物的造型简化、变形后融入傣锦中，既反映了当地人民的生存环境，又表达了傣族人民爱美的心态。另外，菩提树也是傣锦中常用的植物纹样。有别于其他植物，菩提树在傣族人民心中是“佛树”，备受人们崇敬。最具代表性的图案是菩提双鸟纹（图1-62），由菩提树和双鸟纹样组成的二方连续纹样，菩提树象征着神圣、吉祥和高尚，双鸟纹代表佛祖在人间守护生灵，是一种吉祥的纹样，多用于床单、被桌布以及贡品。这些纹样反映了南传上座部佛教在傣族人民生活和文化中的渗透及影响。

图 1-62 菩提双鸟纹织锦

（图片来源：《云南民族民间艺术.下册》）

③动物图案

在傣锦图案中，很多动物都有体现，比如与傣族人民生活、文化密切相关的孔雀、象、狮、马、鸟等动物。比较有代表性的动物纹样有以下几种：a.孔雀纹（图1-63）。孔雀在傣族象征着美丽、吉祥和善良，据说景洪坝子原是孔雀聚居的地方，故西双版纳有着"孔雀之乡"之称。因此，傣族人民将孔雀作为一种吉祥物的形象融入了织锦中。傣锦中的孔雀图案保留了最引人注目的屏尾和头冠部分，简化了其他部位。孔雀的动态则用圭角分明的块面和线条来表现，生动、形象地表现了孔雀的美丽姿态。孔雀纹的变化丰富，一般作单独纹样使用，或形成二方连续图案。由于孔雀含有吉祥、美好的意义，因此孔雀纹织锦多用作结婚志喜之物；b.象纹。傣族地区由于其炎热的气候，茂密的原始森林，是盛产大象的地区。傣族自古崇拜象，在征战、运输、耕作中都少不了象，部族、宗教的领袖在一些场合更是要乘坐彩饰盛装的大象，于是大象也成了傣锦图案中不可或缺的动物纹样。象纹图案将大象的形态抽象为剪影的形式来表现，只凸显象鼻、尾巴和四肢，头部和躯干则用整块图形表示，并镂空一些简单的花纹作为装饰。在常见的象纹织锦中，象驮宝塔房纹（图1-64）、象驮供鞍纹等是使用最广泛的，多用于佛幡装饰；c.马纹。马是傣族人民生活中常用的牲畜，因此傣锦中马纹的应用也是比较广泛的。马纹常与人、船等其他纹样结合使用，如马驮花纹织锦（图1-65），主要动态有跑马、跪马、牵马等，常见于佛幡，表现人们对佛祖的虔诚以及恭敬。这种类型的织锦纹样使用广泛，在傣族会织这种纹样的人也比较多。纹样并没有固定的造型形式，随着织造人的不同会产生不同的变化；d.狮纹（图1-66）。在傣族地区民间流传着许多有关狮子的传说，傣族人们信仰佛教，佛教中的狮子既是百兽之王，又是佛的护法，象征着威猛的同时，也是力量和智慧的象征。所以，傣族的佛塔和寺庙大门旁边都会有狮子的彩塑。这一信仰也反映在了傣锦中，狮子纹样织成的傣锦多用于赕佛的佛幡；e.神兽纹。除了普遍常见的孔雀、象等纹样，傣锦图案中也有一些其他动物的纹样。佛幡在傣族织锦中占有很重要的地位，很多图案都常在佛幡中出现，这其中当然少不了一些神兽纹样，比如傣族人民自古就崇拜的龙、蛇等动物的纹样。

图 1-63 孔雀纹

图1-64 象驮宝塔房纹

（图片来源：拍摄于西双版纳）

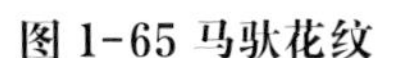

图 1-65 马驮花纹 **图1-66 狮纹**

（图片来源：拍摄于西双版纳）

④人物图案

傣锦中的图案多取材于身边的事物来表现傣族人民的居住环境和生活气息，既然是日常生活的体现，就少不了“人”这一生活主体。傣锦中的人物纹样一般不单独使用，多是与动物、建筑等图案结合起来搭配使用，表现的是某一种场景。傣锦中的人物形象是经过简化、抽象过的，基本以剪影的形式呈现，动态变化丰富，有舞蹈纹、楼居纹、戏马纹、舞象纹等（图1-67）。

图 1-67 人物纹样

（图片来源：《云南民族民间艺术.下册》）

⑤建筑图案

建筑图案是傣锦中特有的一种纹样，云南其他少数民族很少有将建筑纹样应用在织锦中的。傣锦中的建筑图案有一些是取材于生活场景，但大多数是反映佛寺建筑。这种纹样一般都应用于佛幡上，以单独纹样的形式呈现，表现方法也较写实、具体，多将佛寺中的寺门、佛殿、佛塔等部分表现出来。也有将佛寺图案以二方连续形式应用的纹样，如屋顶纹织锦（图1-68），将佛寺屋顶及其装饰物简化为剪影形式使用，造型简洁别致。

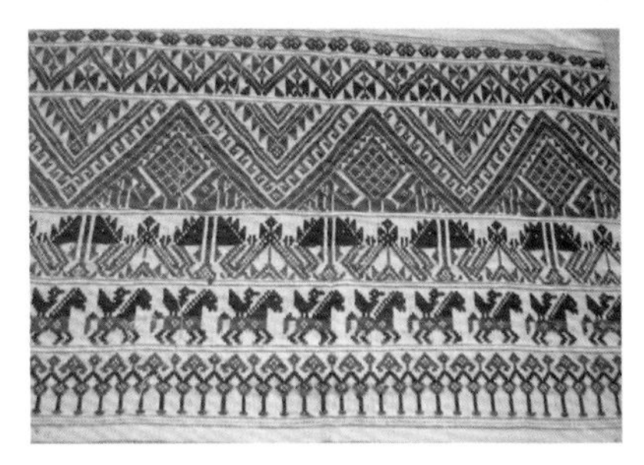

图1-68 屋顶纹

（图片来源：拍摄于西双版纳）

（2）傣锦纹样的构成形式

傣锦纹样的构成形式有多种，包含了单独纹样、二方连续和四方连续。傣族人民在织造傣锦时会针对不同的图案选择最适合它们的排列方式，使之与图案的结合相得益彰。

①单独纹样

单独纹样是指具有相对独立性、完整性并能单独用于装饰的图案纹样。它是一种与周围没有连续的装饰主体。傣锦中的单独纹样基本为对称式结构的自由式图案。自由式图案是一种不受外轮廓限制、自由处理外形、单独构成、单独应用的图案，其结构有对称式和平衡式两种。对称式结构是指图案形象依中轴两边对称或依中心多向对称的图案。在傣族织锦的纹样中，单独纹样的运用是比较少的。这种构成形式主要应用于佛幡中的图案，并且图案的题材除了少量的几何图案外基本是表现佛寺、佛塔等的建筑纹样，图案没有外轮廓，结构基本为中轴对称式。这种构成的图案给人一种平衡稳定的感觉，适合于表现佛寺的庄严、平和、稳重。

②二方连续

连续式图案是运用一个或者几个装饰元素组成单位纹样，再将此单位纹样按照一定的格式作有规律的反复排列所构成的图案，包含二方连续和四方连续两种构成形式。

以一个单位纹样向左右或上下两个方向进行有规则的反复排列，并能无限延长的图案叫二方连续图案。它有横式、纵式和斜式三个类型。傣锦纹样中有相当大一部分纹样的构成形式采用了二方连续，这些纹样的图案题材几乎涵盖了所有动物、植物、人物、几何图案和部分建筑图案，如屋顶纹等纹样。傣锦纹样中基本没有斜式二方连续，并且横式二方连续的使用明显多于纵式。在这中间动物、植物图案的傣锦纹样偏好使用横式二方连续，少部分的几何图案会以纵式的二方连续排列。以这种构成形式排列

图 1-69 单独纹样傣锦

（图片来源：《云南民族民间艺术.下册》）

图1-70 二方连续式傣锦纹样

（图片来源：拍摄于西双版纳 ）

的图案往往能带给人一种整齐、规律的感觉。并且在傣族的服装中，图案纹样多是以二方连续的形式排列的，配合着纹样、色彩的变化，形成了一种层次感。

③四方连续

以一个单位纹样向上、下、左、右四个方向进行有规律的反复排列，并可无限扩展、延续的面状图案叫做四方连续图案。四方连续的组织方法比较繁多和复杂，但是傣锦纹样中普遍使用的是连缀式四方连续，即在特定的几何形框架内添加纹样然后排列而成的四方连续。傣锦的基本幅宽在20至60厘米之间，由于受到织造工艺的限制，一些单元纹样较大的图案无法用四方连续的方式排列，因此在傣族织锦中四方连续的图案纹样并不是很多，其图案也多选取织造相对简单的几何图案，比如绕线板纹、"万"字纹等。这种排列方式会产生较强的视觉冲击，以简单、严谨的感觉吸引人们的视线。

傣族人民为了使傣锦纹样富有变化，更加生动活泼，在组合这些图案时会相应地做出一些变化。比如在二方连续的图案中，会将不同的二方连续图案用不同的面积来表现，形成一种主次分明的层次感。还有就是将多种构成形式穿插、搭配使用，比如在佛幡中，每个单独纹样中间会穿插一些简单的二方连续几何纹样，这样的组合既突出了主体图案，又使整个图案内容更加丰富，并富有节奏和变化。

图 1-71 四方连续式傣锦纹样

（图片来源：拍摄于西双版纳 ）

2.傣锦的色彩特征

傣锦的色彩搭配也如同其图案纹样一样，保留了浓郁的民族特色，并在一定程度上将傣锦的民族文化更加地烘托出来。因此，傣族的织锦能人非常重视颜色的搭配和运用，既要富于创新又要符合本民族的审美习惯。

傣族主要聚居在西双版纳和德宏两个自治州，两州的傣锦在颜色的使用方面各自有着不同的风格。西双版纳地区过去一直处于一个相对来说比较闭塞的地理位置，交通不够便利，导致了这个地区的傣锦织造技术只能在该地区原有的傣族纺织技术的基础上进行改良和发展。虽然发展的过程中容纳了许多该地区其他少数民族在纺织方面的技术，但内地汉族纺织工艺对其的影响还是较小的，因此西双版纳傣锦更多地保留了本民族特有的风格。西双版纳傣锦大多是白色或者浅色的锦地。图案的色彩有简单的两色组合,也有复杂的多色搭配运用。两色织锦的图案颜色主要为深红色和黑色,两个颜色的使用比例大致相等。有些两色织锦使用面积不等的条状红色和黑色色块作为背景,形成段落性变化,然后将浅色的底布镂空出来作为图案;也有一些是以浅色为背景,根据图案纹样的特征将红色与黑色穿插使用。多色织锦同样以白色或者浅色作为锦地,除了使用红色以外,还使用一些色调明快、明度较高的颜色来进行搭配,比如草绿色、黄色、玫红色,其中也会穿插一些黑色、蓝色、褐色等深颜色,整体以暖色系颜色为主,冷色系颜色为辅,使整个搭配在清新明快的同时不失稳重,形成了一种很强的节奏感。西双版纳地区傣锦配色的形成与其居住的环境有着很大的关系,其颜色搭配多借鉴了自然界的植物与景观的颜色,像各种颜色的花草,并且以红、玫红等颜色搭配草绿、墨绿等颜色使用,更是体现了自然界中红花绿叶的感觉。

图 1-72 西双版纳地区傣锦配色

图1-73 德宏地区傣锦配色

(图片来源:拍摄于西双版纳)

相比较之下,德宏地区傣锦的用色则浓重了许多。德宏地区地处蜀身毒道的要冲,是我国通往缅甸以及印度等地的交通枢纽。蜀身毒道指我国古代一条重要交通线,从四川成都起始,途经云南的大理、保山、德宏地区,然后进入缅甸,最终通往印度,这条交通线被称为西南"丝绸之路"。蜀锦织造技艺等内地主要的纺织技术经由西南"丝绸之路"不断地传入和交流,提高和促进了当地傣族织锦技艺的发展。因此,德宏地区的傣锦在云南本土文化的基础上融合了中原文化和东南亚文化以及印巴文化。德宏傣锦的颜色也有单色与多色之分,两者的锦地都选用黑色等深颜色。单色织锦的图案采用高纯度、高饱和度的颜色来织成,多为红色、橙色。单色织锦在德宏傣锦中并不多见,大多数织锦都是以多种颜色搭配使用,多使用红与绿、黄与蓝等对比强烈的色彩,强调颜色色相、冷暖等方面的对比,层层相套,并在黑地上搭配使用深绿、草绿、桃红、大红、明黄、桔红等颜色的花纹,并以黑色勾勒纹边,加上白色作为纹样隔断,使本来看起来对比强烈的两个颜色更加协调,有时掺织金线,呈现鲜艳、娇媚、热烈明快和缤纷腾跃的效果,华美诱人。

【第二章 · 中国传统土织布的手工技艺】

第一节·典型苏南地区传统民间土织布手工技艺

一、土织布织造中的“调线”技艺——以典型纹样梯子纹为例

梯子纹(图2-1)是苏南地区传统民间土织布中用纱线颜色最少，织物组织最简单的土织布纹样。纱线的配色多使用浅蓝色或深蓝色和白色纱线织造，织出的图案形似一节一节的梯子，象征节节高的寓意，这就是苏南妇女喜欢织造梯子纹的原因所在。梯子纹具有粗犷挺括和粗厚坚牢的风格。

虽然梯子纹的色纱和织物组织较为单一，但是其织造技艺的关键是“调线”。了解经线过程的可以知道，一个筒管引出一条线需要绕过转轮形成两根经线，然后将两根经线旋转形成交叉，分别将两根交棍插入经线形成两个交叉口(图2-2)，其目的是利于在整个织造过程中形成织口，完成投梭。按此顺序进行筒管的排列，完成整个穿经的过程。因为一个筒管引出的两根经线的颜色是相同的，所以相邻两根经线的颜色必定是相同的。但是梯子纹是蓝白纱线相间排列的组织(即1白|1蓝|1白|1蓝)，所以说“调线”对于梯子纹来说是一个关键的步骤。例如织造约1cm长度的面料，所需经线26根，那么13根白色纱线和13根蓝色纱线就需要分别进行“调线”(图2-3)，“调线”的过程中要注意上交线和上交线进行调换，下交线和下交线进行调换，形成1白|1蓝|1白|1蓝的排线顺序。如果上交线和下交线进行调换，在织口处就会出现线结，影响投梭。由于梯子纹形成的特殊纹样，纬线的投梭顺序则是1蓝|1白|2蓝|1白|1蓝。此布虽是最基本的平纹织物，但织造比较费时，经线时频繁的“调线”大大影响了织造效率。

类似于梯子纹需要进行“调线”技艺的土织布纹样很多，此处以梯子纹为例分析苏南地区土织布织造的“调线”技艺。苏南妇女利用她们的聪明和智慧，对“调线”技艺进行变换应用，从而织造出千姿百态的土织布纹样。

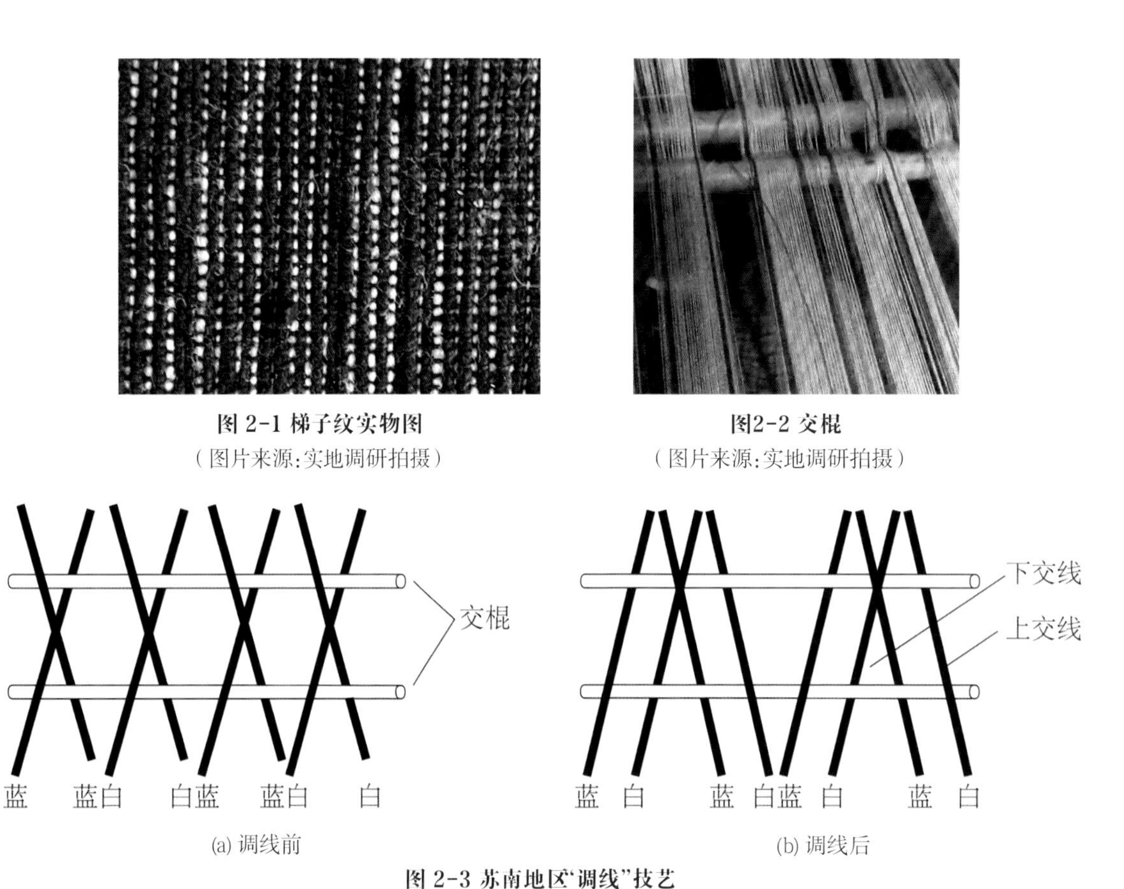

图 2-1 梯子纹实物图
（图片来源：实地调研拍摄）

图2-2 交棍
（图片来源：实地调研拍摄）

图 2-3 苏南地区“调线”技艺
（图片来源：作者分析绘制）

二、平纹组织下不同色纱搭配技艺影响下的纹样——以条纹、格纹为例

此类织物的组织结构选用简单的平纹组织，穿综所需综片也只是简单的两页综，依据其组织结构再加上色纱的排列搭配就可以完成此类织物的织造。织造时只需考虑纱线颜色的排列搭配及每个色调的宽度即可。当经纱采用两种以上的色纱排列，纬纱用一种颜色时，可以得到由色纱构成的条纹织物（图2-4(a)、图2-5(a)）；当经纬色纱相同排列时，可以得到单色格纹织物（图2-6(a)）；当经纬色纱分别采用两种以上的不同颜色排列时，可以得到彩色格纹织物（图2-7(a)）。

1. 条纹

图2-4中条纹一个组织循环单元所需纱线68根，其中绿色纱线络子4根，白色纱线络子40根，蓝色纱线络子12根，黑色纱线络子8根以及红色纱线络子4根，经过“调线”之后，其穿综前色纱的排列顺序为：自左向右2绿|2蓝|2绿|8白|1蓝|1白|1蓝|1白|1红|2黑|1红|1白|1蓝|1白|1蓝|8白|2蓝|2黑|2蓝|8白|1黑|1白|1黑|1白|1红|2蓝|1红|1白|1黑|1白|1黑|8白。图2-5中条纹一个组织循环所需纱线118根，其中包括50根月白色即浅黄色纱线络子（棉花本身的颜色），4根红色纱线络子，4根蓝色纱线络子，32根白色纱线络子，28根黑色纱线络子，其纱线搭配顺序为：50黄|2红|4黑|2白|2蓝|4白|6黑|8白|2蓝|2白|4蓝|2白|2黑|8白|4黑|4白。条纹的共同特点是投梭的纱线统一用一种颜色的纱线梭子，以上2种典型的条纹用的是白色纱线。

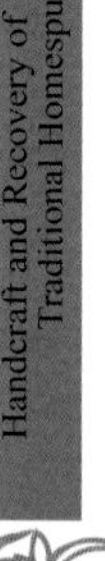

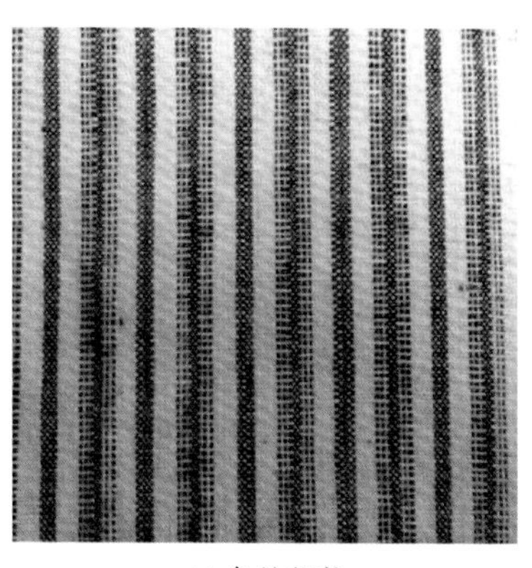

(a) 条纹织物

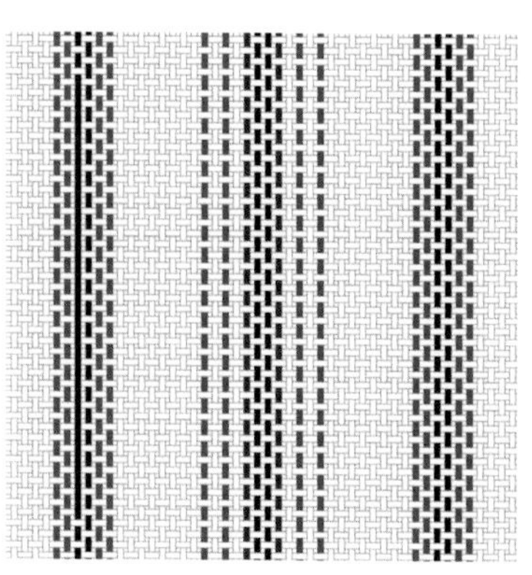

(b) 条纹织物单位面积色纱排列图

图 2-4 条纹织物图一

（图片来源：a.实地调研拍摄；b.作者分析绘制）

(a) 条纹织物

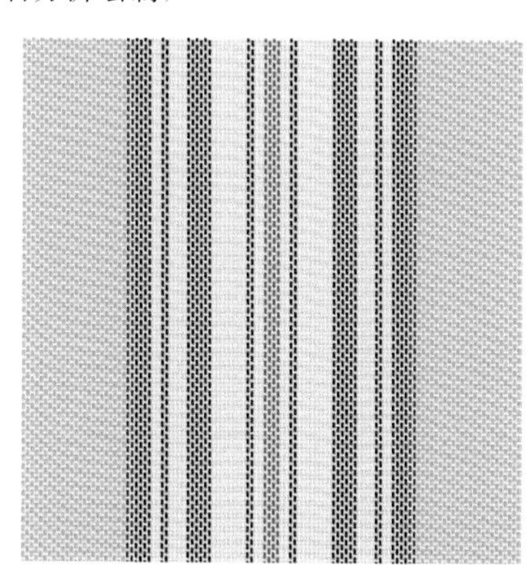

(b) 条纹织物单位面积色纱排列图

图 2-5 条纹织物图二

（图片来源：a.实地调研拍摄；b.作者分析绘制）

不同颜色纱线的运用以及不同色纱根数的分配都会改变织物的纹样，苏南妇女通过对不同纱线色彩的选择和搭配，织造出丰富多彩的条形纹样。

2. 格纹

图2-6中格纹的经纬纱线采用同一种颜色，形成的织物为单色格纹。所需经线为156根，纬线同样是156根，其经线所需纱线络子分别为蓝色96根、白色60根，其纱线的排列顺序为：2蓝|10白|4蓝|8白|8蓝|6白|8蓝|4白|10蓝|2白|32蓝。织布时，需要分别引出蓝色、白色纬线梭子，投梭时梭子的颜色顺序同经线的顺序是相同的。图2-7所示则属于经纬色纱分别采用两种以上不同颜色排列，所得织物为彩色格纹。其一个组织单元所需经线82根，纬线48根。其中经线所需纱线的色彩配置为：蓝色纱线8根，黑色纱线8根，白色纱线16根，绿色纱线4根和红色纱线46根，其纱线排列顺序为：2白|2蓝|2白|2蓝4白|2蓝|2白|2蓝|2白|44红|2黑|2白|2黑|4绿|2黑|2白|2黑|2红。纬向投梭的顺序为：白色和蓝色加捻的纱线30根，红色和白色纱线各4根，黑色6根，绿色4根，投梭时纱线的先后顺序为：2红|2黑|2白|4绿|2黑|2白|2黑|2红|30蓝白加捻纱线。

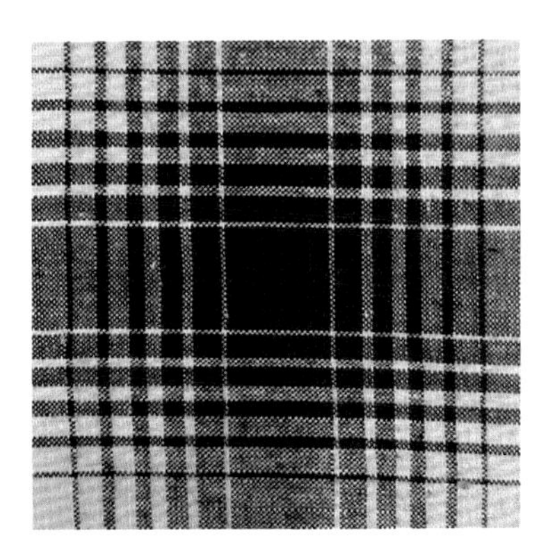

(a) 格纹织物

(b) 格纹织物单位面积色纱排列图

图 2-6格纹织物图一

（图片来源：a.实地调研拍摄；b.作者分析绘制）

(a) 格纹织物

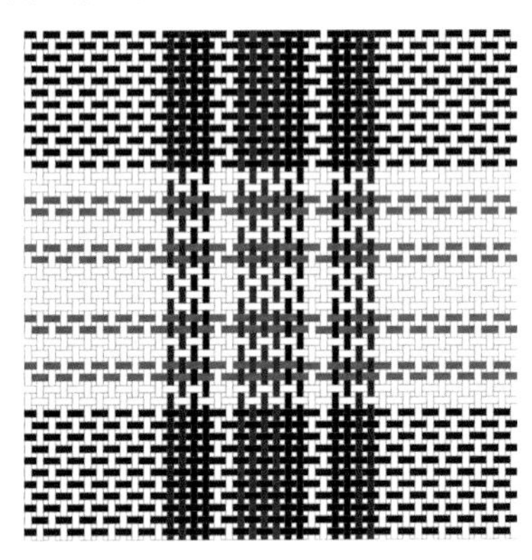

(b) 格纹织物单位面积色纱排列图

图 2-7 格纹织物图二

（图片来源：a.实地调研拍摄；b.作者分析绘制）

织造格纹织物时，要注意经纬纱线的搭配组合，不同的搭配，其纹样结构是不同的。当经纬色纱采用相同的排列组合时，可以得到单色格纹织物；当经纬色纱分别采用两种以上的不同颜色排列时，可以得到彩色格纹织物。

三、变化组织下配以色纱技艺构成的纹样——以彩色提花织物为例

图2-8(a)是提花织物，它除了利用不同纱线的交织变化而改变织物的纹样类型之外，还运用织物本身的组织结构来丰富纹样的种类，使织物更加美观。这类织物的组织结构较为复杂，织造起来也较为繁复。织造时需要4个综片，穿综时也需十分谨慎。

从组织结构的角度分析，图2-8(c)中纵向经纬纱线的组织关系为“ ”，横向经纬纱线的交织关系为“ ”，其中黑色方格代表经线在纬线之上，白色方格则代表纬线在经线之上。根据图2-8(b)织物穿综图可知，穿综顺序是左起第1根经线穿入第一页综，第二根经线穿入第二页综，第三根经线穿入第三页综，第4根经线穿入第四页综，其他5到42根经线分别按此顺序穿入各个综片，即1,5,9,13,穿入第一页综，2,6,10,14穿入第二页综，3,7,11,15穿入第三页综，4,8,12,16穿入第四页综，其纱线所需根数依布匹

的幅宽而定。织布时踩脚踏板的顺序为14、12、23、34、14、12、23、34、14、12、23、34，依次循环，直到织机上的经线全部织完。从纱线的搭配角度分析，织物的一个图案组织循环需要42根经线、76根纬线，其中一个纹样循环所需经线的纱线颜色分别是8根白纱、26根蓝纱、8根红纱；纬线所需纱线络子颜色为36根蓝纱、4根白纱及36根黑纱。经线纱线的排列顺序为：4白|10蓝|2红|2蓝|2红|2蓝|2红|2蓝|2红|10蓝|4白，织布时，纬线需要黑色、蓝色和白色3把色线的梭子，在织入纬线时，要记住何时换梭，其投梭顺序为：36蓝|4白|36黑。图2-8(d)是织物局部3蓝|2红|2蓝|2红|2蓝|2红|2蓝|2红|4蓝的的色纱排列。

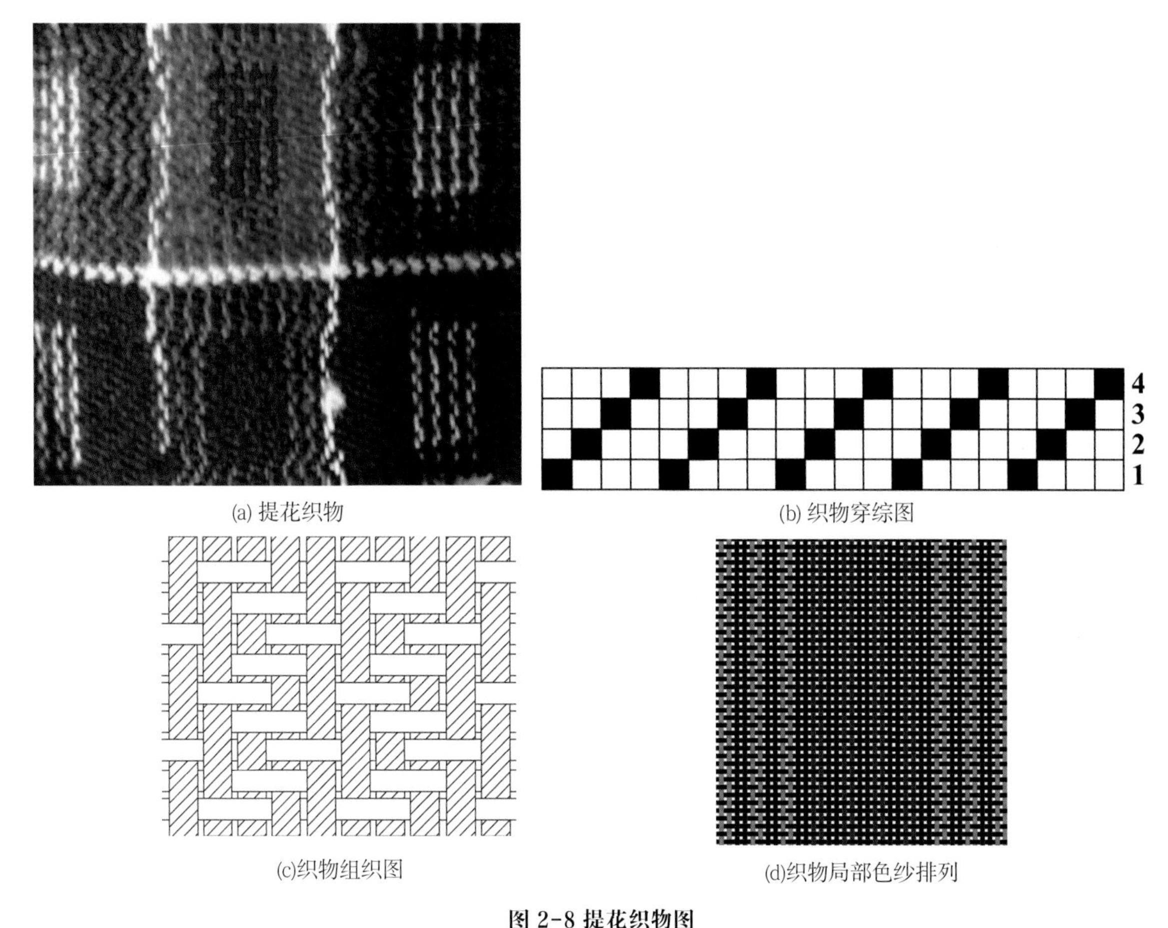

(a) 提花织物　(b) 织物穿综图

(c)织物组织图　(d)织物局部色纱排列

图 2-8 提花织物图

（图片来源：a.实地调研拍摄；b、c、d.作者分析绘制）

不同的组织结构和不同的色纱搭配同时影响织物的纹样，组织结构越复杂，色纱种类越多且搭配越繁复，其织物纹样越丰富、美观。

伴随着现代纺织技术水平的不断提高，传统纯手工操作的技艺手法正在逐渐地淡出人们的视野，但是，苏南地区传统民间土织布作为一种文化魁宝，是中华民族特有的精神价值。本节通过对苏南土织布典型技艺的阐述，唤醒人们对它的了解和重视，对苏南地区传统民间土织布起到一定的传承作用。

第二节·邯郸地区土织布手工技艺

邯郸地区的土织布，在诉说当地传统生活的同时，又装饰美化着现代人的生活。它是深藏于民间古老的技艺和活态的文化基因，体现着邯郸地区织女们的聪明智慧，是中华民族文化多样性的宝贵资源和财富。在千百年的生产发展中逐渐形成了图案题材多样、色彩缤纷、织造独特的艺术特色。

"姑娘年十八，织布又纺花，心灵手又巧，找个好婆家"，这是流传于邯郸地区的一句民谣。这种通过口传心授、母传女、婆传媳，并能织出千变万化的纹样的技艺，就是由看似笨拙的木器具创造出来的。邯郸地区土织布的基本织造工艺形式分为以下四步：成线前工序、成线工序、整合过程和织布过程。

一、成线前工序

1. 弹花

弹花指将籽棉中的棉籽去除，只留下纤维，并把棉纤维梳理均匀。这一工序需用弹棉机完成，而古时是通过手工剥棉完成的。弹花有两个目的：一是将纤维弹开，使其松散，便于纺纱；二是清除棉花中的杂质，使其更加洁白匀净。

2. 轧花

元代《农桑辑要》中这样描述轧花，"用铁杖一条，长二尺，粗如指，两端渐细，如赶饼杖样；用梨木板，长三尺，阔五寸，厚二寸，做成床子。逐旋取绵子，置于板上；用铁杖旋旋赶出子粒，即为净绵"。

3. 搓花结

搓花结，即将弹好的棉花搓成一尺左右（约33厘米）的空心花结。用一个光滑的细秸秆做芯（一般为高粱杆），搓成一个个拇指粗细的小花管，然后抽去秸秆，形成中空的小花管，为纺线做准备。搓棉花纤维时要顺着纤维脉络搓（即顺着花走），这样搓出的花结长，有利于后面纺线等工序。

二、成线过程

1. 纺线

纺线是将已搓好的花结用纺车纺成线的过程。先将纺车放置在平坦的地面上，线锭固定在纺车横梁上，右手摇纺车，左手抽线，把搓好的花结纺在线锭上，线锭上纺成的线呈中间胖两头尖的梭形。纺线过程中用手轻捏花管，利用旋转的锭子，把花结慢慢地捻成均匀细线。这是一项技术要求非常高的工序，因为纺线的质量直接影响成品布的质量。摇纺车的速度要和抽拉花结的速度配合协调，掌握不好，线容易粗细不匀。拿花结的手不能捏花结过紧或过松。过紧，纺线过程中花结易断；过松，花结纺不成线。同时，拿花结的手向外拉花结，待捻到一臂长时，向上回转把捻好的线缠绕在锭子的根部。向外拉花结的速度及回缩缠线的速度和角度也要掌握恰当。拉花结过快，花结易断；过慢，线过粗或纺不成线。回缩缠线角度过高，速度过快，线不易缠到线锭上，且易纠缠在一起；角度过低，速度过慢，线会缠在线锭的一个部位或易断，不利于打线的进行。

2. 打线

将纺好的线用打车打成周长约2米的线拐，用线缚住，以备染线。首先把纺好的线的一头系在打车梁上，右手摇打车，左手捏线。打的过程中，线要打在中间，防止脱线，打车速度不宜过快，因为纺成线的线密度不高，过快过紧都易断线。打完后将线圈从打车上脱下。如果线用于织白布，可以直接进行浆线工序；若用于织花布，则要先经过染线再进行浆线。

3. 染线

也称煮线，是在煮沸的水中加入染料，然后按花型计算用线量，将打好的棉线放入锅中染色。据魏县李家口村的郭焕友老艺人介绍，染线是一道非常重要的工序。水量多少、染料多少都会影响染色的效果。首先将锅中的水烧至100℃，然后放入染料，煮染约30分钟后捞出晾干。水温决定了染后棉线是否容易掉色。根据事先计算好的用线量将线放入不同染料的锅中，煮的时候要看水看颜色。水少，线湿不透，染色不均匀；水多，染色太浅。旧时，有专门染线的染坊，人们有时会把纺好的线交给染坊煮染。随着与国外染织业的交流，现在的染料多为化学染剂，易着色且不易脱色，色彩种类也丰富起来，土织布的花色品种也得以发展。

4. 浆线

将面粉和成面团，再把面团放在清水中揉洗提取面筋，把得到的面水煮成稀糊状，再把要浆的色线或白线放入煮好的稀面糊中揉搓均匀，捞出后搭放在浆线杆上，边晾晒边用一根光滑的木棍拧顺线，同时要抻拽线，使浆线光滑，不黏不并。浆线的主要目的是增强棉线的韧度，使其不易断裂，所以要求浆线的面粉糊稠稀适度。过稀，线会松，易断裂；过稠，浆后线会脆，也易断裂。

5. 络线

络线是将浆好的线转到线络子上，为经线做准备的过程。把浆好的线套在络线风车子上，线络子套在络线板凳上，用格挡秸（一个小木棒）转动线络子，把线缠在线络子上。这道工序相对较简单。

6. 经线

经线是织布的关键工序，是按所织布的花形色彩计算用线数，将络好的线按一定顺序排列，并按蛇形有序反复地挂到两头线橛子上的过程。首先根据织布的图案需要，所需各色线的多少、种类、次序来确定线络子的排列顺序。将确定好排列顺序的线从经线杆的各个经线孔穿过，按照所需长度拉开，套在两头经线橛子上。经线的关键工序是操绞和挂橛，操绞即是在第一个经线橛上挂线时，要将线拧成"叉"形。若没有操绞，织布时形不成织口，无法织布；而挂橛即是将线走一趟挂在线橛子上，线橛子是依次排列固定好的，不能漏挂，不能多挂。在张爱芳老织手家看到她经线时，第一趟挂的线都在线橛子上部，再次经过挂时将两趟一起推下，这样就不会漏挂或多挂。经线长度以线儿为单位，1线儿为一丈二尺（织布专用尺，约9.5米），一般为2至30线儿。经线是需要计算线数的，而魏县的张爱芳老人、肥乡县的郑运香老人都没上过学，但娴熟计算线数的能力却让人惊叹不已。这项工序真正体现了广大劳动妇女的聪明才智和积累的丰富经验。

三、整合过程

1. 印布

把经好的线从左到右一根根的闯过印布杼，过绞后紧紧卷在盛花轴上的过程。这道工序一般由两个人合作完成。

2. 刷线

把经好的线经过闯杼，过绞后往盛花轴上卷时要将线捋顺，不黏连，均匀分布，一边刷一边卷。刷线时不宜用力过大，否则线会断。刷线的刷子事先要将刷头烧圆滑，防止勾线断线。线断时，必须找准应连接的两根线头，以尽量小的结扣将其结好。

3. 掏缯

把卷在盛花轴上的线按照一个顺序从左向右（或从右向左）和上下绞线，把线一根根穿过前、后缯孔。缯分两页缯、三页缯、四页缯。两页缯为双层两个缯，掏缯从右到左按顺序掏过前、后缯。上绞线掏前缯，下绞线掏后缯，织一些复杂的图案或织字都要用四页缯。

4. 闯杼

这是一道精细费力的工序，按从右到左的顺序用闯杼刀（一个带小弯钩的细长光滑木板），将掏过缯的线一根对一空隙依次闯入杼空儿中。

5. 倒纬

倒纬又称打笼布，即用纺车把纬线倒在笼儿布（芦苇中空段，长约7厘米）上。倒纬时，先把线络子上的线头缠在笼儿布上，再把笼儿布套在纺车的纺锭子上，摇动纺车，线就会缠在笼儿布上。

6. 绑机

在卷布轴上卷一块带穗的绑机手巾，将机线分组与手巾打活结绑在一起，调整各线组松紧一致，便可上机织布了。绑机手巾，其实是一块织好带线穗的土织布。如此看来土织布织成的各部分都有其用武之地，没有丝毫的浪费。

7. 贴字模

这是肥乡县织布独有的一道工序，是在织字或动、植物纹样前的一道工序，即把字体、动物、人物、植物等的样模贴在织布机卷布轴下，透过经线看到字体等样模，按样模穿梭，便可织出相应的图案。织这种字体、实物图案时，梭子必须严格地从字体或实物图一边所在的经线穿到另一边的经线，字体笔画、图案越多、越细，穿梭越不容易。

四、织布过程

这是最后一道工序，也是要求脑、眼、手、脚高度协调一致的工序。通常织的最多的是两页缯和四页缯。两页缯，需要两个脚踏板，一般都是织平纹布，相对简单。四页缯，需要四个脚踏板，分别连接四个缯，织布时左右脚交替蹬脚踏板，根据要求跳脚蹬脚踏板，双手左右穿梭。梭子是用木头或竹子做成的光滑工具，分明梭和暗梭两种，主要用于投递纬线。一般根据织布的花色来确定梭子的数量。将纬线放在梭子中，织手们是用嘴直接把线吸过去，灵巧便捷。织布质量的好坏，与手推机杼、脚踏板的速度和力度有直接的关系。推力越大，织出的布越紧密；反之，织出的布越稀疏。

总之，在物质相对匮乏的年代，邯郸地区靠着古老的纺车、织机，用传统的制线方式和织女们灵巧的双手编织出一幅幅精巧的土织布。运用这套织布工艺不仅可以织出简洁朴素的条纹、方格图案，还可以织出纷繁复杂、栩栩如生的人物、植物、动物、字样等图案，这都是邯郸地区劳动人民千百年积淀的智慧结晶。

第三节·陕西关中地区土织布手工技艺

牛郎织女的美丽传说，男耕女织的古老岁月，赋予了土织布神秘的传奇色彩和深厚的文化底蕴，土织布在中国历史上源远流长，它是中国古代服饰文化的典范。直到现在，在我国陕西部分农村，仍然流传着土织布的传统技艺。

陕西省的礼泉、武功、乾县、兴平、蒲城、洋县、大荔等县市均生产土织布。

礼泉县地处八百里秦川腹地，也是土织布文化的一个集中地。礼泉县袁家村现在还保留了这种织布工艺。

一、洋县黄家营土织布技艺

明代洪武年间(1368—1398)，我国南方的纺织技术沿长江溯汉水传入洋县境内。汉水上游的黄家营、黄金峡一带为汉水流域的水上交通枢纽，航运繁忙，人口稠密，商铺林立，为南北物资的集散地。故源于东南沿海的南方纺织技术在北传之后，黄家营、黄金峡成为棉花土布纺织的技术密集区。到了清代康熙年间，黄家营、黄金峡的土布纺织很是繁荣。当时，家家户户都有纺车和织布机。清末民初，黄家营街、黄金峡街有交易土布的布行(以布换盐、换纸)和加工土布衣服的缝纫裁剪店。从民国到20世纪50年代，土布仍为居民几乎全部的衣料来源，土布的纺织和加工业依旧坚挺。20世纪60年代以后，土布纺织业衰落。在机器织布业的冲击下，一些家庭的布机散失，多被劈柴烧灶。但据调查半数以上家庭尚保留有土布织机和纺车，有部分家庭尚在进行土布纺织的手工生产。目前黄家营镇尚有土布纺织艺人46名。

黄家营土布纺织技艺主要有18道工序。土布成品种类有本色白土布和蓝色格子土布2种，有主要纺织工具15种。黄家营土布纺织技艺特点有五：一是工序繁多，手工精细；二是无公害，因地处世界珍禽朱鹮保护地，棉花只施农家肥不施化肥农药，故原料为无污染优质生态棉；三是地处汉水上游河畔，棉花光照、水分充足，原料纤维长，柔韧性好；四是土布制品厚实结实，触感好；五是纺织技术人文含量高，历史悠久，世代相袭，历史上农村妇女皆为纺织能手，其土布的使用性极广，为群众的基本衣料来源。

洋县黄家营土布纺织技艺是研究汉水上游经济贸易史、纺织史和民俗变迁的宝贵资料。数百年来，黄家营土布一直是当地及周边老百姓在衣食住行中不可或缺的东西，这种物质文化的依赖性非常强。黄家营土布纺织是当地村村寨寨、家家户户妇女都在进行的一项活动，有着很强的地域文化认同性。在纺织技术从南方由汉江水道传入黄家营后，首先是纺织机发生了变化，其纺织技术在不断进步，加之棉花纤维长、无污染，故其纺织技艺在具有历史、文化价值的同时，其科学价值更让人们瞩目，但由于种种原因，黄家营土布纺织技艺濒危，亟需抢救保护。

二、蒲城土织布技艺

蒲城县地处陕西关中平原东北部，兼具丘陵、平川地貌，盛产小麦、玉米、棉花、酥梨，是国家级重要的商品粮基地、棉花主产区。境内洛河流经达140千米，是黄河流域中华文明的重要发祥地。距古都西安

110千米，西延铁路、京昆高速公路西禹段穿境而过。蒲城自古为历代王朝的税赋重地，粮帛供给之乡。据史料记载，县东的永丰镇至县西南的贾曲、苏坊乡一带，远在春秋时，就有以麻织布的习俗。如今的蒲城土织布就是原始土布的一个缩影。

蒲城土织布技艺是一项传统的全手工技艺，织机原始古老，组合巧妙，工艺过程复杂精湛，产品清秀自然，古朴无华。棉花自种、自弹，棉线自纺、自染、自经、自织，花色自行设计。有白细布、条子布、大小方格布、提花格子布，更有儿女定情的"浑头布"。可制作床单、门帘、衣服、被里、抹布等，质地柔软，雅而不俗，吸汗性强，透气性好，是真正意义上的绿色生态环保产品。

土织布技艺复杂，约有12道工序，主要包括4个方面：一是纺线，先用棉花搓捻子，再在纺车上拧扯出细细的白线来；二是把纺锭上卸下的线穗子的线上拐、成束、浆洗、晾干，缠成线筒子；三是进行"经线"工艺组合，设计配色型，俗称"经布"，然后再梳理经线，俗称"刷布"；四是把经线滚子架上织机织布。

"十亩地，八亩宽，里头坐着女儿官。脚一踏，手一扳，咯哩咯啦都动弹。"这是一首在蒲城流传了千百年的织布歌谣。今天，在蒲城县农家小院里，仍回响着脚踏、手扳的土织布旋律，但它已不是过去意义上的自织自用，而是心灵手巧的新时代农民们开发的绿色环保的新一代时尚土织布。现今的蒲城土织布不仅品种繁多、花色各异，而且各种高档床单、衬衫已成蒲城土织布开发制作的一道亮丽的风景，深受消费者的钟爱和欢迎。

第四节·海南土织布手工技艺

海南纺织业历史悠久、闻名遐迩,黎族传统纺织染绣技艺为中国棉纺织业和世界手工技艺遗产的传承和发展做出了重要贡献。但由于黎族没有文字,历史文献记述又过于简约,留下了许多疑难问题,如"穿胸民""广幅布""吉贝""琼布",等等。

海南黎族的织染技艺历史悠久,特点鲜明,有麻织、棉织、织锦、印染(包括扎染)、刺绣、龙被等品种。黎族妇女精于纺织,对于木棉和本地棉花的纺织尤其独具匠心。宋代以前,黎族妇女就会纺织布,织出彩色床单幕布。"崖州被"曾远销中原。旧时,在黎族地区,无论走到哪一个村寨,都可以看到一件件出自黎家妇女之手的筒裙、上衣、头巾、花帽、花带、胸挂、围腰、挂包及龙被、壁挂等精美的织绣艺术品。丰富多彩的图案,美不胜收的花纹,展示了南国乡土的独特风韵。

黎族传统棉纺织染绣(黎锦)技艺由黎族棉纺织工艺、麻纺织工艺及缬染工艺合并而成,是黎族人民创造的一项古老的文化。黎锦,是黎族妇女聪明和智慧的结晶,也展示了她们运用植物染料染色的高超技艺。

一、溯源

据史书记载,黎族传统棉纺织工艺已有2000多年的历史。自汉代以来,黎锦已成为历代封建统治者的贡品。

我国传统的纺织业为丝纺和麻纺业。植棉纺织最早应推海南岛。黎族棉纺织工艺在宋元以前曾领先中原地区1000多年,对促进我国棉纺织业的发展做出了特殊贡献。棉纺织业在全国的普及则是11世纪的宋代以后才开始的。

海南岛天气炎热,土壤肥沃,并略带碱性,很适宜木棉的生长。旧时的崖州(今三亚市),棉花生产颇盛,是中国棉花原产地之一。崖州黎族妇女将新棉花摘下后,轧出棉籽,"以手握茸就纺"(周去非《岭外代答》)。宋代诗人艾可叔的《木棉诗》,曾描绘了黎族妇女纺织的生动情景:"车转轻雷秋纺雪,弓变半月夜弹云;夜裘卒岁吟翁暖,机杼终年织妇勤。"

二、四大工艺

清代文人程秉钊用"黎锦光辉艳若云"的诗句来赞美巧夺天工的黎锦。黎锦之所以受到人们的喜爱,主要是做工精细,美观实用,在纺织染绣方面均有本民族特色。黎锦以织绣、织染、织花为主,刺绣较少。黎锦分为四大工艺。

1. 纺

主要工具有手捻纺轮和脚踏纺车。手捻纺纱是人类最古老的纺纱工艺,这种工艺使用的工具为纺轮。黎族聚居区有极为丰富的木棉、野麻等纺织原料。在棉纺织品普及之前,野麻纺织品在黎族地区盛行。人们一般在雨季将采集的野麻外皮扒下,经过浸泡、漂洗等工艺,绩为麻匹。麻匹经染色后,用手搓成麻纱，或用纺轮捻线，然后织成布。野麻布质地坚实，多用于制作劳动时穿着的外衣和下裳。

2. 染

染料主要采用山区野生或家种植物作原料。这些染料色彩鲜艳，不易褪色，且来源极广。染色是黎族民间一项重要的经验知识。美孚方言区还有一种扎染的染色技术，古称绞缬染。先扎经后染线再织布，把扎、染、织工艺巧妙地结合一起，在我国是独一无二的。

3. 织

织机主要分为脚踏织机和踞腰织机两种。踞腰织机是一种十分古老的织机，与六七千年前半坡氏族使用的织机十分相似。黎族妇女用踞腰织机可以织出精美华丽的复杂图案，其提花工艺令现代大型提花设备望尘莫及。不同图案、色彩和风格的黎锦曾是区分具有不同血缘关系的部落群体的重要标志，具有极其重要的人文价值。

4. 绣

黎族刺绣分为单面绣和双面绣。其中以白沙润方言区女子上衣的双面绣最为著名。我国著名的民族学家梁钊韬先生等编著的《中国民族学概论》这样描述双面绣："黎族中的本地黎（即润方言黎族）妇女则长于双面绣，而以构图、造型精巧为特点，她们刺出的双面绣，工艺奇美，不逊于苏州地区的汉族双面绣。"

黎族的纺织染绣四项工艺都富有自己的特色，而且各地黎族人民根据自己的喜爱，创造了多种织染绣技术。如除平面刺绣外，白沙县黎族人民创造了一种两面加工的彩绣，制作精工，多姿多彩，富有特色，有似苏州双面绣之美。刺绣工艺以双面绣最为出色，一般用于妇女服饰。

总的来说，各地的黎锦风格多样，有的古朴淡雅，有的华贵富丽，有的潇洒轻盈，充分表现了黎族人民的才能和智慧。

三、色彩和图案

黎族织锦的图案丰富多彩，多达160种以上，主要有人形、动物、花卉、植物、用具和几何图形等6种类型纹样。彩色一般用红、黄、黑、白、绿、青等几种颜色，配色调和，精致新颖。

黎族妇女们用简单的工具（踞织机）织出有精美图案花纹的黎绵、黎幕、黎单、桶裙、花布、头巾等用品，其图案的特点是运用直线、平行线、三角形、方形、圆形等，构成富有装饰性和独特民族风格的百多种奇花异草、飞禽走兽和人物的图案花纹。主要图案有"渔猎农耕图""祭祀图""丰收图""婚礼图"等。

图案多是信手绣出，不用摹描。有些织绣品上嵌缀金丝银箔、云母片、羽毛、贝壳、穿珠、铜钱等，更显得鲜艳夺目，华丽雅致。有些采用变形夸张的线条绣出富有黎家乡土气息的精致黎锦、黎幕、黎单、桶裙、头巾、花带等，雅致独特，绚丽多彩，十分惹人喜爱，成为海南独具特色的旅游工艺品，畅销国内外，深受中外宾客的青睐。

第五节·贵州土织布手工技艺

这里主要介绍贵州侗族的纺织传统。

早在隋唐以前，古越人就与汉族先民有了频繁的往来；至唐代，汉族地区与岭南越人地区在生产方式和生产工具等方面有了进一步的交流，使侗族先民的农耕经济水平日益提高。据《旧唐书》记载，群舸地方，气候炎热，雨水多，稻粟一年可收两季。在农业经济较为发达的情况下，家庭手工纺织业水平也得到了提高，"班细布""白练布"等被作为供奉王朝的贡品。"侗布""侗帕"形式多样，优美精良。曹滴洞的"侗锦"，"有花木禽兽多样，精者甲他郡"。可见，侗族先民在向大自然索取生活资料的斗争中，不断总结经验，并在此基础上吸收外民族先进的生产技术和文化艺术，不断提高自己的经济生活水平和丰富自己的文化艺术。我国历代典籍对于侗族先民制造的纺织品多有夸赞。唐朝李延寿《北史·僚传》载："僚人能为细布，色致鲜净"，反映了当时侗族先民的纺织技术和染色技艺。清代胡丰衡《黎古竹枝词》有"松火夜偕诸女伴，织成峒布纳官输"的诗句，可知当时纺织不仅为自己穿用，而且还是交纳税赋的必需品。邑人张应诏在《诸葛锦诗》中赞曰"苎幅参文绣，花枝织朵匀。蛮乡椎髻女，亦有巧手人"，高度称赞侗布织锦的精美和侗家织女的聪慧。可见侗族人民在长期的农耕生产劳动中，创造了历史悠久、别具风格的织布技艺。紫色闪光的侗布是用粗纱或细纱织好的布再经蓝靛、牛皮胶、鸡蛋清等混合成的染液反复洗、染、浆、晒、槌打而成的。由于贵州侗族人民居住环境的特殊性，社会生活相对封闭，外来文化影响较少，恰好使这种独特的制作工艺完整地保留下来。

第六节·鲁锦手工技艺

鲁锦的手工织造工艺历经数千年绵延传承、不断创新,形成了自己独特的风格,体现了鲁西南劳动人民丰富的想象力和创造力。然而,受生活环境和文化条件的限制,此织造工艺至今未留下多少具体的文字记载,全凭一代代织手口传心授,自由发挥。我们在多次田野调查的基础上,详细记录了整个织锦工艺流程,收集和整理了大量鲁锦布料和图片,并且运用现代科学方法对其典型纹样的组织结构进行分析,希望能为鲁锦手工织造工艺的传承和继承尽些微薄之力。

时至今日,在商品经济的冲击下,为了迎合人们的审美需求,鲁锦在织造中不断加入一些新的材料,与传统意义上的织造相比已经发生了很大的变化。许多工序已被简化或省略,此处作者所探讨的是传统意义上的织造技艺。通过对当地织锦艺人的走访询问,观看简单工序的演示及实地上机织造,以及有关资料的多方搜集,我们大致将鲁锦的织造工艺分为手工纺纱、染色整理、上机织布前的准备和织布四个过程。本节重点介绍染色整理工艺、上机织布前的准备工艺和织布工艺三个流程。

一、染色整理工艺

1. 打线

染色前要先打线,打线即把纺好的"线锭子"用打车绕成一种半径约30厘米松散的线圈。打车也叫拐车,其构造包括桄子、座、拐盘、轴等部件。打线时,要固定线锭子的一端,农家妇女有时将线锭子插在地上,有时则将线锭子穿在线柱子上,再将线柱子固定在某物上。然后将线头引出绕在打车上,右手转动拐盘,左手牵引纱线,这样纱线就可以接连不断地缠绕在打车的桄子上了。为了接下来的染色和浆线效果更好,线圈不应该绕得太厚,最好是一个线锭子打一个线圈。打线时应注意每打完一个线锭子即系一个结,避免在浆线和染线时出现线头纠缠、乱成一团而影响使用。

2. 染线

线打好后就可以染线了,染线之前要根据织布图案、织布用料计算出染多少颜色的线。染线时,先在院里支起一个染线的锅,在锅里加些清水,估计能漫过纺线就行,待加热成温水后,往里放染料,有时候再添上点酒和盐,这样染出的线颜色会比较鲜亮好看,且不易褪色。然后用棍子上下搅动,直到把水和匀了就将线放进染液,接着用棍子揉搓半个小时左右,开锅后线就染得差不多了。拿不准的时候可取一根白线浸入染液试一试,如不再上色就表示染液已经被线全部吃透了。随后放置大约一个小时后捞出,用清水洗涤后晾晒即可。晾线的时候也要注意轻拿轻放,避免线缠结。染好色的纱线需要尽快干燥,否则容易掉色,因此应该选在晴朗的天气进行染线。

3. 扽线

由于棉纤维又细又软,直径比较小,而且强度不高,织造时容易断裂,所以染好的线要经过浆、扽过程才能使其表面光滑,结实有筋骨。浆线就像浆衣服,用面和水打成稠浆糊,再加入少量凉水搅匀,将线放入搓揉，把浆糊全部揉到色线中去。然后将线穿晾在横杆上，用扽线棒一会儿拧着扽，一会向下扽，让线彻底干透。浆过和扽过的线失去了黏性，彼此不会纠缠，不会乱，为经线和织布打下了很好的基础。

4. 络线

络线是对浆好的线再进行加工的过程，原理和打线相似，但是过程相反，即根据用量把浆好的线用打车转络到线络子上。络线的目的是为经线做准备，由于线圈疏散无筋骨，经线时易纠结又不容易操作，所以要通过络线把浆好的线缠绕在络子上，方便经线操作。

二、上机织布前的准备工艺

1. 经线

经线是传统鲁锦织造工艺中一个比较复杂的工序，也是纺织程序中的一个重要环节，具有承上启下的作用。它是由纺线、染线到正式织布前的过渡环节，决定了织布的图案、长度和宽度。

首先，根据所织图案造型计算出所需经线次数，确定纱线的颜色种类及络子的排列组合顺序。经线时，先将经线杆水平固定好，经线杆上有一排用小铁丝做成的圆环，也叫"经圈子"，用于棉线穿过。然后，根据布匹的长度确定经线橛的数量，接着在搭好的经线杆旁边的地上砸上经线橛，且依次排列整齐。第一个经线橛称为"死橛"，紧挨最后一根的线橛再加置一根称为"交橛"，经线在这里相交，故而得名。待全部的经线橛固定好后，根据所织纹样造型，先排列好线络子的顺序，接着将每个络子上的纱线经过线圈子引出。

经线的人将引出的线执在手中，按由死橛到交橛的排列顺序分别放在每一根经线橛上，到交橛时，需要"拾交"，即右手食指、中指将每根经线顺时针翻绕使其产生交叉，并按顺序分别放在两根交橛上，然后照此循环，直到经到所需要的帖数为止。帖是鲁锦的宽度单位，一帖为40根经线，由于受杼的宽度的影响，一般经12~15帖，现以经13帖较多（成品布面宽约47厘米）。经线结束后，先将交橛处的交叉用线绳系住，以保持交叉的状态，然后开始卷线，从交橛处将线提起，以右手和右臂为轴，将线全部缠绕在右臂上，形成一个大线团，最后将臂抽出，将线团收好。

2. 闯杼

杼是织布时离来往穿梭的纬线最近的一个织机部件，用于控制布幅的宽度。将经好的线团拿出来，从线团中心掏出交叉线头，约一米左右，将其系在事先钉好的木桩上，将两根交棍插入线头交叉，将交棍两端绑系于织机的另一部件"花盛子"上，用一特殊的竹片（竹片上割出一个豁口，当地人称之为"壁张子"），鲁西南地区称竹篾子，依据经线排列顺序，一根根插入杼中，使全部的经线井然有序地排列好，防止织布时线纠结在一起。待全部线头闯入杼中，用细竹竿或是高粱莛秆穿起线头，以防脱落，这个过程叫闯杼。

3. 刷线

闯杼完毕后开始刷线，刷线主要是理顺经线时缠结在一起的线，为以后顺利织布作准备。刷线是鲁锦织造工艺中比较简单却占用人最多的工序，一般需要3到4个人共同做这一工序。用刷子将线团中的经线一段段梳开，并缠在圣花上，每间隔五六米夹缠一根细细的莛秆，有利于线的紧缠。经线全部刷完后将线尾剪断。这一工序讲究几个人的协作配合，谁都不能操之过急。刷线用力要适当，用力太小，线刷不透，线易纠结；用力太大，线会被刷断。即使非常小心，往往也难免会短线，断了线就得重新把线接好。

4. 穿综

刷好线接下来就该穿综了，这是鲁锦织造中较繁琐、较难掌握且非常关键的工序，目的就是在织造时使经线上下分离形成织口，便于穿入纬线。不同的穿综方法决定了经线上不同的图案造型。综越多形成的织口变化也越多，则织物的纹样也越趋于丰富多彩。织平纹织物时穿综比较简单，只有两匹综，单数线穿过一个缯片的套环，双数线穿过另一个缯片的套环，这样就可以将两类线分开，织物的图案由经线和纬线自身决定。提花布使用四匹综，织布时不仅经线和纬线自身存在图案变化，织不同的纹样穿综方法也不同。穿综时四匹综共同进行，每一根经线只在一匹综上穿综，其余三匹是过综，即一根经线需纵向经过四匹综，但只经过一匹综的圆环，其余三匹都是从缯柱中穿过。一个人负责送线，经过综眼后另一个人把它掏出。待穿综结束后开始闯第二遍杼，这主要是为了织布时经线条缕分明，成布后布幅宽度固定，防止宽窄不一。

5. 吊机子

吊机子是上织机织布前的最后一道工序，就是将织机的各部件全部组合起来进行综合调试，以保证织机顺利工作。这一道工序看似简单，却完全凭经验行事，机子吊不好，织布机便不能协调工作，织布时就容易出毛病，机子啃啃咔咔踩不下去，或是出现踩下脚踏板打不开线，穿不过梭等现象。所以吊机子一般都是由经验丰富的老人完成，一般有以下3个步骤。

首先，固定机杼。放倒卷布轴，立起机杼，使其上下分别插在机杼上面的框板和下面的框板之间，卡紧两框板，使机杼固定。然后，固定脚踏板。织布纹样的不同，脚踏板的固定方法也不同，吊好脚踏板后，要检查一下，脚踏板是否处于同一水平线上，否则织布时经线织口打不开，影响纬线穿梭。最后，固定综片。固定综片和固定脚踏板一样，都是受织布纹样的影响。固定综片使其处于同一水平状态，否则综片倾斜阻碍纬线的穿梭。

三、织布工艺——工艺结构分析

做好以上准备工序，便可以上机织布了。织布是最富有技术含量的一道工序，讲究的是织布者眼、手、脚的配合能力，脚踩踏板同时推出杼撑框，经线上下分开，形成织口，一手投梭，一手接梭，接梭后拉回杼撑框，打紧纬线，然后再重复这一动作，来来回回依次循环下去，手快的织手一天就可以织出一床四匹缯的提花布被面（7米多）。

织布时体现出大脑的精确记忆能力。平纹布的织法简单，纹样的形成主要通过经线和纬线色线的交织变化，换梭频率较高，但是踩脚踏板的顺序变化不大，易于记忆。对于四匹缯提花布的织法，就相对复杂，必须记住什么时候换梭，什么时候换脚。否则即使上机织布前的准备工艺做得再好，蹬错了脚踏板的顺序，也织不成花。

在织布的过程中难免会出现断线现象，如果纬线断了，则不用接，因纬线打得紧，织出的布面看不出断头，可以继续织布；如果经线断了，就必须找相同颜色的线接上，避免织出的布出现挑丝，影响布的质量和美观。

对鲁锦织物工艺结构的分析，不仅是对它传统技艺的一种再现，而且为许多织锦爱好者提供了理论学习的平台。虽然近年来研究鲁锦的论文和书籍可谓层出不穷，但是就鲁锦织物工艺结构为切入点的则是凤毛麟角。

本节重点从鲁锦织物的组织结构入手，选用鲁锦纹样中具有代表性的两匹缯（牡丹花纹和席子纹）和四匹缯（斗纹、水纹、枣花纹，鹅眼纹）纹样为例，从影响其纹样造型的三个基本因素——经线顺序、穿综方法及踩脚踏板的顺序入手，分析鲁锦如何以简单的组织结构原理在单一的方格样式中成就复杂变化的。

组织图可用来表示织物内经线和纬线相互交错或彼此浮沉的规律，为了方便分析，黑色方格表示经组织点，白色方格表示纬组织点。穿综图用来表示组织图中各根经纱穿入各页综片的方式，每一横行代表了一页综片，顺序由下向上（在织机上由机前向机后方向）排列，每一纵行代表组织图中的一根经纱，顺序由左及右排列。在穿综图中，黑色方格表示该根经纱的纵行与该页综框的横行相交点。穿综的原则是：浮沉交织规律相同的经纱一般穿入同一页综框中，也可穿入不同的综框中，而不同交织规律的经纱必须分穿在不同综框内。

1. 牡丹花纹

牡丹花纹是两匹缯织造纹样中的典型代表。通过色线的巧妙搭配，织造出富有清新典雅韵味的抽象形牡丹花图案。牡丹素有万花之王的称号，花朵高贵典雅，鲜艳富丽，清香四溢，唐诗中就有"唯有牡丹真国色，花开时节动京城"的诗句来赞美牡丹。恰巧菏泽是盛产牡丹的地方，牡丹花纹的图案象征荣华富贵，深受人们的喜爱，鲁西南人民就用织锦的形式来表达她们对美好生活的向往。

图2-9所示的牡丹花纹采用桃红色、枣红色、黄色和白色四种色线交织而成。经线时一个组织循环需要将4根白色纱线络子、6根桃红色纱线络子、6根枣红色纱线络子和4根黄色纱线络子按顺序排列，然后根据所需图案造型的宽度决定经线回数。由组织图可知，经线的运动规律变化最简单，只有两种。所以穿综方法为，左起第一根纱线穿入靠近杼的综框中，第二根纱线穿进远离杼的综框中。剩余其他经线依照第一根和第二根纱线的穿综方法和顺序穿入每个综框中，记住每根纱线只能穿入一个综框，否则不能形成织口。织布时，纬线的投梭顺序为：8白 / 12桃红 / 12枣红 / 8白 / 12桃红 / 12枣红 / 8黄 / 12枣红 / 12桃红 / 8白 / 12枣红 / 12桃红 / 8白，何时换梭，要求织造者牢记，如此循环下去，一个牡丹花纹样就跃然布上了。踩脚踏板时，两脚左右循环踩下即可。

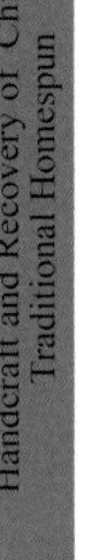

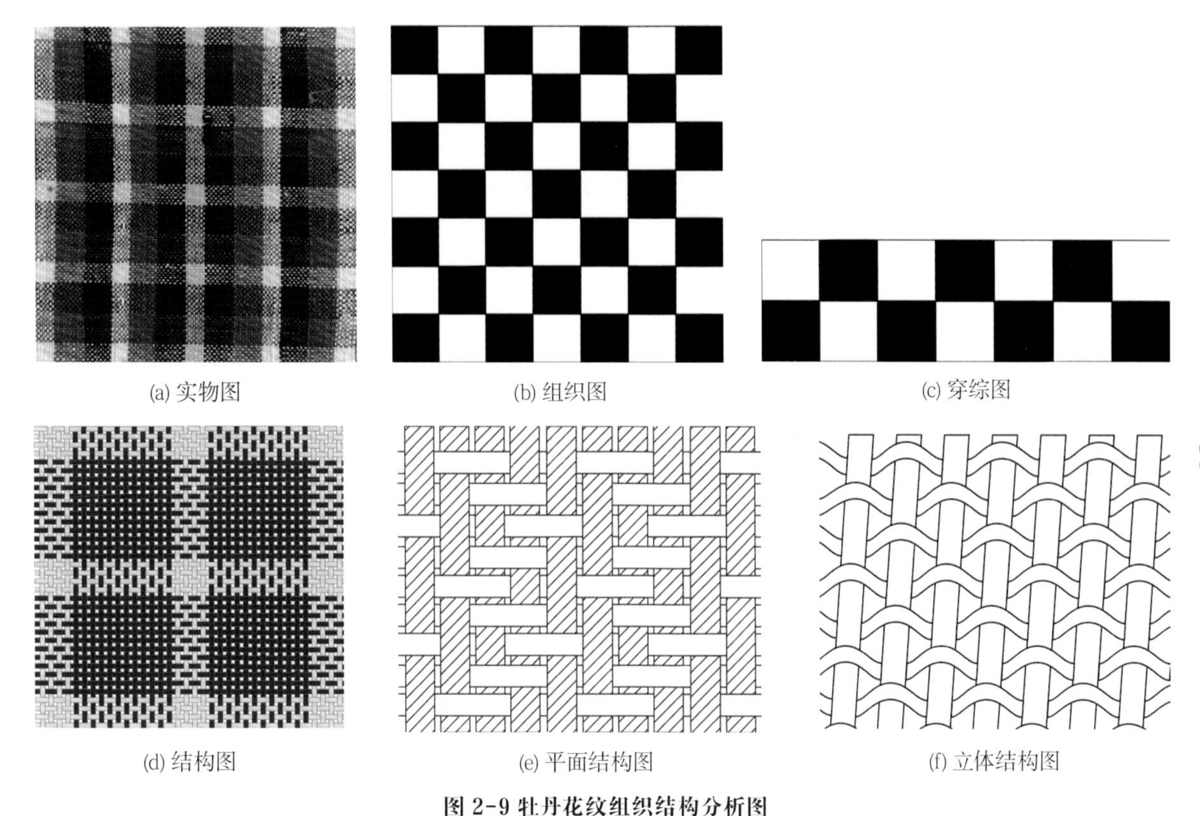

(a) 实物图　(b) 组织图　(c) 穿综图

(d) 结构图　(e) 平面结构图　(f) 立体结构图

图 2-9 牡丹花纹组织结构分析图

(图片来源:a.实地调研拍摄;b、c、d、e、f.电脑分析绘制)

2. 席子纹

席子纹,在鲁西南民间称“俗花”,有大席子纹和小席子纹两种,因形似用芦苇编制的凉席而得名。从图2-10中可以看出,其用色很简单,用两匹综织造却具有四匹缯纹样的效果,是鲁锦织造中比较特别的纹样。从结构图可知,该席子纹一个循环组织由18根经线和18根纬线组成。经线时络子的排列顺序为:2黑/2黄/1黑/2黄/1黑/2黄,然后根据所织席子纹图案的大小或宽度决定取舍和来回多少次经线。由于只有2个综片,穿综比较简单,若按从左往右的顺序,则依次为:第1、2、4、5、7、8、10、13、16根经线依次穿入靠近杼的综框中,第3、6、9、11、12、14、15、17、18根经穿入远离杼的综框中。织布时,纬线的排列顺序为:1黄/2黑。踩脚踏板的顺序同牡丹花纹,左右交替循环踩下即可。

3. 斗纹

斗纹是鲁锦织造纹样中斜纹布的典型代表,一般只要学会了斗纹的织造方法,基本上就等于掌握了所有斜纹布的织造原理。斗纹,是由全封闭的一圈圈的菱形纹样组成。在鲁西南民间,老百姓认为有斗就有福,流传这样的顺口溜“一斗穷,二斗富,三斗四斗卖豆腐(福)”,手上斗越多越好。斗纹纹样典雅大方,而且织造起来极具规律可循,因此深受人们喜爱。

斗纹层数不同,织造方法也不同,斗纹的层数越多,综数越多,有四综织法,也有六综织法和八综织法。它们的织造原理相同,所以我们就以四综织法为例,分析一下斗纹的组织结构和织造原理。

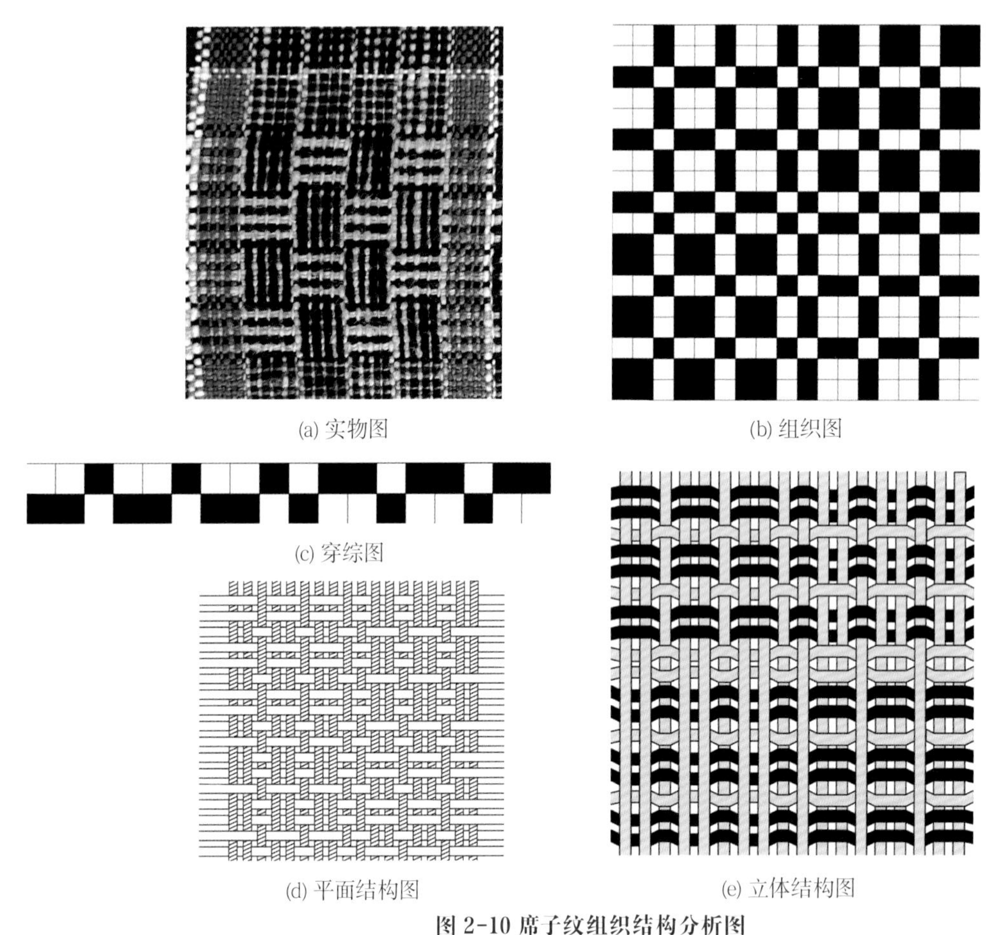

(a) 实物图　(b) 组织图　(c) 穿综图　(d) 平面结构图　(e) 立体结构图

图 2-10 席子纹组织结构分析图

（图片来源:a.实地调研拍摄;b、c、d、e.电脑分析绘制）

图2-11所示斗纹纹样经线为单色,经线时最简单,只要经够布幅所需帖数即可。相对经线而言,穿综和织造起来略为麻烦。开始穿综时,以第11根经线为对称点,左起第1至第10根经线按照自下而上的穿综顺序,第12根经线到第17根经线按照自上而下的穿综顺序,依次穿入四个综框里构成一个组织循环,直到全部经线分别穿入四个综框中。吊脚踏板的顺序对纹样的织造起着至关重要的作用,吊脚踏板的顺序为:最右边的脚踏板系在第一个综框下,最左边的脚踏板系在第四个综框下,右边第二个脚踏板系在第二个综框下,左边第二个脚踏板系在第三个综片下。然后开始织布,四匹综纹样要两综上两综下,形成织口,因此踩脚踏板要两只脚并用,同时踩下。对于此斗纹一个循环踩脚踏板的顺序为:左起1和2、1和4、3和4、2和3。像左斜纹、右斜纹、山形纹等都是斗纹织造的一个片面,因此只要了解斗纹的组织结构和穿综方法,左斜纹、右斜纹、山形纹也就可以根据斗纹织造出来。

(a) 实物图　(b) 组织图　(c) 穿综图　(d) 平面组织图　(e) 立体结构图

图 2-11 斗纹组织结构分析图

(图片来源:a.实地调研拍摄;b、c、d、e.电脑分析绘制)

4. 水纹

水纹,以波浪状的曲线为基本造型,是以描述自然界中源远流长、勇往直前的水形成的图案。水纹寓意绵延不绝、幸福生活长长久久。

从图2-12中的实物图和组织图可知,在经线时,一个循环图案需要8个深红色纱线络子,8个粉红色纱线络子,8个蓝色纱线络子,且依次排列;同样,来回经线的次数仍由布匹宽度决定。从图2-12中的穿综图可以得到穿综顺序:从左向右第1至24根经线依次穿入四个综框中,直到所需经线全部穿入相对应的综框中。织布时,纬线需要深红色、粉红色、蓝色三把色线的梭,在织入纬线时,要记住何时换梭。一个组织循环踩脚踏板的顺序为:左起3和4、3和4、2和3、2和3、1和2、1和2、1和4、1和4、3和4、3和4、1 和4、1和4、1和2、1和2、2和3、2和3,依次循环,直到织机上的经线全部织完。对于不同的造型图案,经线顺序不同,穿综方法不同,踩脚踏板的方法也不同,需要结合图案造型分析。

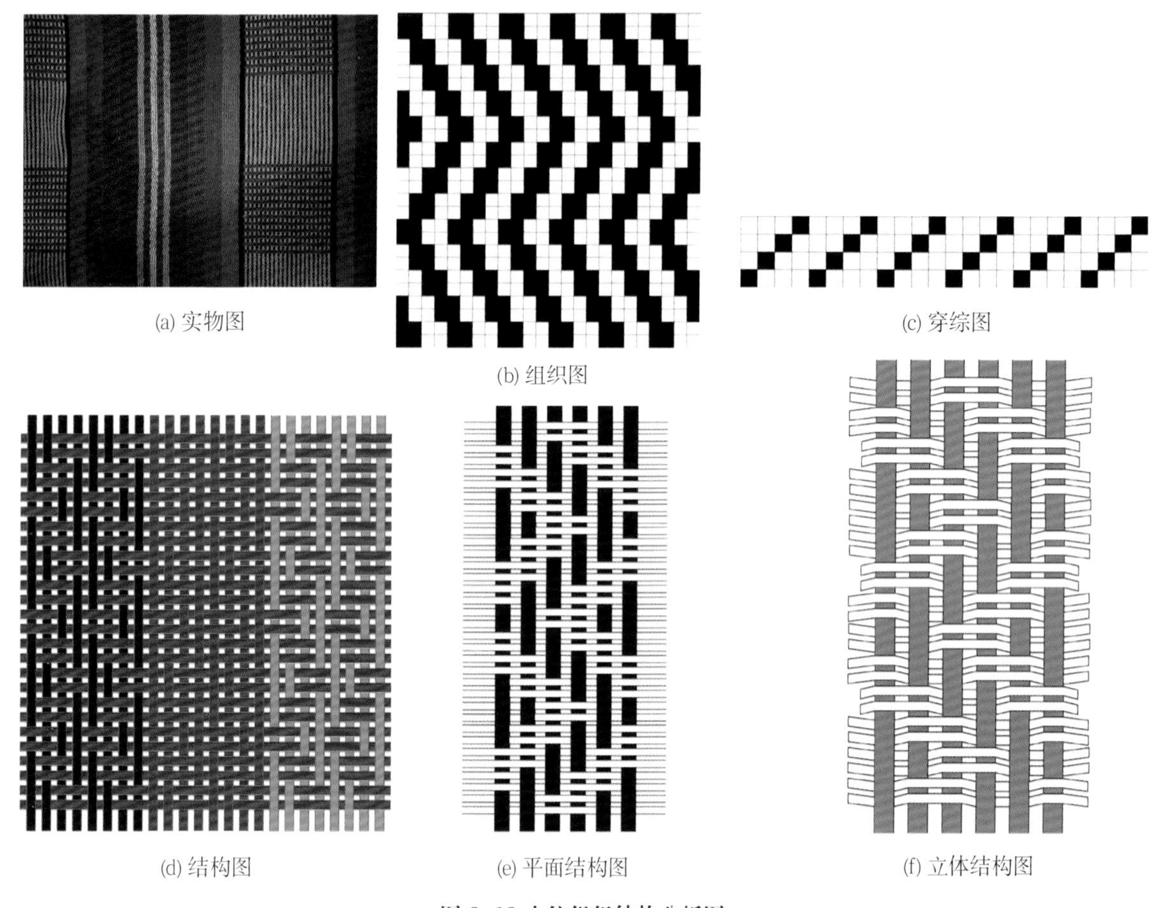

图 2-12 水纹组织结构分析图

(图片来源:a.实地调研拍摄;b、c、d、e、f.作者电脑分析)

5. 枣花纹

枣花纹是一种比较简单但应用广泛的四匹综纹样。枣花纹创意来自鲁西南随处可见的枣树。山东盛产大枣,名扬海内外,枣在当地不仅是养生驻颜、供人食用的补品,而且因枣通“早”还有着象征婚姻美满、早生贵子、多子多孙的寓意,因而枣花纹在嫁娶嫁妆中经常出现,表达人们对孩子的渴望。

从图2-13中的实物图和结构图可知,经线时,一个图案循环需要白色、蓝色、黄色、绿色、红色及玫红色六种颜色的经线,一个枣花纹组织循环需要6根经纱,从而可得出此匹布一个循环所需经线数为36根。线络子的排列顺序为:6白/6红 /6蓝/6黄 /6绿 /6玫红。

从组织图中可以看出,只需要三匹综即可以织造图中所示的枣花纹,但是三匹综织造起来比四匹综还要繁琐。根据运动规律相同的经纱也可穿入不同综框的原则,采用四匹综织造,其穿综方法如图2-13(c)所示。从左向右经线的穿综规律为:左起第1、2根经线穿入第一匹综,第2、3、8、9根经线穿入第二匹综,第5、6根经线穿入第三匹综,第7、10根经线穿入第四匹综。吊脚踏板的顺序为:从左往右依次系于四个综框下。一个组织循环踩下脚踏板的顺序为:左起1和2、1和2、1和4、1和4、3和4、4和1。这是一个组织循环的穿综规律，织出来也就4~5厘米的长度，一匹幅宽50厘米的鲁锦需要700余根经线，因此穿综者必须极其细心和耐心，如有一根穿错，瑕疵就会贯穿整匹布。

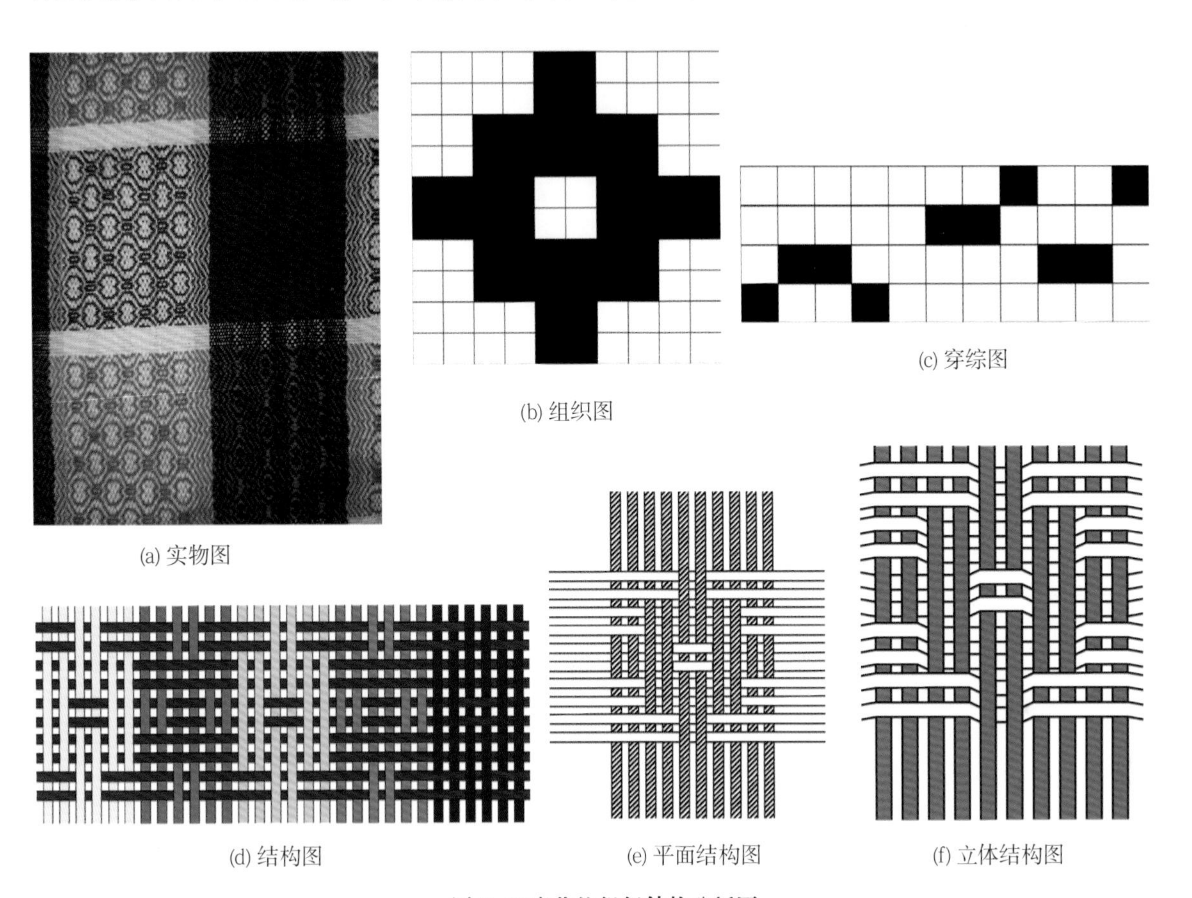
(a) 实物图　(b) 组织图　(c) 穿综图
(d) 结构图　(e) 平面结构图　(f) 立体结构图

图 2-13枣花纹组织结构分析图
(图片来源:a.实地调研拍摄;b、c、d、e、f.电脑分析绘制)

6. 鹅眼纹

鹅眼纹样是以鲁西南人民家中饲养的鹅的眼睛为题材，八边形为基础造型语言，化具象为抽象提取变化而来的，以四方连续的形式出现，体现一种格律之美。

从图2-14中的实物图和结构图可知，此纹样是单色的四方连续纹样，一个组织循环需12根经线，所以经线方法比较简单，只需要12个红色线络子，来回经够所需贴数即可。对于鹅眼纹的穿综方法就显得复杂了，如果把组织图中最左边的一根经线定义为第一根经线，其一个组织循环的穿综顺序为：第1至4根经线按照综片顺序依次穿入四页综中；第5至8根经线穿入第一页综中；第9至12根经线逆着综片顺序依次穿入四页综中，其他剩余经线按此循环顺序依次穿入四页综框中。织布时，踩脚踏板的顺序比较复杂，需要织布者牢牢掌握，如果脚踏板顺序踩错了，就会出现织不成花或是织成的鹅眼纹样不对称的情况。踩脚踏板的顺序为：左起3和4、2和3、1和2、1和4、3和4、3和4、3和4、3和4、1和4、1和2、2和3、3和4。

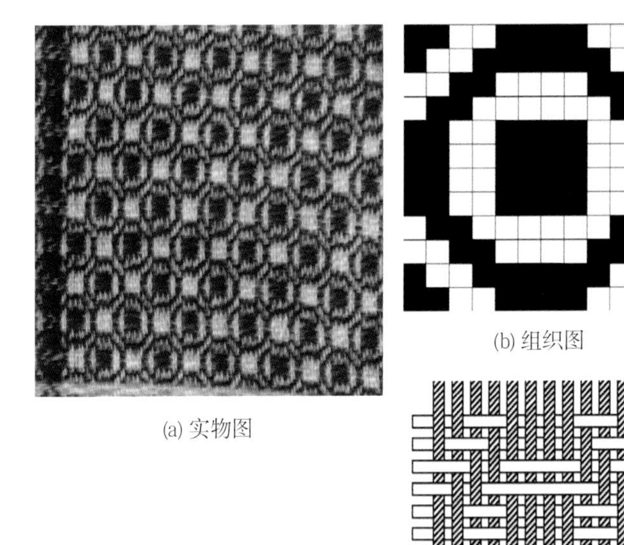

(a) 实物图

(b) 组织图

(c) 穿综图

(d) 平面结构图

(e) 立体结构图

图 2-14 鹅眼纹组织结构分析图

(图片来源:a.实地调研拍摄;b、c、d、e.电脑分析)

【第三章 · 南通传统色织土布的技艺复原】

第一节·南通色织土布概述

南通土布是流传于南通农村地区，以棉花为原料，用简单的手工机械织造而成的布。色织，古称“斑布”，三国时《南州异物志》记载，“欲为斑布，则染之五色，织为为布”，由此可见这种布料是用各种已经染好颜色的纱线，织造而成。

明清时期，由于地方织女的文化水平有限，土布图案种类较少，主要由直线、正方形、长方形作为构成元素，由单色组成蚂蚁、柳条、桂花、芦纹、金银丝格等几种基本图案纹样。尤其是格子面料，织造困难，产量不多，颜色也以蓝白色为主。虽然此时的色织土布是简单的平纹织物，但是南通地方纺织妇女都是按照内心的感性理解去织造布的图案，符合美的形式法则，即变化与统一、节奏与韵律、分割与比例、对比与调和等。

民国期间，机纱为手织业的改良创造了条件，不论是产量还是品质都得到了大幅的提升。拉梭木织机投入使用，能生产彩色的粗细条纹或者大小格子，除了传统的双综双蹑外，还可以织造斜纹和一些小提花产品，拉梭木织机织出来的布被称为“改良布”或“中机布”。后来，日本的铁木机传入中国，铁木机虽然生产速度快，花色品种多，但由于踏板较少只能织一些平纹斜纹格子布。

1954年以后，机器加入更多踏板，也开始织造斜纹和小型提花。此时土布图案纹样的主要特征是各种新式条格纹样和提花织锦的大量出现。芦纹出现了新式的大芦扉花纹，所谓大芦扉花纹就是将传统芦纹加上格子、十字、口字、井字等等元素，进行穿插配合，产生丰富多样的纹路。条纹在传统金银丝的基础上变化出了竹节布。竹节布是一种花部经线浮于布面的新式花纹，因形似竹节而得名。格子布除了小格式和大格式以外，还出现了提花格子，不仅美观而且耐用。提花面料由于织机的进步，出现了文字提花和象形图案提花。

20世纪80年代以后，南通民间的色织土布生产基本停止，自此之后逐渐绝迹，成为绝唱。

第二节·工艺流程分析

南通传统色织土布的织造工艺体现了劳动人民独特的创造力和丰富的想象力，包含了劳动人民无穷的智慧。南通传统色织土布工艺源于江南地区土布工艺技术，经历数百年绵延传承、不断创新，形成了自己独特风格的完整体系。此织造工艺至今未留下多少具体的文字记载，全凭一代代织手口授心传，自由发挥。通过对当地从事过色织土布织造的老一代艺人的走访询问，观看基本工序的演示，以及对有关资料的多方搜集，现将南通地区传统色织土布工艺流程概括为13道工序。

一、棉花的加工

棉花加工分为两个步骤。先是轧花，后是弹花。轧花是将棉籽和棉絮分开，形成皮棉。轧花的工具称之为轧车，是用两根铁杖紧密地装在木架上，其中的一侧有一个摇手，可以带动这根铁杖相应转动，另一根铁杖靠踩下面的脚踏板带动转动（图3-1）。轧花时，用一手递喂籽棉，在两根铁杖对转间，把皮棉轧出来，落在中间隔板的外面，棉籽掉在隔板的后面。轧花工具的使用简单灵活，工效也高。轧花要注意的是，丝毛不要拉断，衣和籽要分清。早期对棉花的加工并没有如此的简单有效。宋末元初松江地区的轧花技术十分落后，并没有轧车，农妇都是用手剥棉絮除棉籽或使用铁杖擀去棉籽，但都费时费力，功效很低。而后黄道婆将黎族轧车带入松江地区，下面是丁字形木架，在横木两端安有两根平行的木柱，其上以绳索相连，构成车架。在两立木间，横置两轴，并以齿轮相咬，其中一轴装有曲柄，供手摇使用。使用时右手摇柄，两轴向中央滚动，左手送棉，籽阻于内，棉出于外。同时据王桢《农书》记载，当时汉族地区还有一种三人手摇轧车，体形较大，效率较高，但是占用人力过多。大约元末明初，我国劳动人民在两种轧车的基础上，取长补短，发明了一直被广泛沿用的一人脚踏轧车，效率大增。

图3-1 轧车

（图片来源：拍摄于南通纺织博物馆）

弹花是把花絮弹成一个个大的松软的质地均匀的棉花团。弹花的工具是用木制硬弓，套上强有力的丝弦，另用一绳将木弓吊在竹竿的一端。弹花时将竹竿的根部捆在背上，操作者一手执弓，一手用榔头打弓弦来弹松棉花。在弹的过程中要注意的是，要把棉花团上的灰尘、杂质及残留的小棉籽都清除干净。早期是用小竹弓弹花，只有1.5尺长，效率低。黄道婆把它改成4尺长且装绳的大弹弓，用绳线代替线弦，而且还用檀木做的椎（槌）击弹棉代替手指弹棉。这样弹出的棉花均匀且效率高，绵密细致，提高了纱和布的质量。

棉花的加工对后面纺线和织布都是很重要的。棉花弹得不好最直接的影响就是纺线的质量低(弹的棉花不均匀,纺出的线容易有疙瘩),线的质量自然会影响布的品质。弹出好的棉花靠的不是灵活的工具,是操作者的技术和耐心。一般有织布经验的人都知道,人工弹出的棉花保温性和蓬松持久性都比机器加工的要好很多。

二、南通色织土布织造工艺流程

1. 搓棉条

搓棉条就是把去了籽的棉花搓成一条条长卷。先找一张干净、光滑的大桌子,将棉絮展开,铺成一个平面。用光滑的、近半米的细竹竿一端将棉絮缠卷上,搓动细竹竿另一端,随着细竹竿的转动棉絮便缠成了棉条,然后将细竹竿抽出一部分,再接着棉条的一端继续搓棉絮加长。大约把棉条搓到30~40厘米长就改搓下一根,当然有的习惯用长点的棉条纺纱便搓个半米长,甚至更长些。

这一步需要注意的技巧是,棉絮一定要铺匀,手用力要适度,不然搓出的棉条粗细不均便不好纺线。

2. 纺线

纺线在织布中占据重要的地位,因为线的质量直接影响到成品布的质量。在整个织造土布的过程中,纺线所用的时间也是最长的。南通地区所使用的纺线工具是手摇一锭式纺车,很少使用明代中期由黄道婆革新的脚踏三锭纺车。这主要是手摇纺车具有操作灵活、节省人力的优点,而三锭纺车虽效率高,但操作需要一定技巧而且纺出的纱线不均匀。纺纱时两手要同时用上,左手捏着棉条一头顺势往嘴里一放(目的是为了用唾液浸湿棉条头上的棉絮),便立即接向线锭子的尖头,这时右手转动纺轮,带动线锭子转动,棉条上的棉絮随着锭子的快速转动自动加捻成线缠绕在锭子上。左手顺势向后拉,纺出的线越来越长,手不断由前向后,由后向前,线便丝丝缕缕绵延而出(图3-2)。纺出的线一层层缠绕在锭子上,越积越多,逐渐就形成了一个大肚子似的线柱。这样就可以取下来用到下一个工序了。此外,为了使纺车在纺线时固定不动,通常左脚还要踩在纺车下端的横梁上,有时也用其他重物固定。

纺线这一工序需要注意的是,纺车的转速和拉棉条的速度要配合均匀、相互协调,不然线就不均匀。拉慢了,线就粗了;向后扯快了,线又细了。而且拿棉条的手不要捏得太紧也不要太松。太紧,线容易短;太松,纺不成线。总的来说,纺线时要心平气和,不能浮躁。根据当地纺纱能手介绍,如果只是白天纺纱能纺四两左右,但农村妇女一般都是晚上才能更精力集中地纺纱,这样一天多的能纺一斤左右。一般一床床单要纺两斤棉花,在当时农家穿的、用的都是自纺自织,可想而知,这纺纱在农村妇女的生活中占据着很重要的部分。

在南通地区,早期采用极其简单的工具手制纺纱。用一木板,上钉铁钩,作倒丁字形。左手夹一棉条,捻出纱头数寸,系在铁钩上。右手横转木板,而成捻度,引为长纱。此法技术好的,每天可纺纱二三两,速度极慢。棉纺车来源于麻纺车,而麻纺车是由纺丝的莩车演变而来。

3. 摇线

染色前需要把线锭子上的线用摇车绕成一种松散的半径约为30厘米的线圈。摇车是由带曲柄的木架子和竹子做成的线撑子组成的(图3-3)。工作开始时要固定线锭子的一端,农家妇女有时将线锭子插在地上,有时则插在自己的棉鞋里,然后将线头引出绕在摇车上,绕两圈,待绕实后转动摇车的曲柄,线锭子上的纱线便一圈圈地绕在摇车上了。这是便于染色时,线能够均匀上色。为了染色、浆线效果更好,一般线圈不会绕得太厚,把一个线锭子上的线绕完不会接线,重新绕另一个。这是一个比较简单的工序。

图 3-2 纺线
(图片来源:南通纺织博物馆研究员姜平提供)

图 3-3 摇车
(图片来源:南通纺织博物馆研究员提供)

4. 染线

染线之前要根据所织布图案预计好所用颜料及每种颜色染多少线。这也是重要的环节,关系到织成的布颜色是否容易掉色。一般都是用一个专门染线的锅,在锅里加水,估计能把线完全浸泡(图3-4)。把水加热到沸腾后往里放颜料,此外再放少许酒和盐(这样染好的线不容易掉色)。用竹竿不停地搅动直到颜料完全溶解,再把线放进锅里,使劲揉20~30分钟即可。放置一小时后捞出线,还要用清水漂洗再搭在外面晾干。晾线的时候也要十分小心,轻拿轻放,以免线过分缠结。

当地早期使用的颜料有植物染料和矿物染料(图3-5),前者为主,后者为辅。青、绿、蓝等颜料多是用植物叶制成,黄、紫、红等色彩利用植物花卉经加工而成,棕色、褐色是利用树皮或者树根切成碎片后投入少量的石灰煮水而成。矿物染料着色是通过黏合剂使之黏附于织物的表面,但颜色遇水容易脱落。而植物染料着色是通过其色素分子与植物纤维亲和而改变纤维的颜色,所以染色后的纱线不易掉色,经得起日晒水洗。此外,染后的纱线织成的布不容易掉色的另一个秘诀是,自己买好颜料,找当地织布有名的老一辈给配色,她们配色的方法都是祖传的秘方,不会轻易告知别人。你只管买了料送过去,到时配好了再通知你去拿,由她们配的色染后的纱线不只颜色鲜艳,而且几乎不掉色。

图 3-4 染线
（图片来源：徐氏地毯网）

图 3-5 染料
（图片来源：拍摄于南通纺织博物馆）

5. 浆线

染好的线晾干后要浆线。浆线的目的是使线结实更有筋骨，在织布时更方便。所使用的原料一般是面粉和蜡烛油。据海门当地织布有经验的老人讲，加入蜡烛油是为了使线在结实的同时又有滑爽感。面粉的使用量一般是一斤面粉浆四斤纱线。先将面粉加入少量凉水调成糊，后倒入烧开的水中，同时将蜡烛油一并放入，一边倒一边搅，直到搅成稀面糊（先用凉水调糊是因为面粉直接加入热水容易结成疙瘩，疙瘩如果残留在纱线上不仅影响下面工序的顺畅进行，还影响布的美观）。把染好的线放进盆里，浆之前要用力地撑一撑线圈，把有黏结的纱线都打开。浆的时候要用力地揉搓线，使面糊尽量全揉进色线中。浆好后捞出线拧顺，再次晾晒，晾晒时也要用力撑几下线圈，使线不黏连在一起。在这一工序中要注意的是，浆线的面糊稠稀要适度。太稀，浆好的线会松，起不了太大的作用，容易断裂；太稠了，浆好的线会脆，也容易断裂。所以说，这都是根据经验来的。

6. 络线

络线是对浆好的纱线再进行加工，所以络线在有些地方也被称之为做纱，是一个比较简单的工作。原理和摇线相同，但过程有些相反。先把浆好的线套在摇线时使用过的摇车上，再把筒管（竹筒）插在大锭子上（图3-6），如果不合适，可以调节大锭子张开的大小。最后把插有筒管的大锭子固定在络车上（图3-7）。

图 3-6 套筒管
（图片来源：拍摄于海门三厂镇）

图3-7 络车
（图片来源：拍摄于南通纺织博物馆）

准备工序完成后便可开始络线了。把摇车上的线头绑在筒管上，转动络车的转轴，带动大锭子转动，这样纱线便有条不紊地缠在筒管上了（图3-8）。缠好线的筒管是要在下一步经线时使用的。每个筒管缠绕一种颜色纱线。所织布的纹样一个循环组织需要多少根经线，就需要经线根数一半的筒管。也就是说，织布的纹样越复杂，所需要的筒管越多。一般的纹样大多都要绕50~60个筒管。

图 3-8 络线

（图片来源：拍摄于通州二甲镇）

7. 经线

经线是色织土布织造过程中一个相对复杂的工序，经线往往需要一个很大的场地。经线前要根据所织色织土布的纹样图案，计算需要的经线根数和经线的颜色种类数，确定各色经线及筒管的排列顺序。首先，将钉有钉子的竹竿固定在地上，钉子上根据需要依次套上缠有不同颜色经线的筒管。例如一个纹样循环组织需要经线100根经纱，则需要套上50个筒管，而且纹样组织中不同颜色经线的排列顺序也是缠有不同颜色筒管依次的排列顺序。

然后，根据布的长度还要在地上置一些平行且相对的木橛子。所织的布越长，在有限的空地上放置的木橛子越多，且排列整齐。此外，在最后一根木橛子后要再加置一根交橛子，交橛子的作用是给经线做"交"，即是每趟经线的结束之处，经线要在这里交叉。

最后，木橛子固定好后开始经线。将每个筒管上的纱线牵出环，相邻的两两相系。经线的人将牵出的线拿在手中，先将两两相系处然后一同挂在第一个木橛子上，接着按由第一个木橛子到交橛子的顺序分别绕在每一根经线木橛子上。需要注意的是到交橛子时需要将每根纱线成环按顺时针翻绕使线产生交叉，按次序分别将环套在交橛子上。而后返回，由交橛子到第一根木橛子的顺序缠绕，这样每根线的交叉处就被放置在两根木橛子中间了（图3-9）。根据所需布的宽度（总的经线数）来确定要来回多少趟。受织机上机杼宽度的影响，一般经线数不会超过760根。经完线，一般将交叉处系住，后把几百根经线从第一根木橛子上取下，并拢绕成大大的线团，以备后用。

图 3-9 经线

（图片来源：南通纺织博物馆研究员姜平提供）

8. 插筘

插筘是在杼上完成的，杼是织布机上一个部件，是用细细的竹片做成的(图3-10)。插筘是把经线的每两根都穿进杼的每个细缝里，使全部的经线井然有序地排列好，防止交结在一起。织布的全过程中有两次插筘，第一次是为了刷线做准备。

具体操作为，把线团有交叉的一头捋出来，然后系在一个固定的、有重量的物体上。用两根细的竹竿插入线的交叉点的两端后固定竹竿两端，解下系交叉点的线，并将细竹竿的两端再捆绑在织布机转轮上(已从织机上取下)，杼也相应地放在转轮上。这些准备工作做好后再插筘。插筘用的工具一般是自制的竹篾片(或铁制的)，头上有个小勾辅助线顺利地插进细细的杼的缝隙。穿线的同时在杼后放一根细竹竿，线每穿过后，就用细竹竿套上。它的作用不仅能使穿过去的线固定住不脱落，在下面的工序中还起着至关重要的作用。

较原始的插筘方法是在经线的时候由两人操作完成。一人负责把线按照顺序分拣出来，方便另一人在一旁穿筘。穿筘者要把钩子拉出的线同样挂在杼后的一根细竹竿上(图3-11)。前面一种方法准备工作相对繁琐，但进入下一步工序就省事了很多。第二种方法使穿筘在经线的同时就直接完成，虽然省时，但要求操作者熟练掌握技巧，稍不注意便会混乱线的顺序。

图 3-10 杼

（图片来源：拍摄于海门三厂镇）

图3-11 插筘

（图片来源：南通纺织博物馆研究员姜平提供）

9. 刷线

这道工序是为了几百根经线之间不相互纠缠，使其排列有序地缠在转轮上。先要把转轮架在织布机上，然后把杼后面固定线环的细竹竿卡在转轮中。先刷透转轮和交叉点的线，再找来两根竹竿与穿在交叉点两端的竹竿相互替换，将经线的交叉移至转轮与杼之间。这时一般要多个人来操作了。一个人在前用刷子或细木梳仔细地把线刷透，一个人在刷线人后轻轻移动杼，后面还需一个人移动穿在线交叉两端的细竹竿，最后还有一个人根据前面人的进度，把刷好、整理好的经线缠在转轮上（图3-12）。这一工序讲究的是几个人的配合，谁都不能操之过急。刷线不能用力太大，否则会断线，有时为了减少刷子或木梳和线之间的摩擦，他们往往在刷子或木梳上涂一些蜡烛油。即使非常小心，往往也难免会断线，断了线就得重新把线接好。

图 3-12 刷线

（图片来源：南通纺织博物馆研究员姜平提供）

图 3-13 由综形成的织口

（图片来源：拍摄于南通纺织博物馆）

10. 穿综

这道工序是整个织布过程中最为繁琐的，也是重要的工序。因为对于色织土布，不同的穿综决定了经线和纬线交织出不同的图案。综是在织布机上提升经线的部件，外表看似一根根线拴在竹竿的两端，其实里面有它的特殊构造。每一根线都是做成环与下面的另一个环相扣，形成一个套环。它的作用是在织布时使单数经线和双数经线间隔分离，形成织口（图3-13），引入纬线。综在织机上的使用数目越多，则在操作时形成的织口变化越多，色织土布的纹样变化也就越丰富。

穿综时为了方便操作，一般先把缠好经线的转轮架在织布机上（图3-14）。如果织的布是简单的平纹，那么穿综相对简单些，运用的是两匹综的原理。但织机的宽度和织布者投梭的力气都对织布的宽度有所限制，故往往要穿四匹综。穿时遵循顺序"内内外外"的原则，即第一根线如果穿靠杼的内综上，则第二根线穿在远离杼的内综上，第三根经线穿在靠杼的外综上，第四根经线穿在远离杼的外杼上。这样如果织的布幅宽需要600根经线，使用四匹综，每匹综只需穿200纱线，而且织的布要比用两匹综紧密。

当然有时织成的布做棉衣的里子时，要求布舒适柔软，就会用两匹综，织宽幅较窄一些的。复杂一些的提花纹，要利用综提出所需的图案，往往需要增加两匹甚至四匹综，穿综就要根据具体的图案，设计不同颜色的经线穿过不同的综。这就相当复杂，需要经验相当丰富的人，才能完成这么繁杂的工序。

穿完综以后，还要再插筘。这主要体现了织布时杼的作用，织布时，每引一次纬线，都要用杼拍打一下，将纬线打紧，这样可使布织得结实紧密。

11. 卷纬

卷纬是把线卷在特制的小细筒上（长约8厘米），以备纳入梭子做纬线织布（图3-15）。所使用的工具同络线一样。

图 3-14 穿综
（图片来源：拍摄于通州二甲镇）

图 3-15 卷好的纬线
（图片来源：拍摄于海门三厂镇）

12. 上布机

上布机是指把织布机的各个部件都组合到织机上，是织布的最后一个准备工序。这道工序也尤为关键，组合不好，某个部件有所偏差或是顺序不对，织布机便不能协调地工作。所以装机子往往都是由有经验的老人来操作，她们织了一辈子的布，对织布机的每个零件和功能都了如指掌。

第一步，先把通过杼的经线固定。机头卷布轴有个凹槽，内嵌入一根细竿（图3-16），人们往往找一块以前织的下面拴有六个线结的布（长约1.5尺，宽约1.2尺），将它压在凹槽的细竿下。然后将经线分组系在六个线结上，则经线被固定好了，开始时卷布轴卷的是有线结的布，这块布起到衔接的作用。有时为了方便也直接把线压在凹槽内，织布时调节一下，使杼相对靠前也可织布。第二步就是固定机杼。竖起机杼使机杼与上面的框板和下面的框板卡紧，再用绳子在两端套住上下框板，中间夹根筷子拧紧（图3-17）。还要将固定好的机杼整体与织布机两旁的活动轴连接好，即将轴两端的绳线套在推板上，中间同样用筷子拧紧（图3-18）。这时松紧度要掌握好。第三步，将机头带有线结的布用卷布轴卷好，这时经线也被拉紧了，进入了织布的状态。第四步，吊脚板。假如织造简单纹样的土布，用的是四匹综，将靠近杼的两匹合并一起，远离杼的两匹合并一起。两对综下面的两端分别系一根竹竿。两根竹竿的中间部分再用绳与脚板相连(图3-19)。第五步，吊综。将两对综的上面的两端分别系上线绳（4根），然后与机上板吊着的绳相系，则两个综被吊在上面的机板下（图3-20）。最后，还要调试一下装好的机子，看看各部件是否能正常工作。综观整个过程，其实原理是简单的，即把综吊在中间，通过踩脚板，配合织机上面的机板，使两个综在单数和双数的经线上产生上下两个力，使排列在一起的经线中间形成一个织口。

图 3-16 凹槽
（图片来源：拍摄于海门三）厂镇）

图 3-17固定机杼1
（图片来源：拍摄于海门三厂镇）

图 3-18 固定机杼2
（图片来源：拍摄于海门三厂镇）

图 3-19 固定脚板
（图片来源：拍摄于海门三厂镇）

图 3-20吊好的综片
（图片来源：拍摄南通纺织博物馆）

13. 织布

待上面所有的工序完成后，就可以上机织布了。织布是最需要技术的最后一道工序。织布时，要充分发挥织布者的协调能力。一只手投梭子的同时，另一只手要准备好接梭子，大脑还要记住投梭子的数量或是否该换线了。一手投完梭接着就要推机杼把引进的纬线打紧。这是手的操作。两只脚要不停地踩织布机下面的脚踏板来升降综，变化上面的经线，从而织出想要的纹样。

简单的平纹布，织布时相对容易，左右循环，反复织造（图3-21）。重要的是，根据纹样记住装有不同颜色纬线梭子的使用次数。梭子是由木头或竹子做成的，正面挖槽放线，侧面打孔引线（图3-22）。使用时，取出中间的细铁棍，把纬线筒套在上面后放回固定。农家妇女从侧孔里引纬线的方法十分有趣，把线从纬筒上拉下一小段，嘴对着侧孔处用力一吸，线便被引出来了。

图 3-21 简单的两页综织布
（图片来源：拍摄南通纺织博物馆）

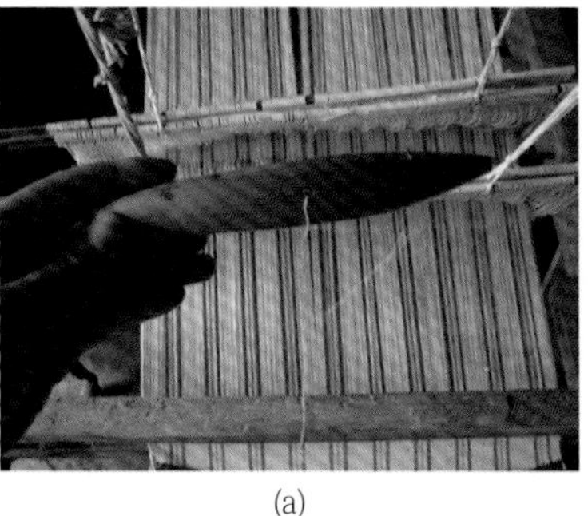
(a)

(b)

图 1-22 梭子
（图片来源：拍摄南通纺织博物馆）

比较复杂是多个综的提花色织布的织造。多个综下面吊多个脚踏板，由于脚踏板横向排列在下面占的空间太大，特别是六个或八个脚踏板，不方便操作，后来人们使用竹竿来代替，且一长一短，错落排列。从图3-23可以看出，多个综时，要同时踩下两个脚踏板，两个综下，经线形成织口。这样经线与纬线不再是简单的一上一下了，两个脚板牵动两个缯下决定了经线以多根线为单位循环了，多根经线两两之间可产生多种组合，再配合不同颜色的纬线使用就更丰富了南通色织土布的图案造型。

图 3-23 复杂的多页综织布
（图片来源：南通纺织博物馆研究员姜平提供）

在织布过程中，即使织布者水平再高，断线也是时有发生的。如果是纬线断了，则不用接线，可继续织布，因为纬线打得紧，一般织成的布面是看不出断线头的，也不影响使用。可如果是经线断了，则必须找相同的纱线接上，否则织好的布会出现挑丝的现象。同时注意不要随便找来一根线，避免有色差，影响布整体的质量。

总结一下，织布过程中要注意的是，织布时手推机杼和脚踩板的速度和力度要把握得当。推得重，布太紧就起皱不平实；推得轻，布太稀松就没有筋骨。

南通织户使用的织机初为手投梭机，手拉织机自1914年左右开始在南通农村使用，随后在通海各地逐渐推广普及。在20世纪30年代，手拉织机已占到手工织机的半数以上。手拉织机，是在普通旧式木机上加装梭箱、打棒等机件（图3-24），用手拉绳子带动梭子，与脚踏上下配合，既快又匀。手投梭时，体力消耗大，所织布的宽度受到影响。而手拉梭织布，布匹的宽度也可放宽到二尺。手拉织机所织的布被称为"改良布"或"中机布"。1930年左右，铁木机成为南通市郊少数织农拥有的织布工具，机身部分部件是铁质的，不用手投手拉梭，织布工序中的开口、投梭、打纬、卷布、放经都能依靠铁轮的旋转而自动完成，但仍用脚踏，所织色织土布花色品种极多。从此，南通色织业进入一个以铁木机为先导，手拉机与手投梭机三机并存的新时代，手工织造的色织土布已经与工厂生产的布相差不多。

图 3-24手拉织机

（图片来源：拍摄南通纺织博物馆）

第三节·组织结构分析

南通色织土布较南通其他品类土布的主要区别是，色织土布是将纱线染色后在有限的织机上运用经纬交织的方法织出富有几何韵味的图案，而不是整体染成纯色或是在布匹上印上图案。南通色织土布的图案之所以有着独特的形式美感，这也是有其独特的织造工艺所决定的。通过对色织土布的组织结构剖析，然后结合其既保留原始又突破局限的织造技术加以解释，能更深入地了解南通色织土布工艺。

色织土布的组织结构是指织物由几组经线和几组纬线组成以及这些经线和纬线相互之间的交织方法。常用的织物组织有三原组织和变化组织。三原组织指的是平纹组织、斜纹组织和缎纹组织，变化组织有平纹变化组织、斜纹变化组织和缎纹变化组织等。南通色织土布多采用的是利用织物组织生成的块面来呈现图案，即呈现几何形式的变化图案。

通过对南通色织土布工艺流程的分析可以看出，在整个过程中，经线、穿综及织造技法对其组织结构和图案的形式起着决定性的作用。以下选取常见及其具有代表性的南通色织土布，对其组织结构及三个决定因素进行分析。

一、蚂蚁布

蚂蚁布（又名米通布）是色织土布中用纱线颜色最少、组织结构最简单、织造最容易的色织土布，是由一组经线和一组纬线交织而成的平纹组织织物（图3-25）。其用色简单，多用深蓝或浅蓝纱线和白色纱线织造，形似蚂蚁排阵。蚂蚁布具有南通土布特有的粗厚坚牢、粗犷挺括的风格。

经线时一个循环图案组织需要按顺序排列四根白色纱线筒管和两根蓝色纱线筒管，然后根据所需布匹的宽度决定来回多少次经线。穿综使用复列式综片（第一页和第二页合并，第三页和第四页合并）。穿综时，左起第一根纱线穿进第一页综眼，第二根穿进第四页综眼，第三根穿进第二页综眼，第四根穿进第三页综眼（有时为了布边结实，左起两根纱线合并穿进第一页综眼，右端也同样两根纱线合并），一根纱线穿进一个综眼的同时要经过其他三页综。织布时，蚂蚁布是用一个引出白色纬线的梭子来回投梭完成的，操控下面的脚踏板也是最简单的，左右循环踩下。

(a) 实物图

(b) 组织图

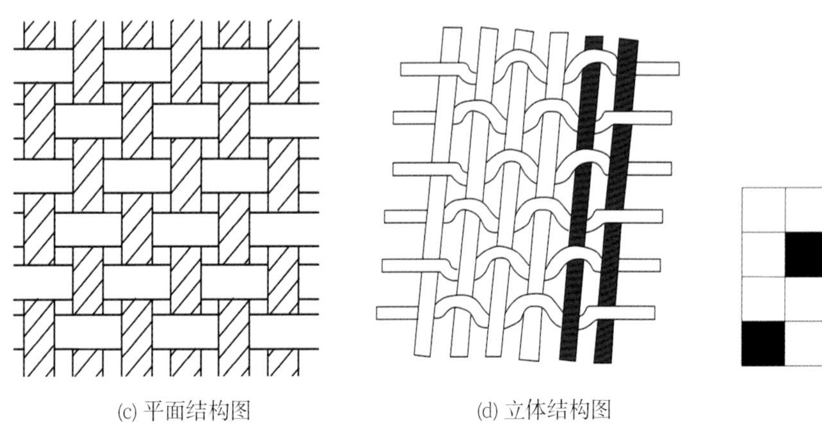

图 3-25 蚂蚁布组织结构分析图

（图片来源：a.收集实物拍摄；b、c、d.作者电脑绘制）

注：组织图中，黑色方格代表经组织点，白色方格代表纬组织点。穿综图是表示组织图中各根经纱穿入各页综片的图解。每一横行表示一页综片，顺序为由下向上（在织机上由机前向机后方向）排列；每一纵行表示与组织图对应的一根经纱。欲表示某一经纱穿入某页综片上，则在代表该根经纱的纵行与代表该页综片的横行相交的小方格涂黑。

二、桂花布

桂花布巧妙地利用经纬交织的规律，采用简单的蓝白两色排列交织，织造出具有几何韵味的抽象形图案（图3-26）。同样是简单的平纹组织，但其色纱搭配巧妙，观其布，虽然形成的蓝白图案面积、数量相等，但整体效果始终是白色的桂花图案浮在蓝色的底面上，清新典雅（图3-27）。

经线时一个循环图案需按顺序排列两根白色纱线筒管和两根蓝色纱线筒管。穿综的方法同样是使用复列式综片。织布时要使用分别装有蓝白两色纬管的梭子，来回投蓝色纬线的梭子，后继来回投白色纬线的梭子，依次重复。

图 3-26 桂花布

（图片来源：搜集实物拍摄）

图 3-27 桂花布结构图

（图片来源：作者电脑绘制）

三、条格布

1. 平纹条格布

平纹条格布的组织结构简单，同以上两种布，只是纱线的颜色种类多，排列规律较复杂，在经线时往往使用的筒管数量多。鱼鳞格布是被当地广泛使用的一种条格布（图3-28），一个循环图案由54根经线和52根纬线组成。经线时筒管的排列顺序为：6黑/6白/12黄。织布时，需要能分别引出黑、白、黄色纬线的梭子，投梭的顺序为：12黑/12白/28黄。

(a) 实物图

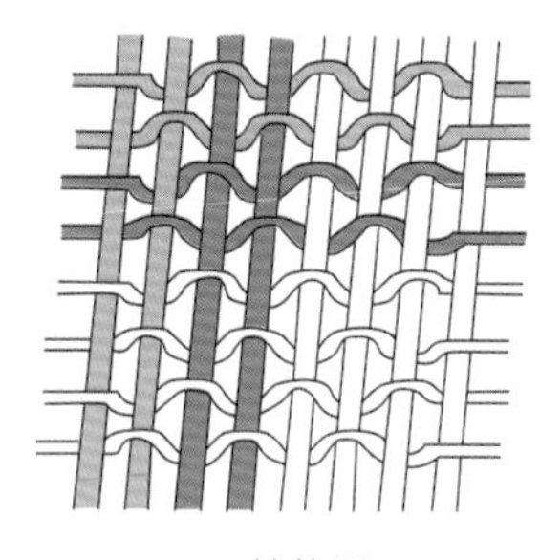

(b) 结构图

图 2-28 鱼鳞格布

（图片来源：a.搜集实物拍摄；b.作者电脑绘制）

2. 斜纹条格布

斜纹条格布的组织为斜纹变化组织，结合多种色彩的纱线不同的排列顺序，使其表面呈现的效果更为丰富（图3-29）。与鱼鳞格布相比较，此斜纹条格布的图案只有两个循环，但比较复杂，所需经线的颜色为白、黑、紫、红四种。由于一个循环图案比较大，经线时所需筒管数量极多。为了避免引出的线过多会产生交织的现象，并且受经线场地空间的影响，往往经线时先经好半个循环图案所需的经线，然后再重新排列筒管完成另一半循环图案所需经线，最后在刷线时再使所有经线各就其位。第一次筒管的排列顺序为：18白/22紫/14白/8蓝/6白/18红/4白/4蓝/4白/18红/4白/4蓝/4白/18红/6白；第二次筒管的排列顺序为：9蓝/14白/22紫/14白/9蓝/9白/9蓝/9白/9蓝/9白/9蓝。

斜纹布组织循环大，经纱的运动规律较少，穿综时将运动规律相同的纱线，穿入同一片综中，左起第一根穿入第一片综中，第二根穿入第二片综中，第三根穿入第三片综中，第四根穿入第四片综中，同时，每根经线都经过其他三片综，依次循环。此时，四片综的工作原理不同于织造平纹布时的四片综，每片综对应一个脚踏板。织造时，每只脚要同时踩下两个踏板，通过不同的踩踏板顺序来控制斜纹布的斜向。踩下踏板的顺序为：左1和2/2和3/3和4/1和4，依次循环时，织出的布面为左斜纹↗。踩下脚踏板的顺序为：右1和2/2和3/3和4/1和4，依次循环时，织出的布面为右斜纹↖。纬向的图案循环同样很复杂，需要运用能分别引出白、紫、蓝、红色纱线的梭子完成。投梭顺序为：32白/44紫/32白/14蓝/14白/36红/14白/14蓝/14白/36红/14白/14蓝/32白/44紫/32白/18蓝/18白/18蓝/18白/18蓝/18白/18蓝，依次循环。由于投梭变化复杂，织造时织造者必须对面料的图案了如指掌，何时换梭，投梭的次数必须牢记。

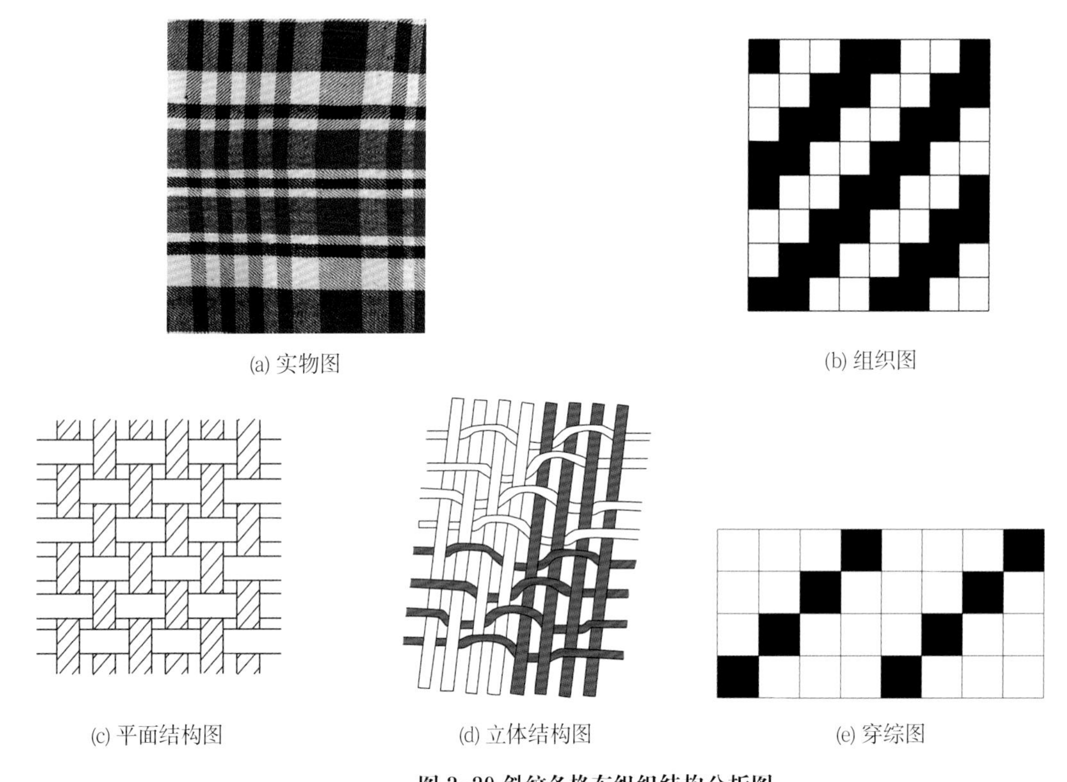

(a) 实物图　(b) 组织图

(c) 平面结构图　(d) 立体结构图　(e) 穿综图

图 3-29 斜纹条格布组织结构分析图

（图片来源：a.收集实物拍摄；b、c、d、e.作者电脑绘制）

四、菱形纹布

菱形纹色织土布，凸起的菱形图案利用斜纹的变化组织形成，古朴典雅，借鉴了丝绸织物的织造风格，在有限的木织机上充分利用提综织造的原理。此布用色鲜艳，将红、黄、绿纱线巧妙地穿插，使艳丽的色彩整体平衡，透着喜庆的气息（图3-30）。它与上面斜纹条格布在整体图案上相似，经线及织造过程中投梭顺序采用同样的方法，重点在于穿综的特殊方法及织造时脚踏板的踩下顺序的掌握。开始穿综时，左起第一根经线到第十六根经线依次穿入四页综里构成一个图案循环。织布时一只脚同样要同时踩下两个踏板，一个循环的顺序为：左起1和4/3和4/2和3/1和2/1和4/3和4/2和3/1和2/2和3/3和4/1和4/1和2/2和3/3和4/1和4。

(a) 实物图

(b) 组织图

(c) 平面结构图

(d) 立体结构图

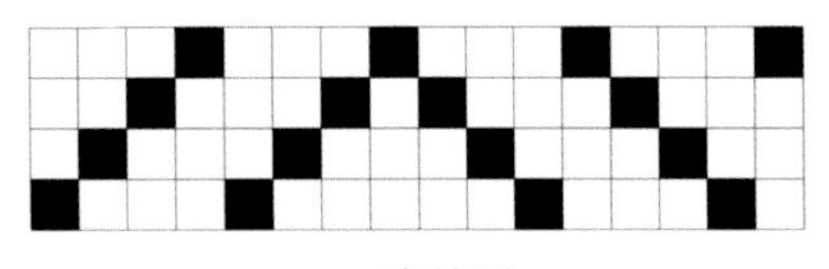

(e) 穿综图

图 3-30 菱形纹布组织结构分析图

（图片来源：a.收集实物拍摄；b、c、d、e.作者电脑绘制）

五、芦纹布

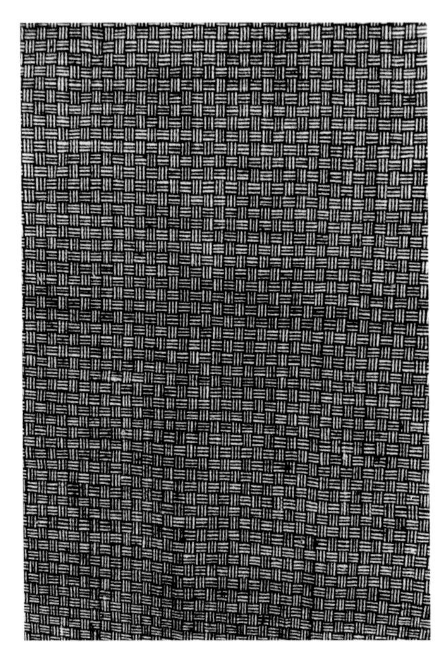

图 3-31 三根头芦纹布

（图片来源：搜集实物拍摄）

芦纹布是南通地区最具有代表性的色织土布，其变化品类多达几十种。在芦纹织物里，往往根据一个循环图案中相邻的、同方向的白色纱线数目称为几根头芦苇，最简单的是三根头芦纹布（图3-31）。其组织结构也都是简单的平纹组织及平纹变化组织，采用了蓝、白两种色纱织造。织造芦纹布的一个关键技巧就是调线。了解经线的过程可以得知，每个筒管上引出的纱线形成交叉后，成为两根经线，装在布机上有上交线和下交线之分。故在色织土布织造中，相邻两根经线的颜色是相同的。观察此三根头芦纹布，可看出其蓝色纱线和白色纱线有的地方却是相邻的，这就是由于在完成经线后改变了纱线的排列规律。这一工艺技巧需要在织机上穿缯之前完成。经线时，一个循环需要按顺序排列四个蓝色纱线筒管和三个白色纱线筒管。装上转轮后，引出经线是八根白色纱线和六根蓝色纱线排列，根据芦纹布图案的需求，就要使三根蓝色纱线和三根白色纱线分别调换，使经线一个循环的排列顺序为：2蓝/1白/1蓝/1白/1蓝/1白/2蓝/1白/1蓝/1白/1蓝/1白（图3-32）。在调换的过程中要遵循上交线的蓝色纱线和上交线的白色纱线调换，下交线的蓝色纱和下交线白色纱线调换的原则。由于芦纹的特殊图案效果，织布时投不同颜色纱线的梭子在一个循环内的顺序是和经线的排列顺序相同的，即为：2蓝/1白/1蓝/1白/1蓝/1白/2蓝/1白/1蓝/1白/1蓝/1白。此布虽是最基本的芦纹织物，但织造却是最费时的，频繁的换梭大大影响了效率。

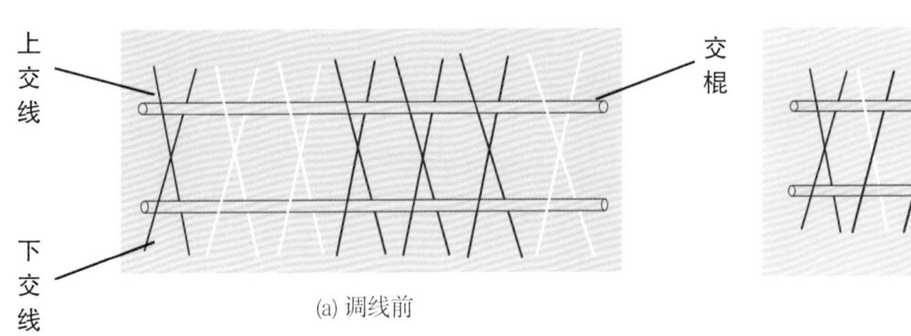

(a) 调线前　　(b) 调线后

图 3-32 调线

（图片来源：作者电脑绘制）

由基本的芦纹变化而来的其他品类的芦纹布，大都是简单的平纹组织，保持芦纹的基本构架，有三根头芦纹增加到七根头芦纹，在形成的空间内充分利用不同颜色的纱线交织形成新的图案。图3-33(a)的井字芦菲花布，利用了基本芦纹布调线的技巧，是在织造时将两根白色经线一并提起，即穿综时相邻两根白色纱线穿入同一综内，再配合投梭时纬管上的纬线也是双根合用，就很容易在织物表面形成具有凸起效果的井字。图3-33(b)的芦菲桂花格布，将芦纹根数增加到七根，然后将形似桂花的红白图案镶嵌在蓝白芦纹的框架内。众多品类的芦纹布，由于都为简单的平纹组织，其织造原理也都相同且简单的。只是经线时要根据图案增加不同颜色的筒管及布置其排列顺序，投梭也要配合整个图案的完整。

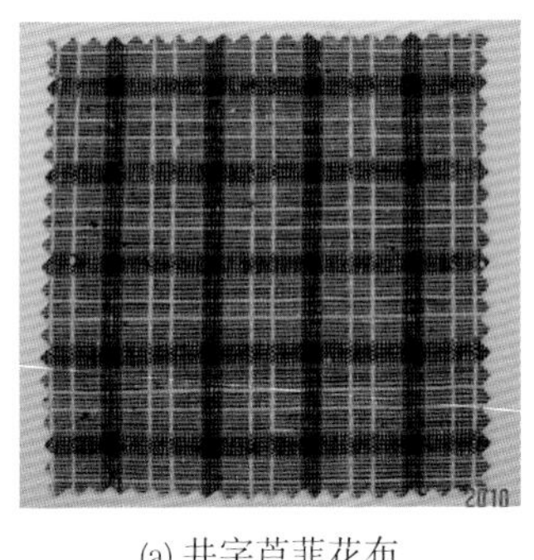

(a) 井字芦菲花布

(b) 芦菲桂花格布

图 3-33创新性芦纹布

（图片来源：收集实物拍摄）

六、竹节布

竹节布是简单运用了提花工艺的一种色织土布（图3-34）。织物组织除了简单的平纹组织外，局部还运用了简单的重经组织，应用了两组经线。一组经纱呈现在织物表面，另一组经纱隐藏在背面，使织物表面有规律节状的突起，配合突起两侧的简单直线条，形似竹节。且织物反面有同样的效果。

一个图案循环需要经线58根，经线时需要缠有蓝色纱线的筒管4个，绿色纱线的筒管2个，白色纱线的筒管17个，红色纱线的筒管2个，褐色纱线的筒管4个，黑色纱线的筒管1个。其排列顺序为：1白/2绿/2白/1蓝/2白/1褐/1白/1黑/2白/1紫/2白/1蓝/2红/1白/1蓝/2白/1褐/1 白/1褐/2白/1褐/2白。织造竹节布在穿综之前同样需要调线，从左至右，调换后分别使得绿色纱线、黑色纱线、红色纱线、褐色纱线都间隔在白色纱线中。

由于竹节布在组织结构上采用了重经组织，有两组经线，属于经起花织物。穿综时，在两页综片完成平纹组织的前提下，要增加一页综片来完成提花部分。在穿筘时，因重经织物的密度较大，为了使织物提花表面不显露里面，此部分每两根经线穿入同一筘中。织布时，竹节布只需一个引出白色纱线的梭子来回投梭便可完成。脚踏板的踩下顺序为：左起1/2和3/1/2和3/1/2和3/1/2和3；1/2/1/2/1/2/1/2；依次循环。

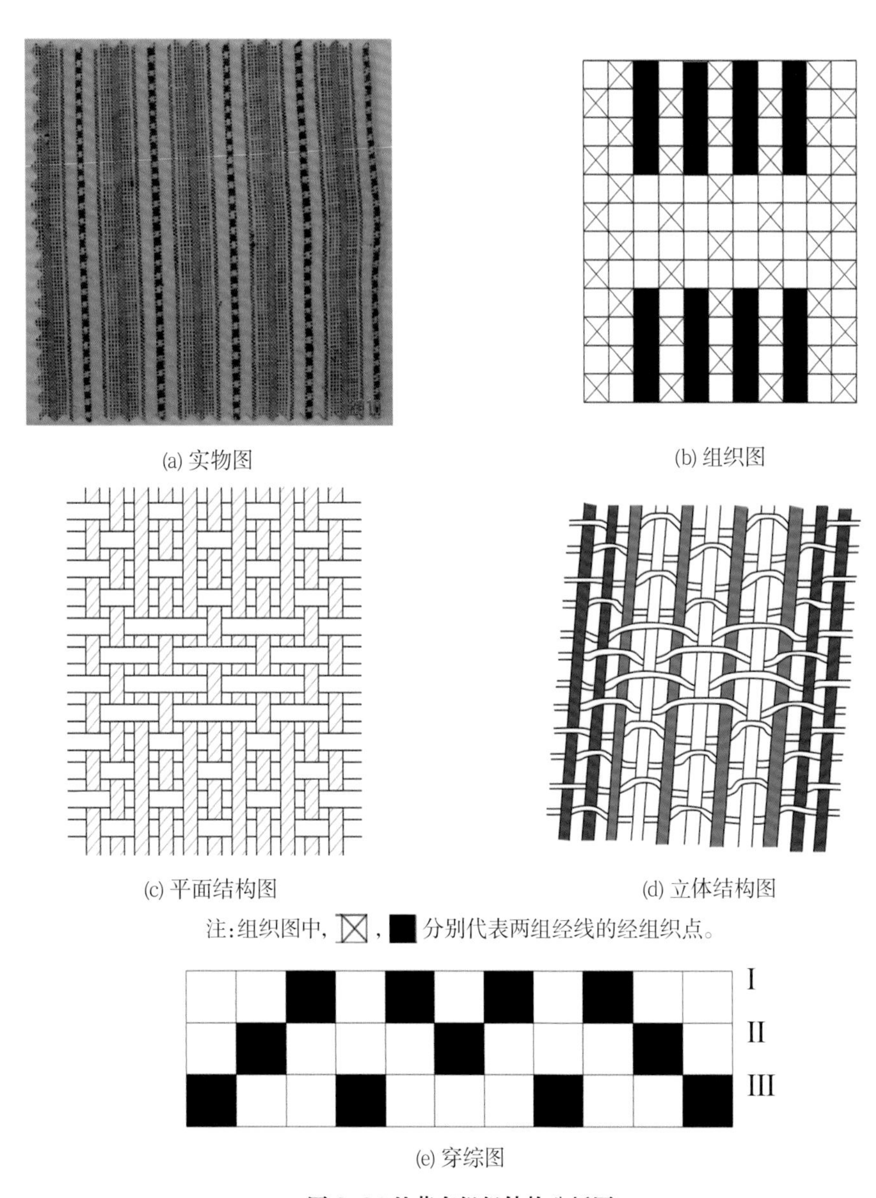

图 3-34 竹节布组织结构分析图

（图片来源：a.收集实物拍摄；b、c、d、e.作者电脑绘制）

【第四章· 中国传统土织布技艺复原典型纹样图谱】

第一节·苏南地区土织布纹样图谱

蚂蚁纹

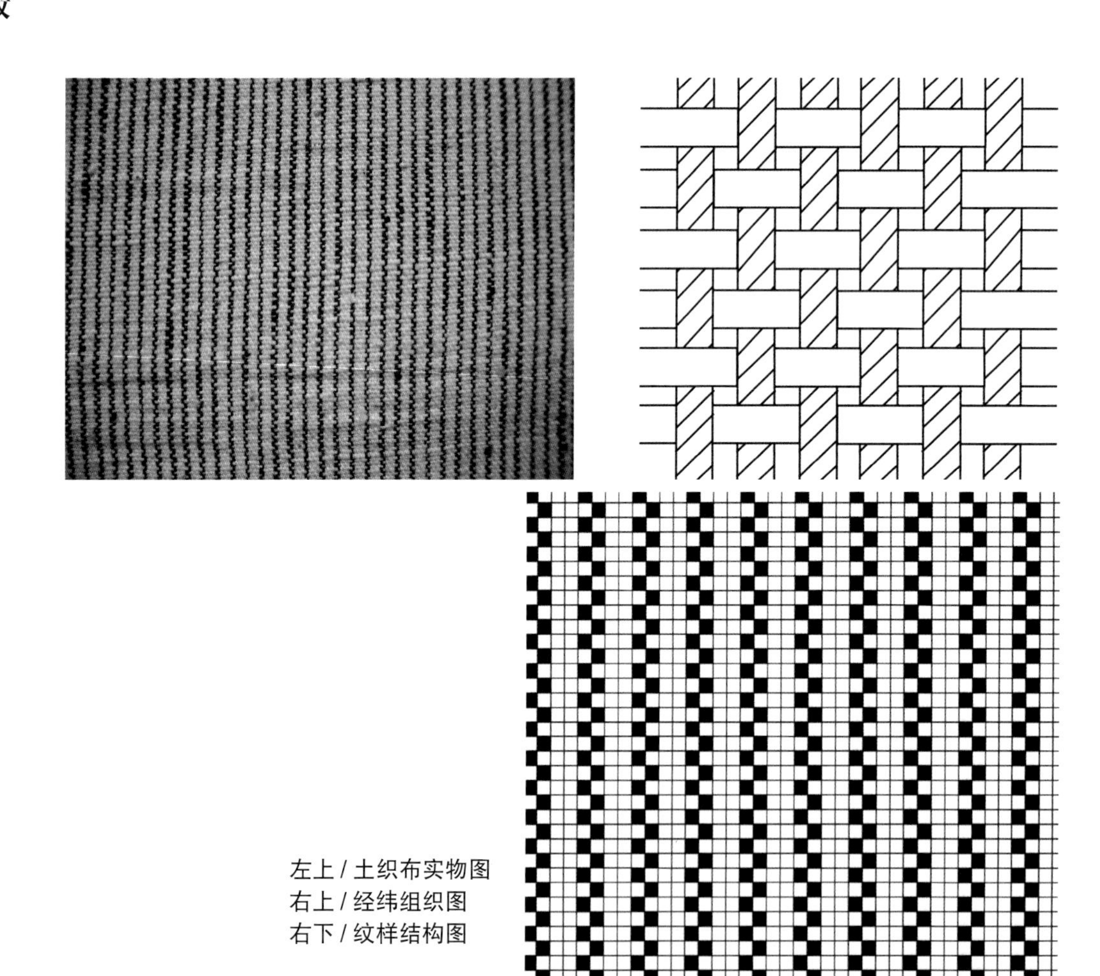

左上 / 土织布实物图
右上 / 经纬组织图
右下 / 纹样结构图

豆腐格纹

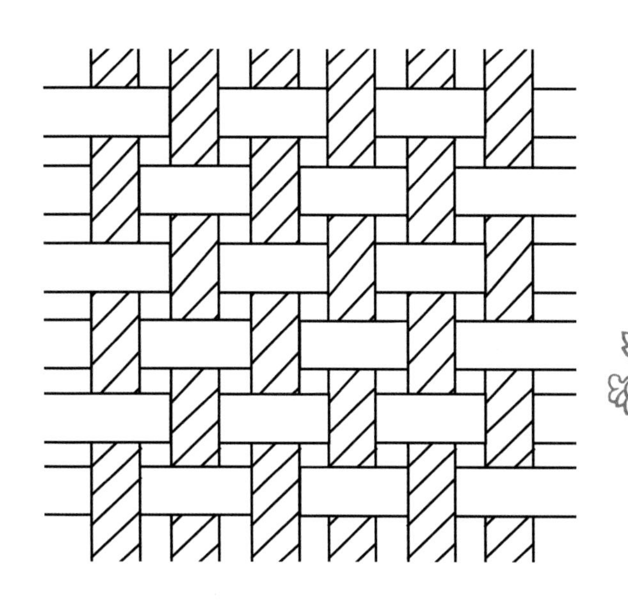

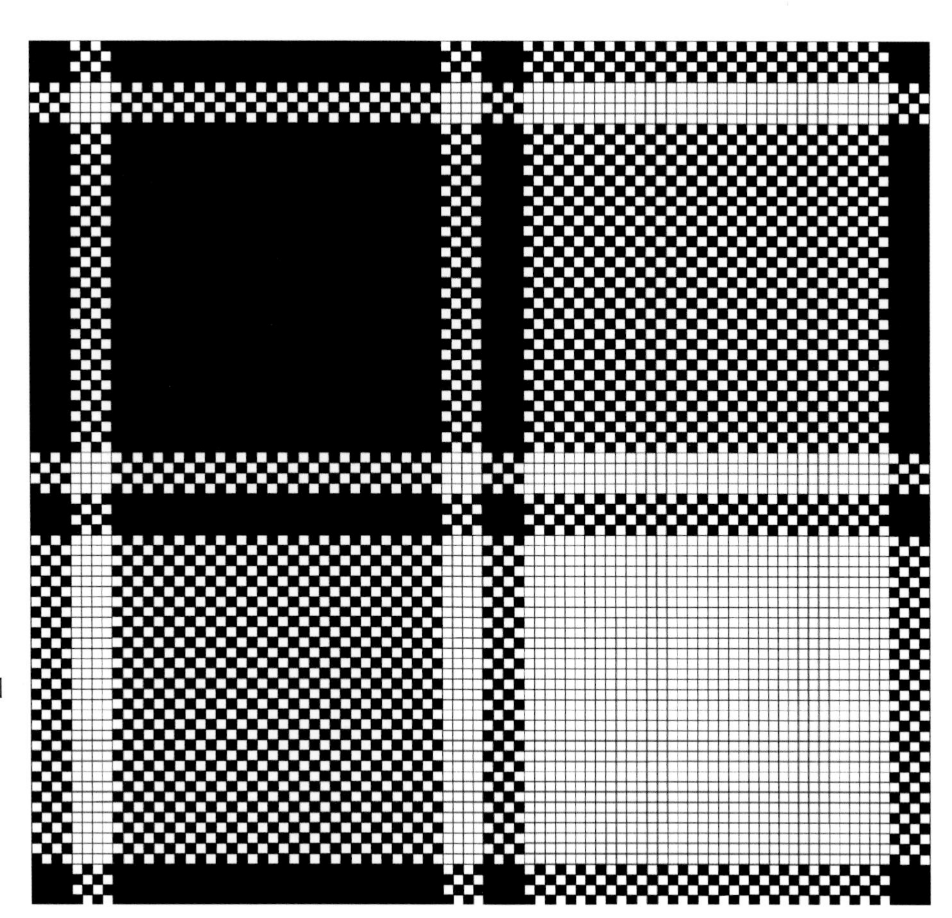

左上 / 土织布实物图
右上 / 经纬组织图
右下 / 纹样结构图

鱼鳞格纹

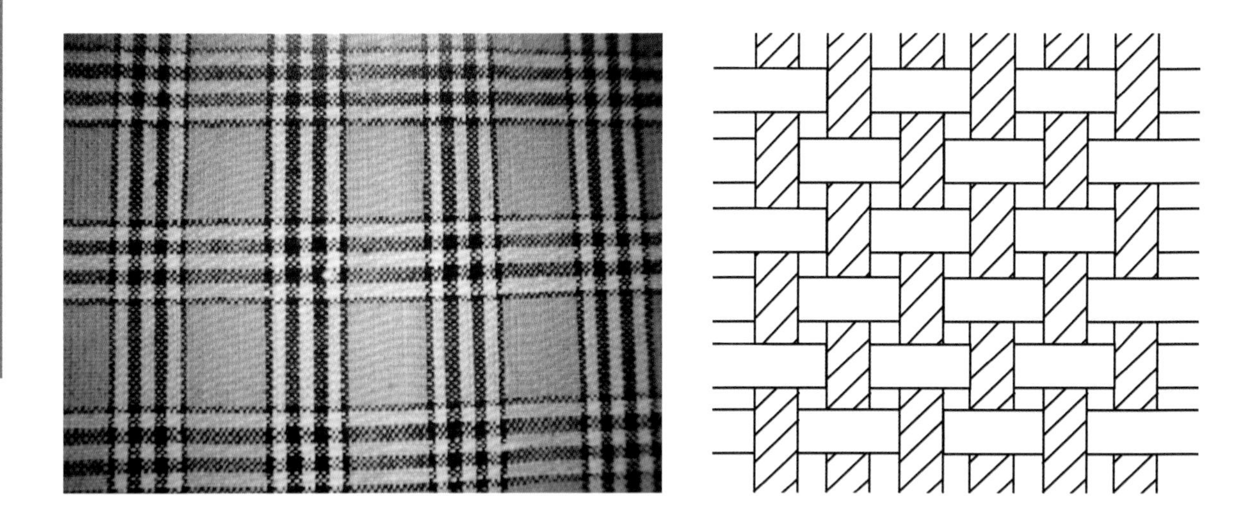

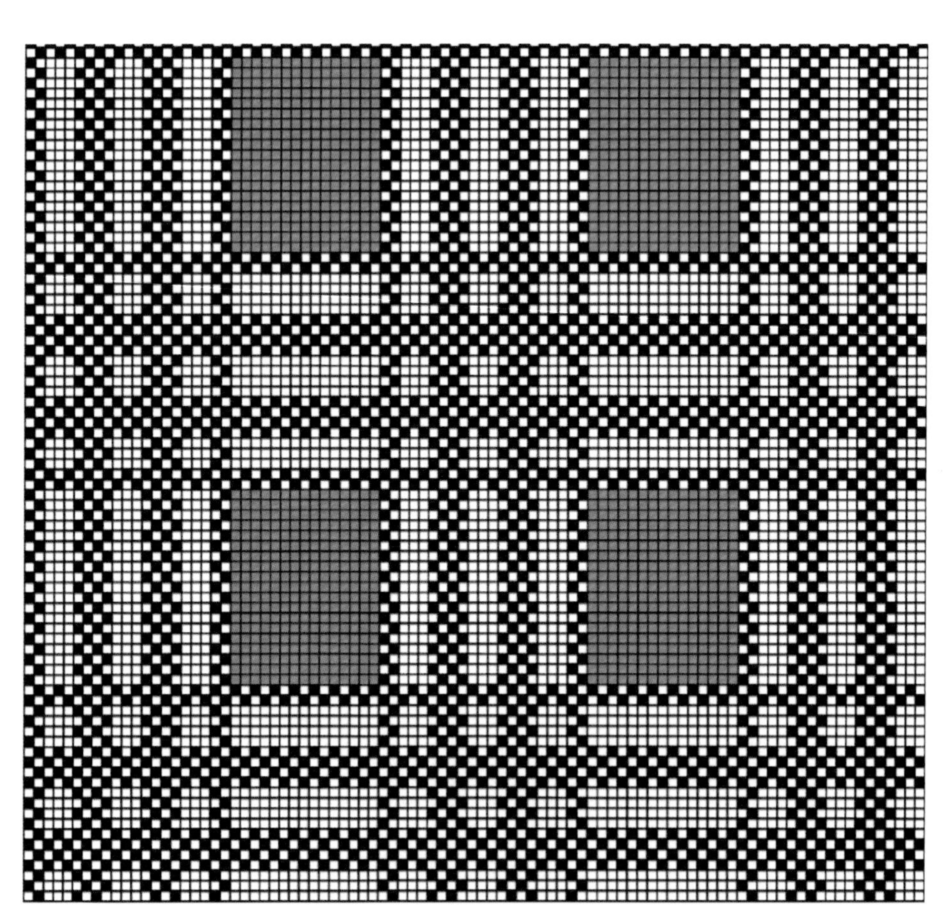

左上 / 土织布实物图
右上 / 经纬组织图
右下 / 纹样结构图

斜纹条格纹

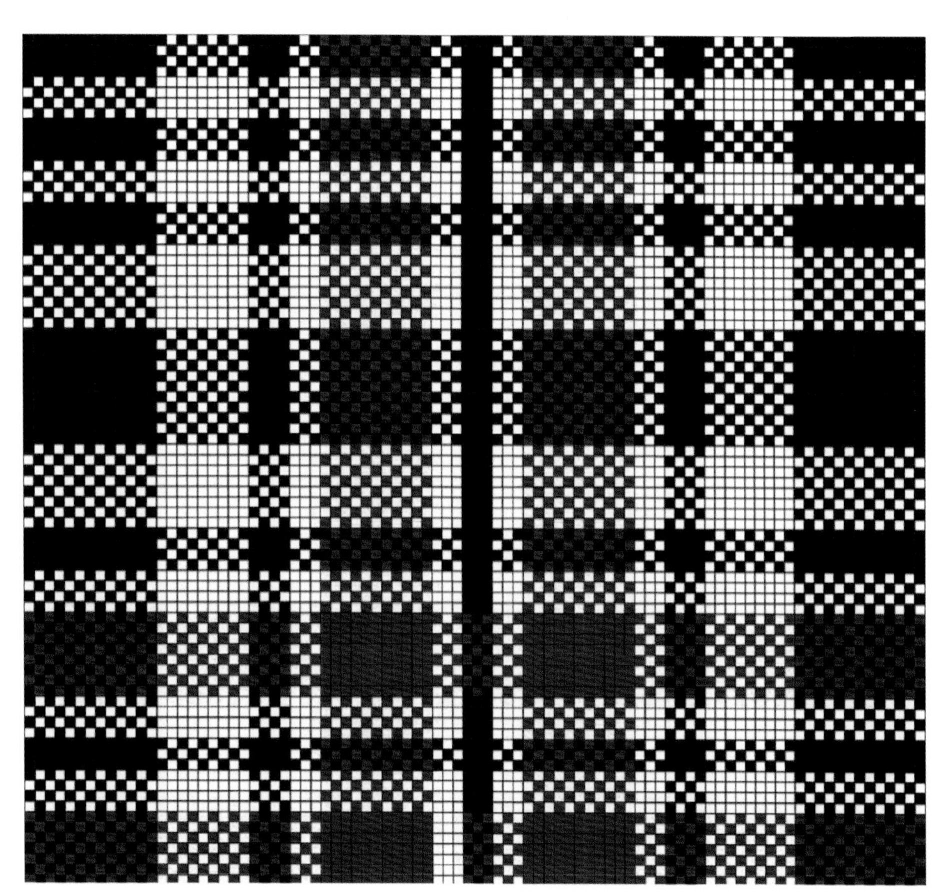

左上 / 土织布实物图
右上 / 经纬组织图
右下 / 纹样结构图

竹节纹

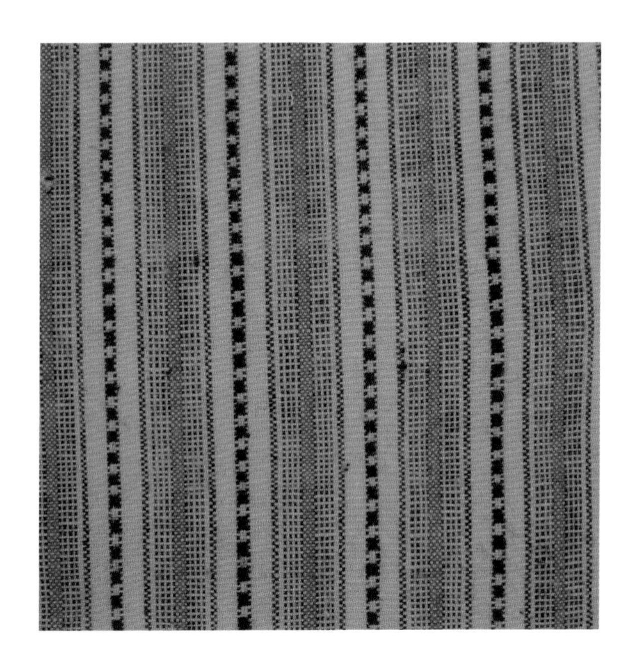

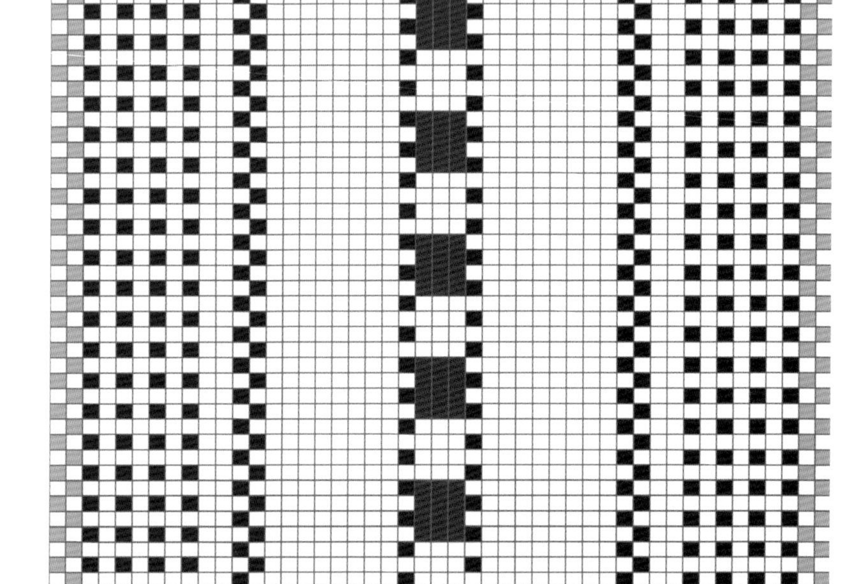

左上 / 土织布实物图
右上 / 经纬组织图
右下 / 纹样结构图

桂花纹

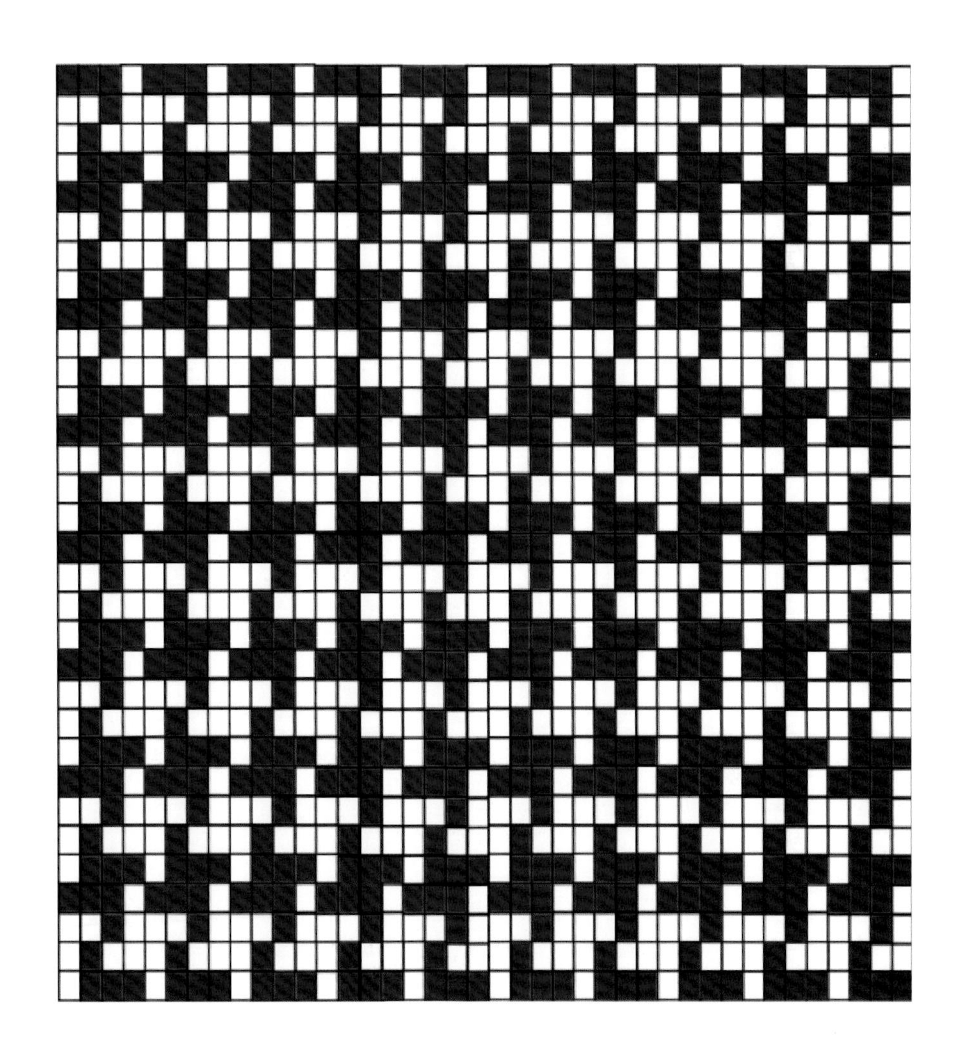

左上 / 土织布实物图
右上 / 经纬组织图
右下 / 纹样结构图

传统芦扉花纹 1

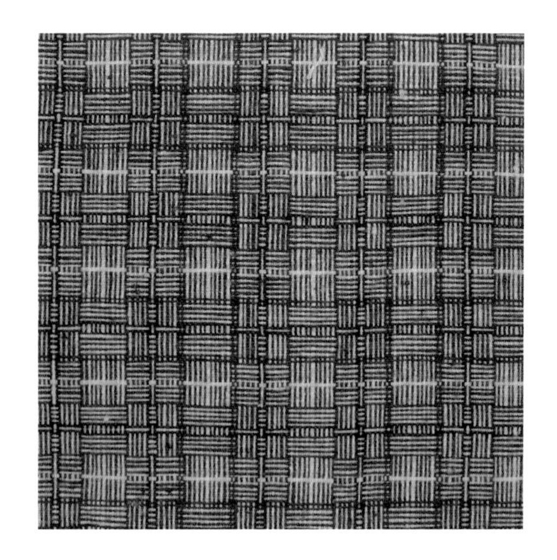

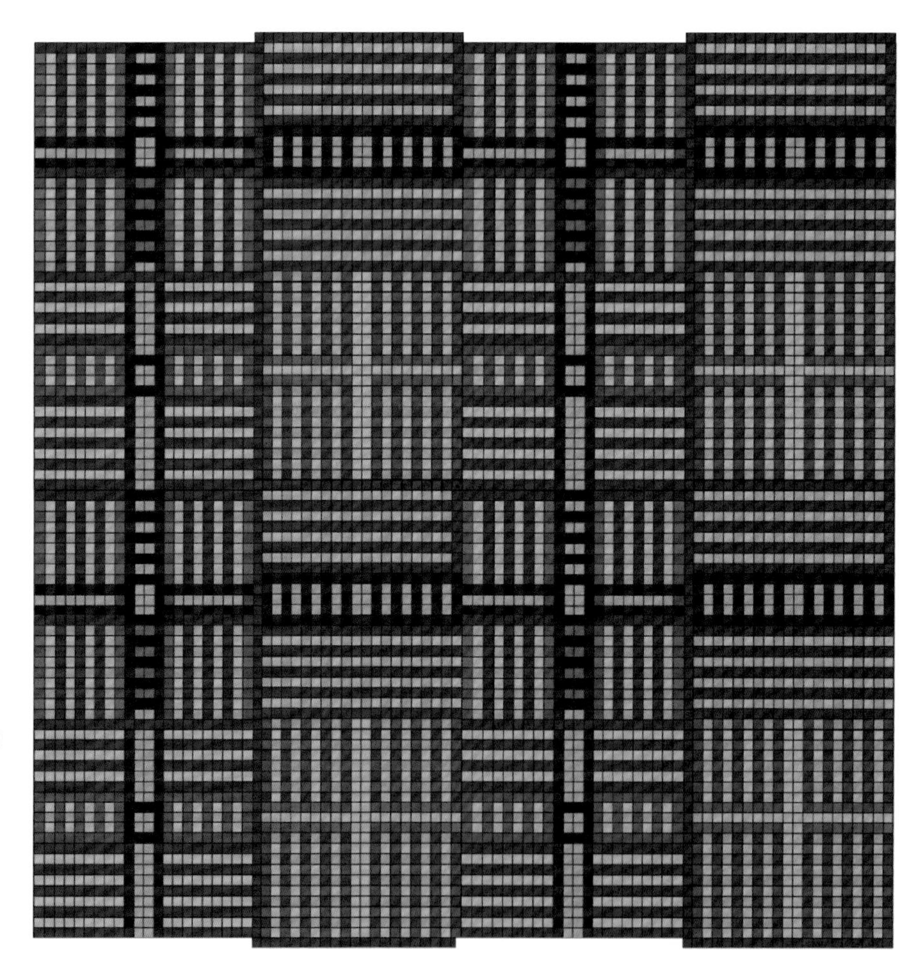

左上 / 土织布实物图
右上 / 经纬组织图
右下 / 纹样结构图

传统芦扉花纹 2

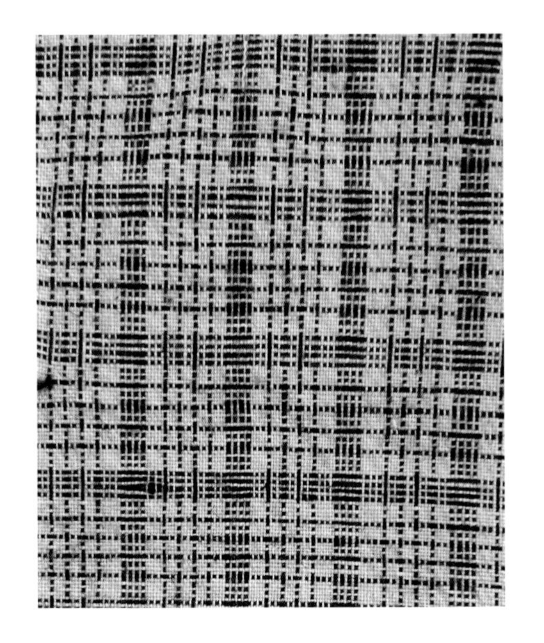

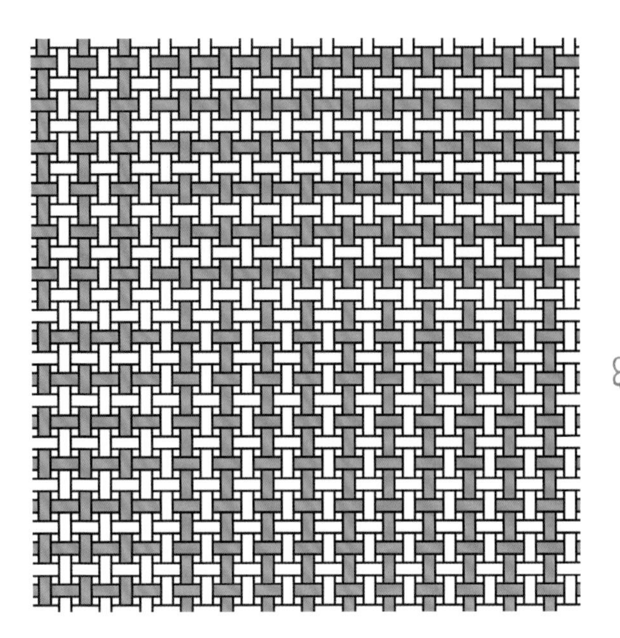

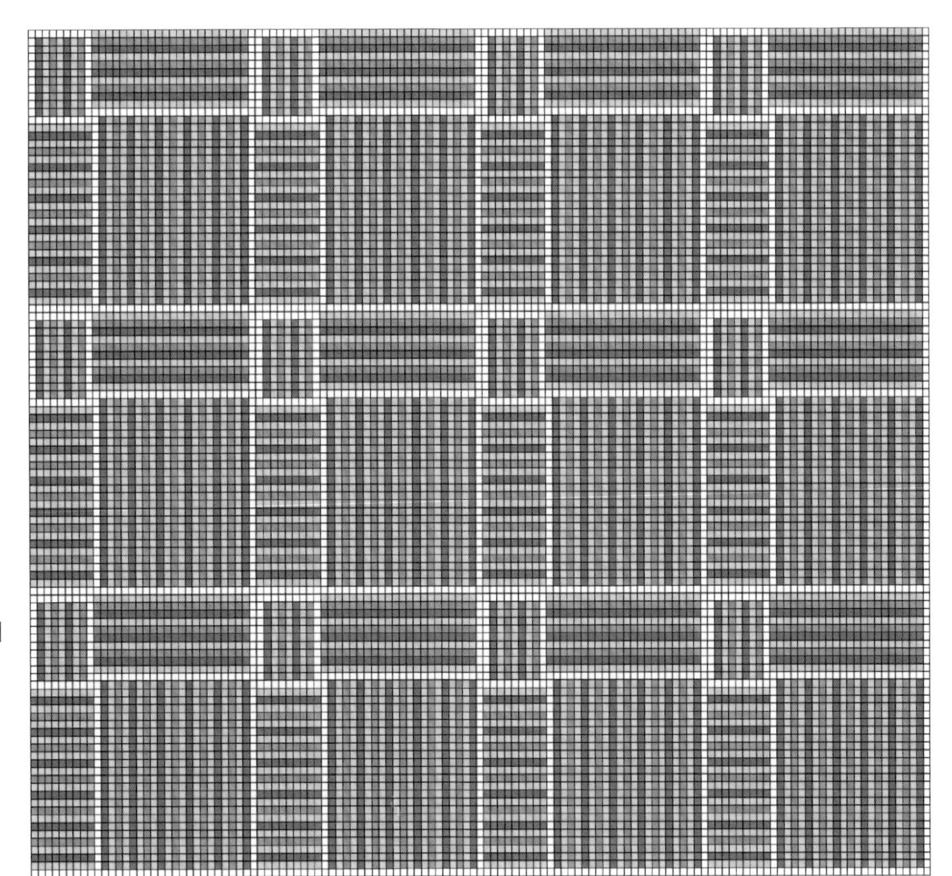

左上 / 土织布实物图
右上 / 经纬组织图
右下 / 纹样结构图

井字芦扉花纹

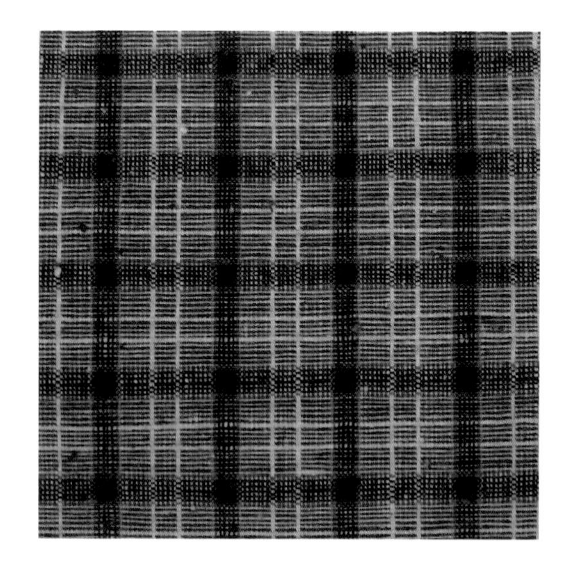

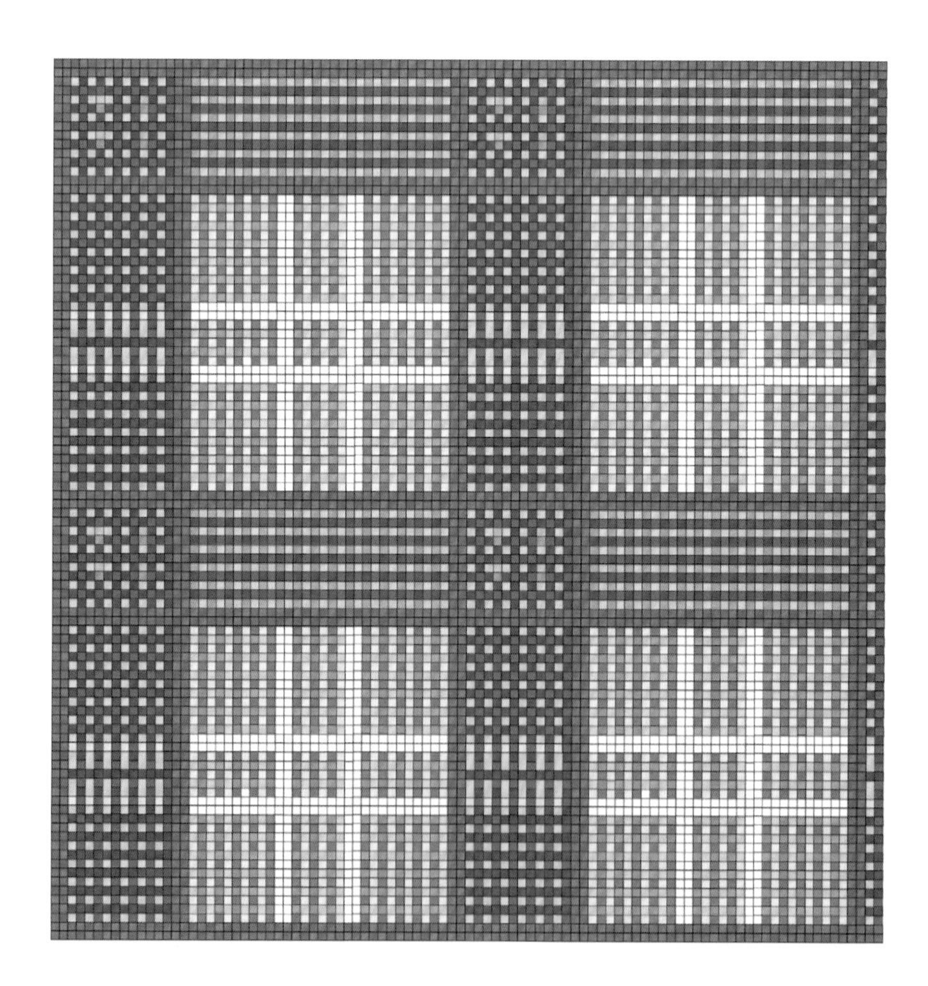

左上 / 土织布实物图
右上 / 经纬组织图
右下 / 纹样结构图

芦扉桂花格纹

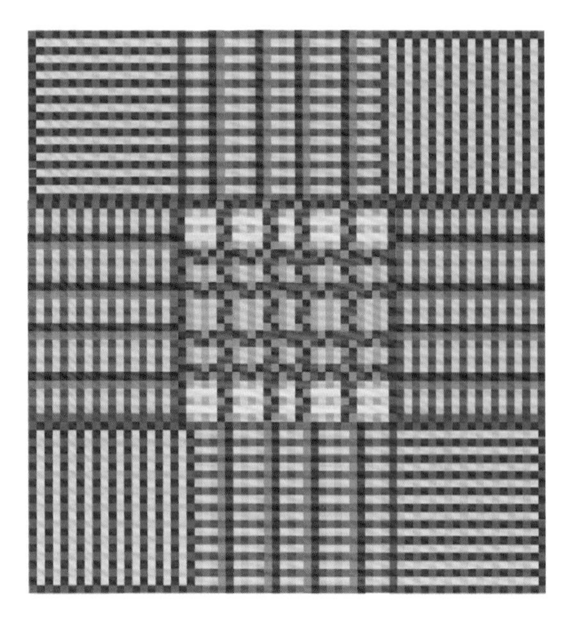

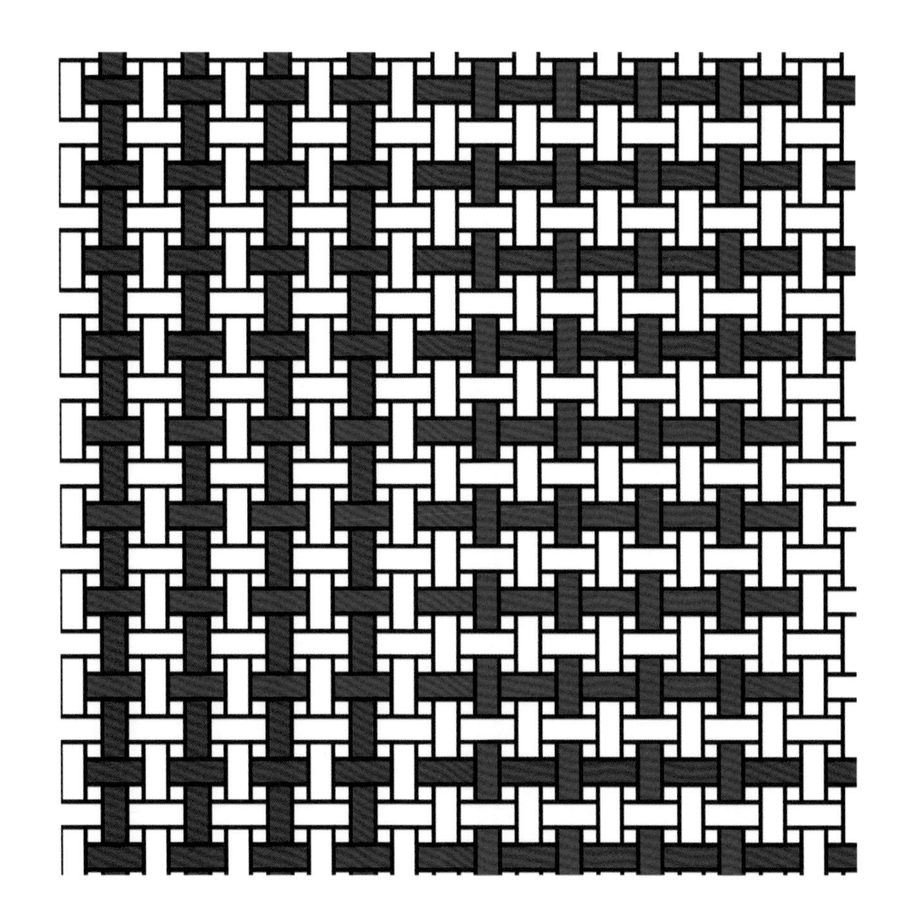

左上 / 土织布实物图
右下 / 纹样结构图
右上 / 经纬组织图

三根头芦纹

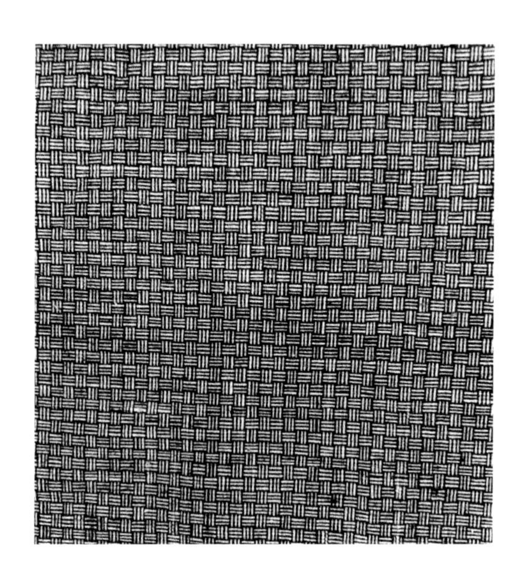

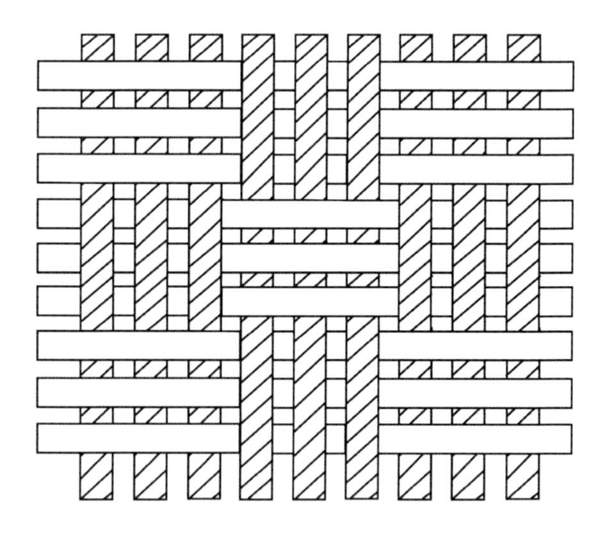

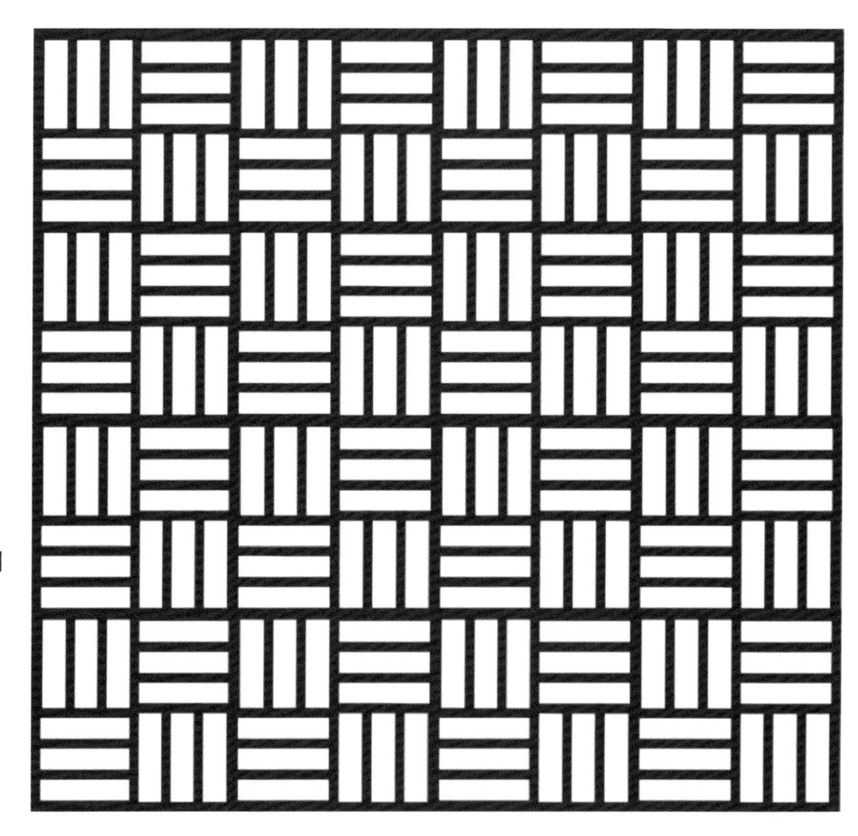

左上 / 土织布实物图
右上 / 经纬组织图
右下 / 纹样结构图

创新型芦扉花纹 1

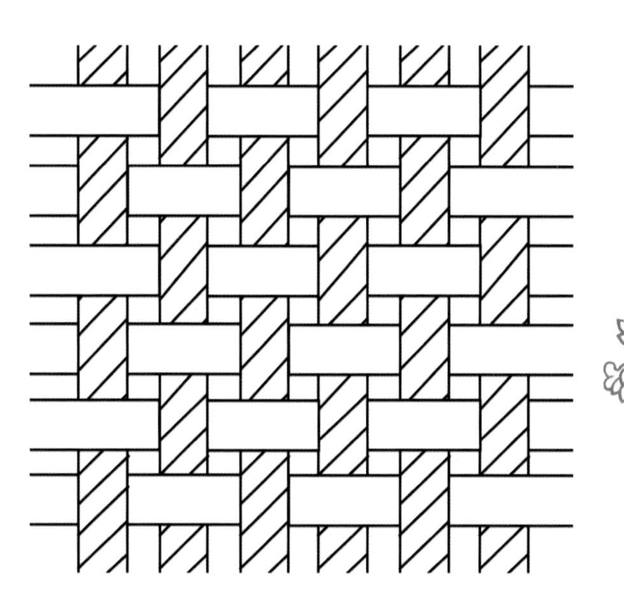

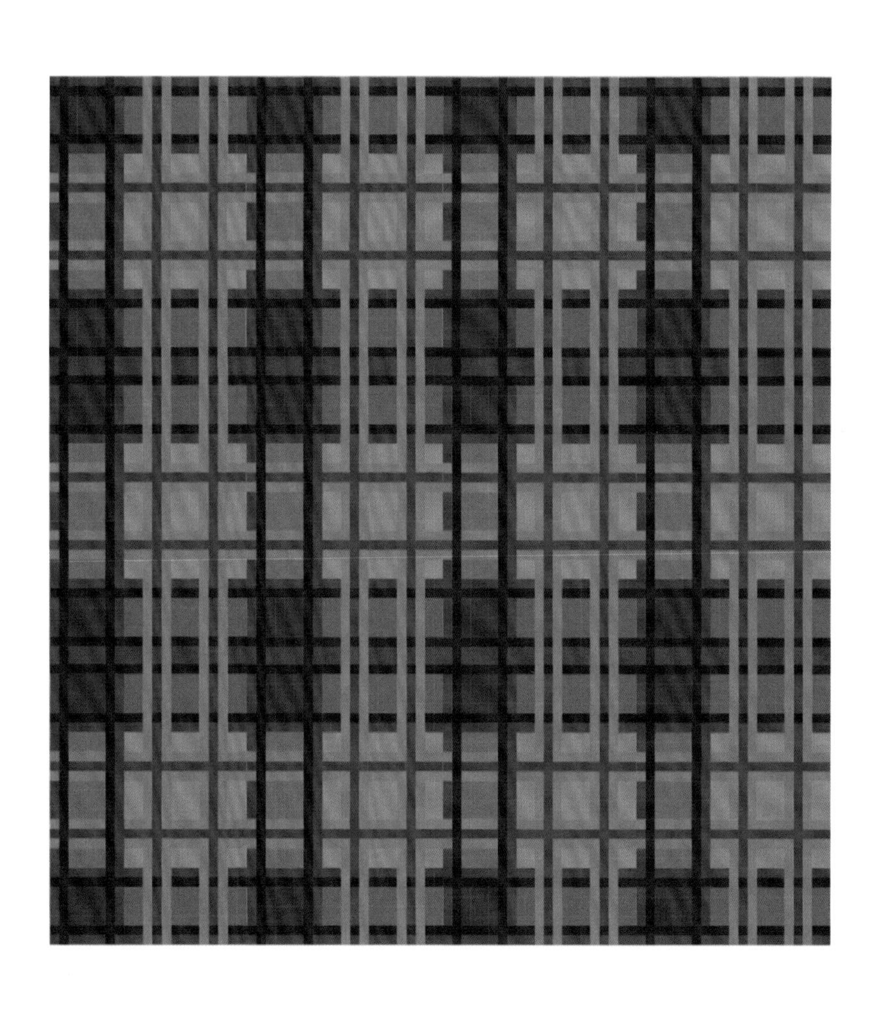

左上 / 土织布实物图
右上 / 经纬组织图
右下 / 纹样结构图

创新型芦扉花纹 2

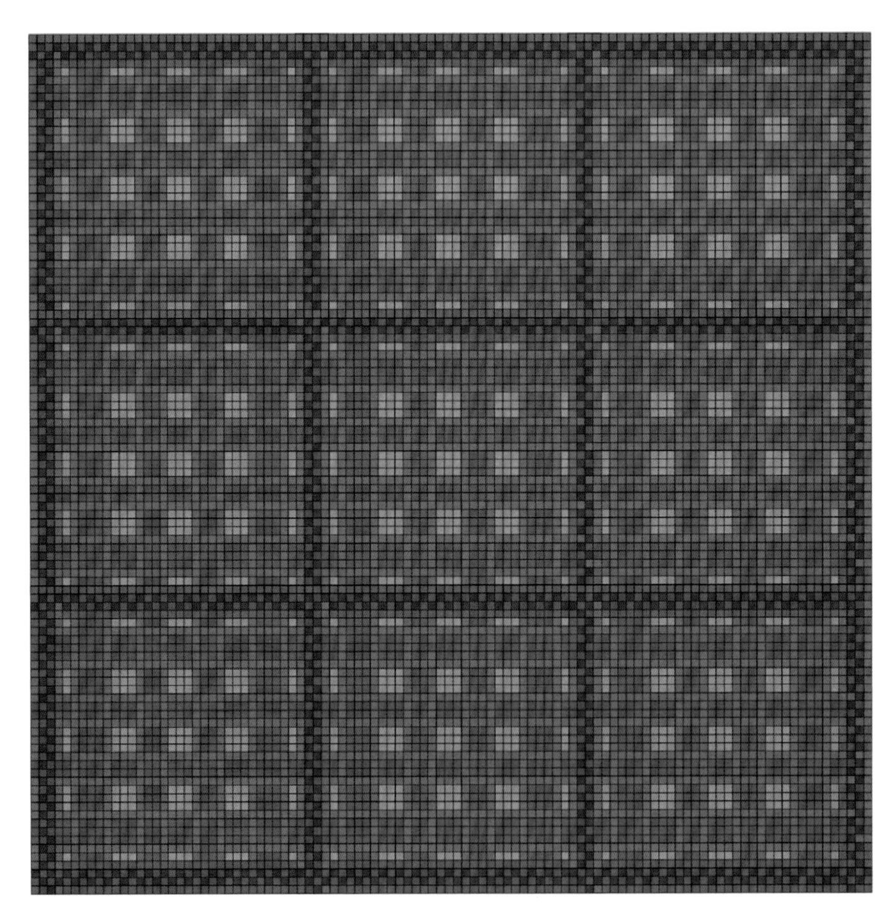

左上 / 土织布实物图
右上 / 经纬组织图
右下 / 纹样结构图

吉祥纹样 1

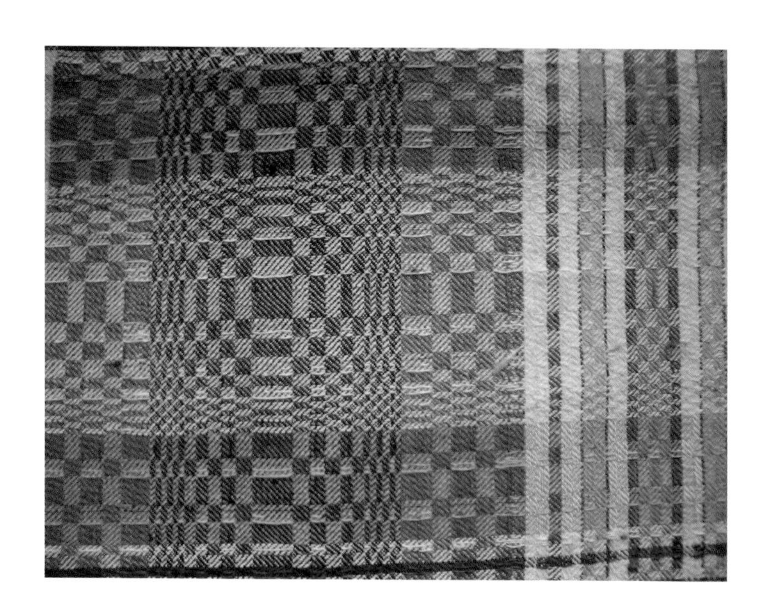

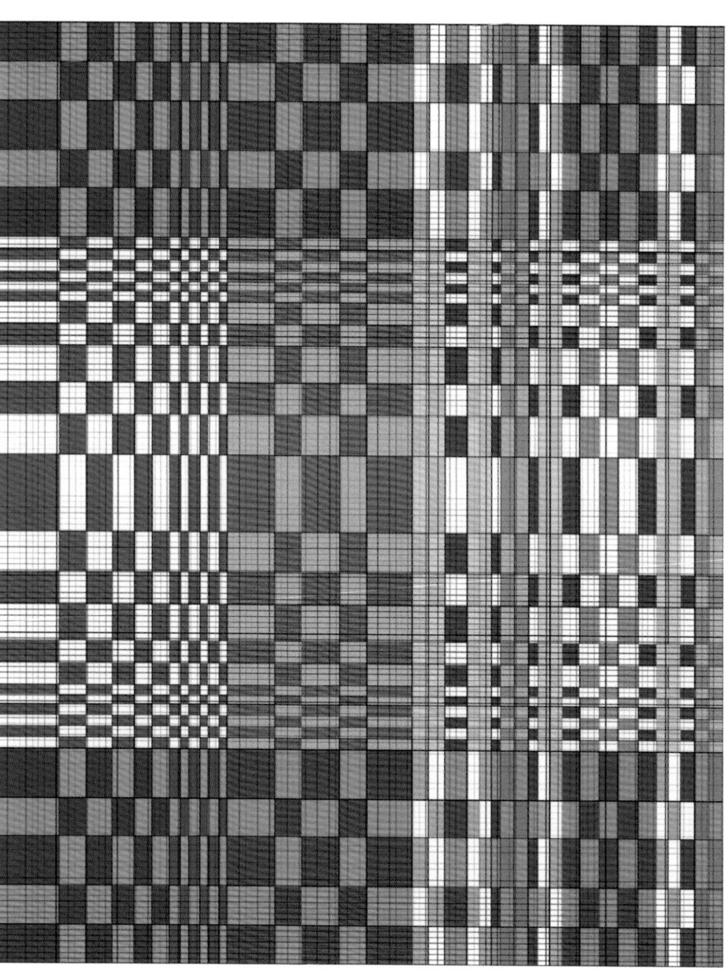

左上 / 土织布实物图
右下 / 纹样结构图

吉祥纹样 2

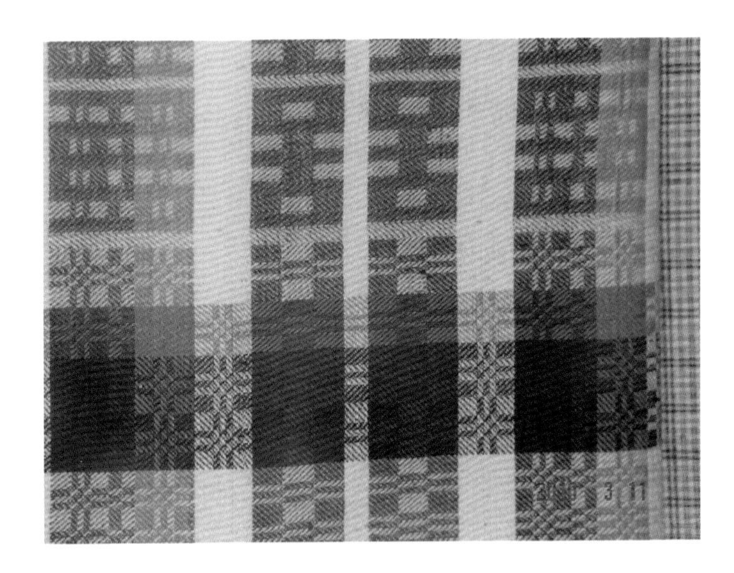

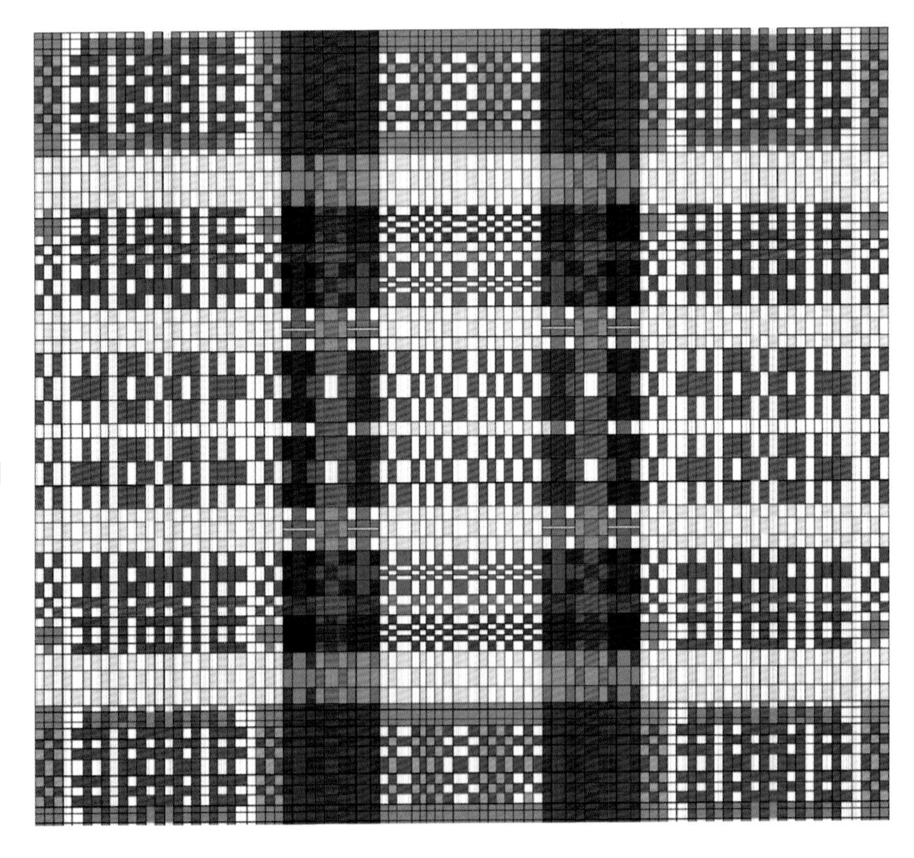

上 / 土织布实物图
下 / 纹样结构图

吉祥纹样3

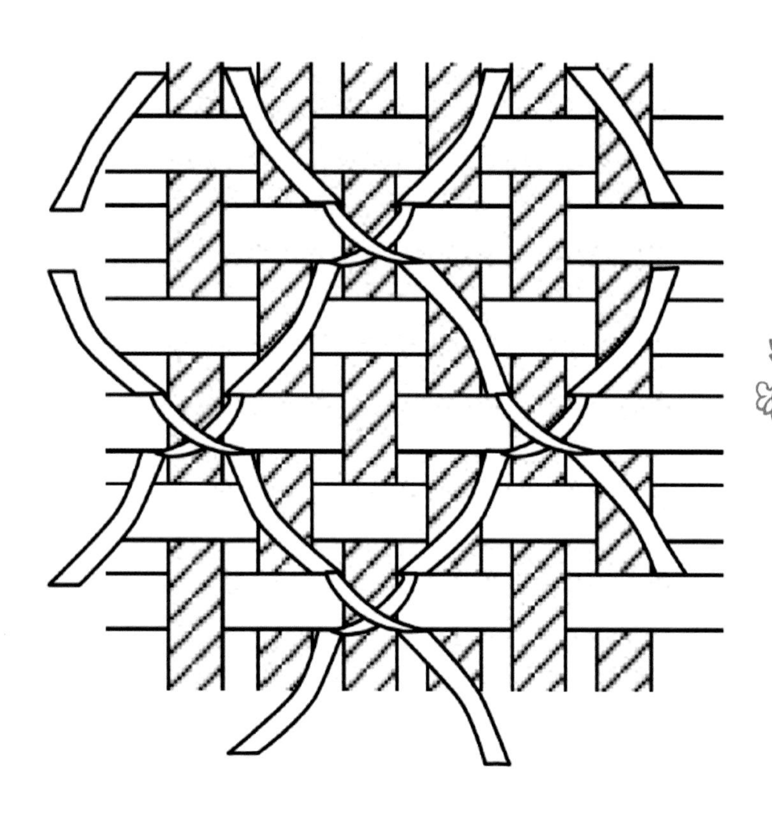

上 / 经纬组织图
下 / 纹样结构图

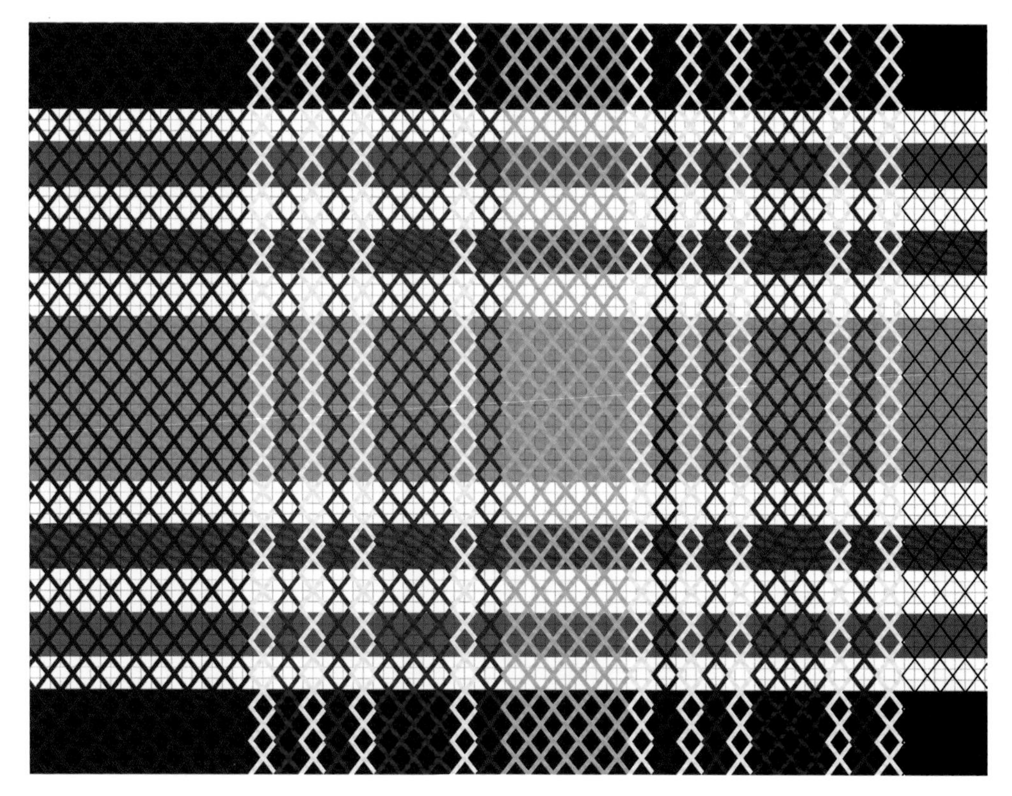

条格纹（民国时期）

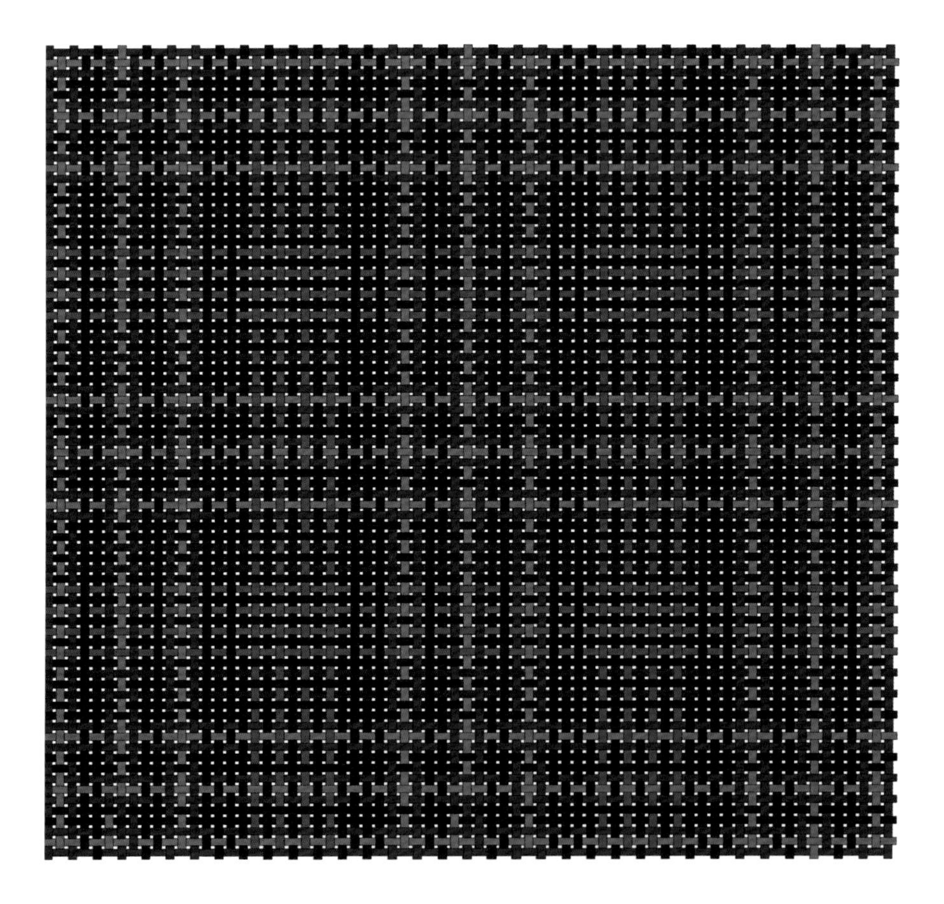

上 / 经纬组织图
下 / 纹样结构图

竖条纹（民国时期）

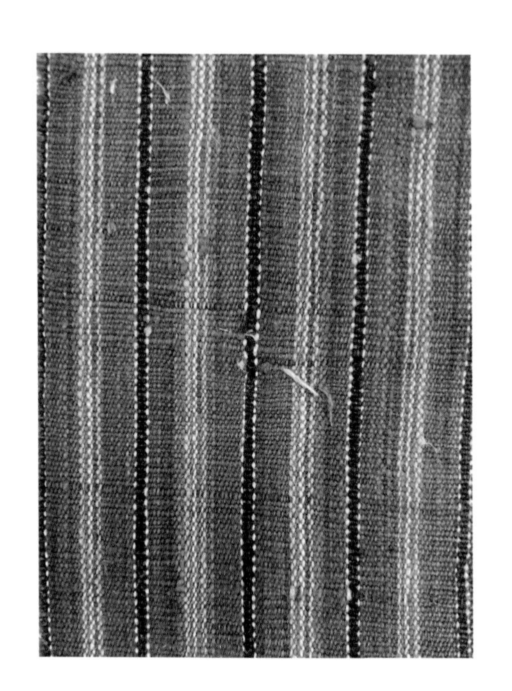

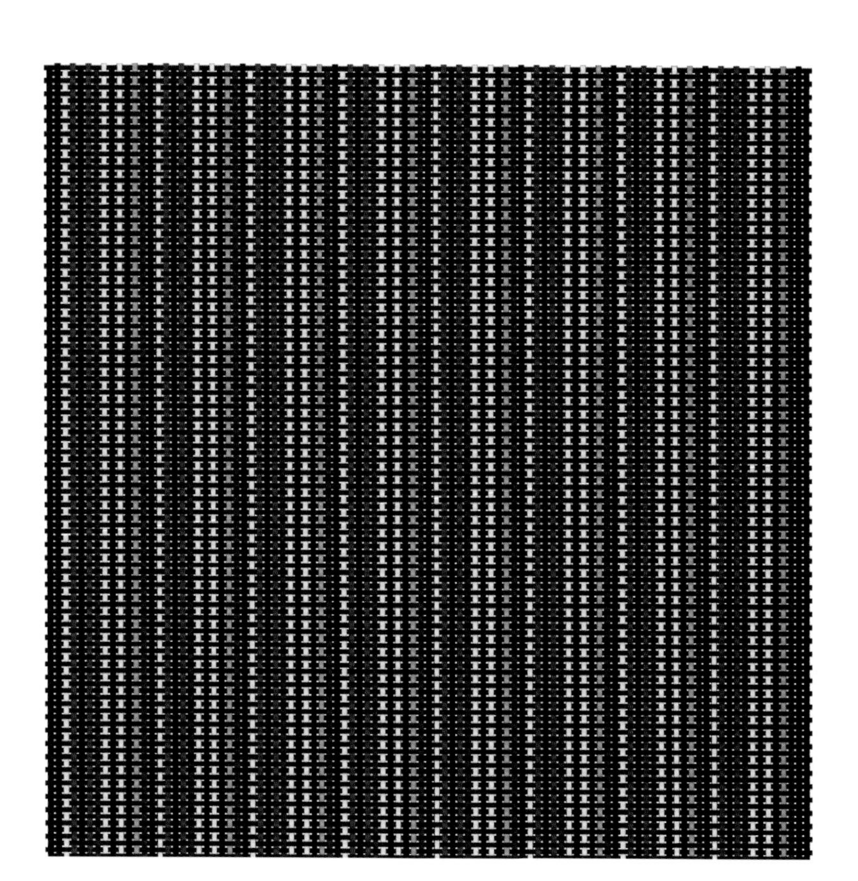

左上 / 土织布实物图
右上 / 经纬组织图
右下 / 纹样结构图

棋花纹 1

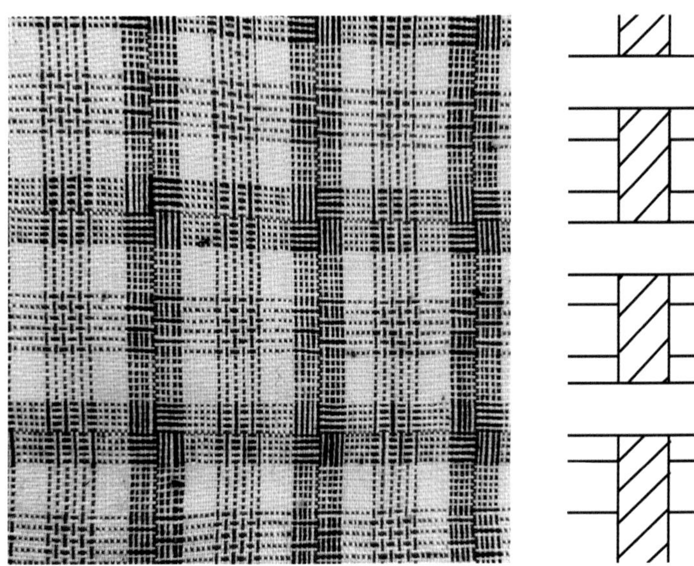

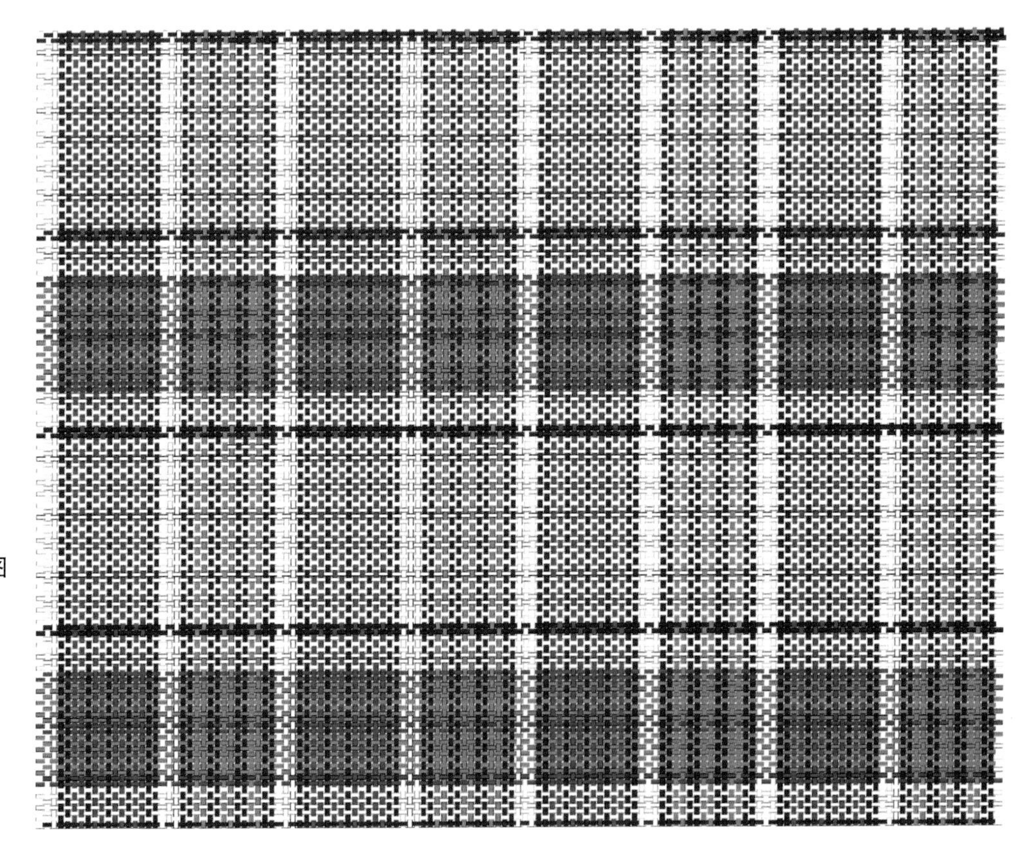

左上 / 土织布实物图
右上 / 经纬组织图
右下 / 纹样结构图

棋花纹 2

左上 / 土织布实物图
右上 / 经纬组织图
右下 / 纹样结构图

棋花纹 3

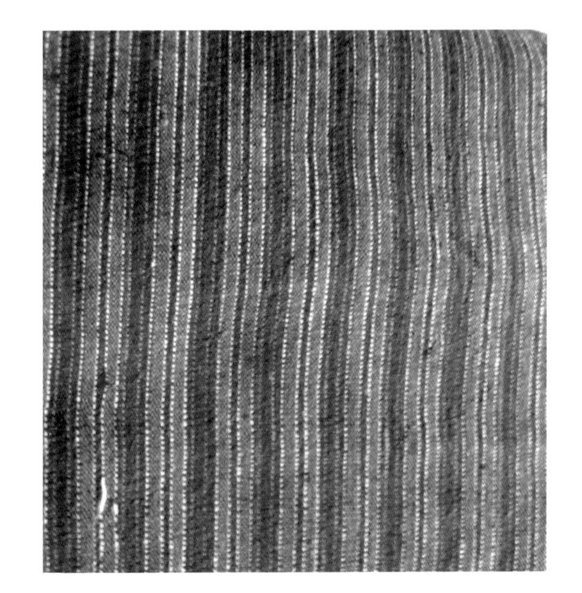

左上 / 土织布实物图
右上 / 经纬组织图
右下 / 纹样结构图

苏州药斑纹

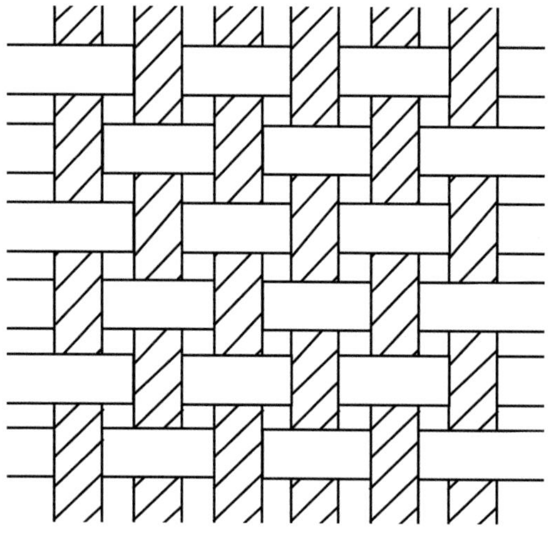

左上 / 土织布实物图
右上 / 经纬组织图
右下 / 纹样结构图

织锦

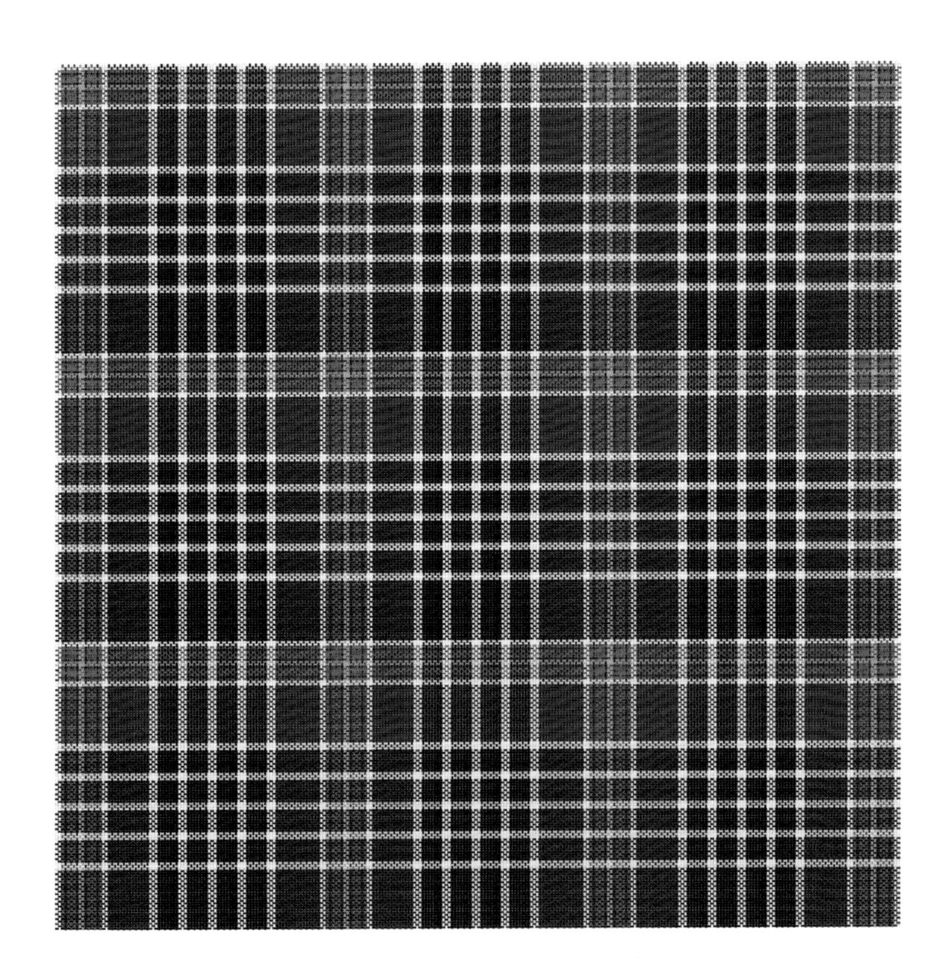

上 / 经纬组织图
下 / 纹样结构图

柳条纹

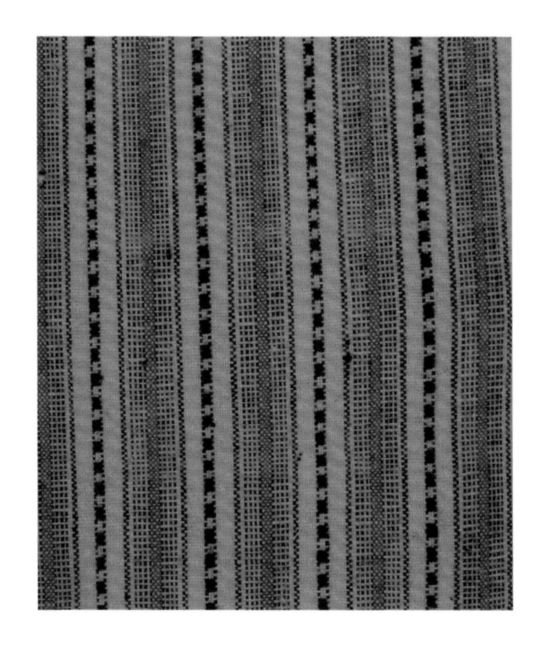

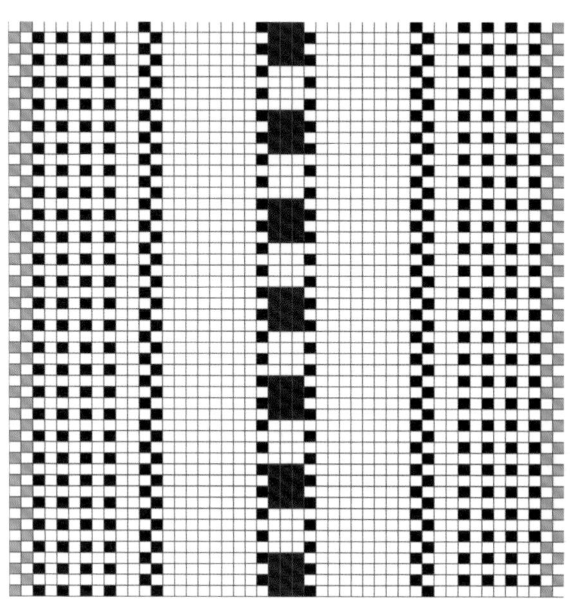

左上 / 土织布实物图
右下 / 纹样结构图
右上 / 经纬组织图

米通纹

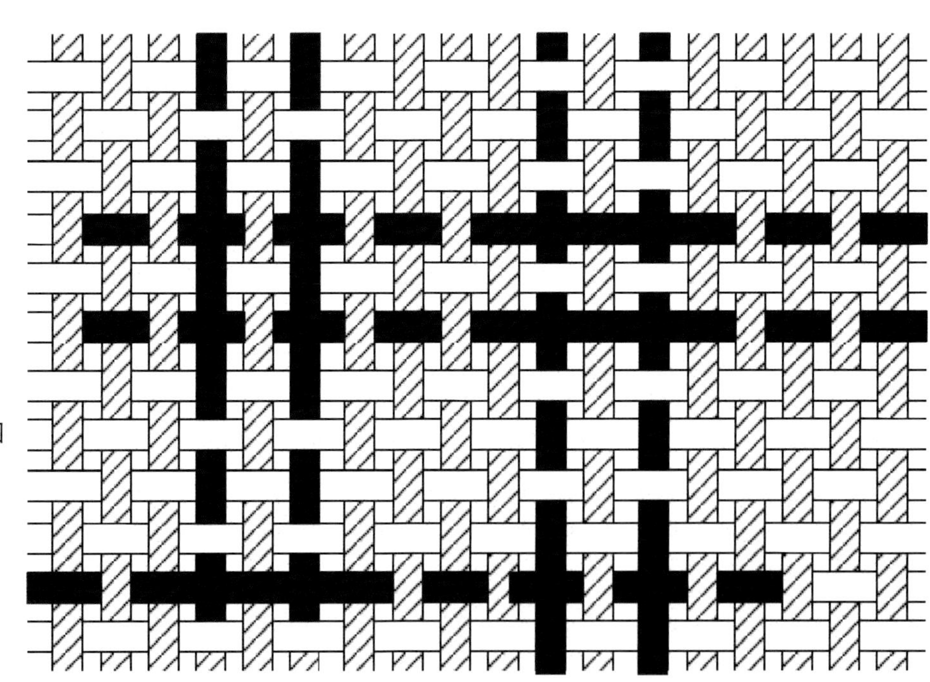

左上 / 土织布实物图
右上 / 纹样结构图
右下 / 经纬组织图

井字纹

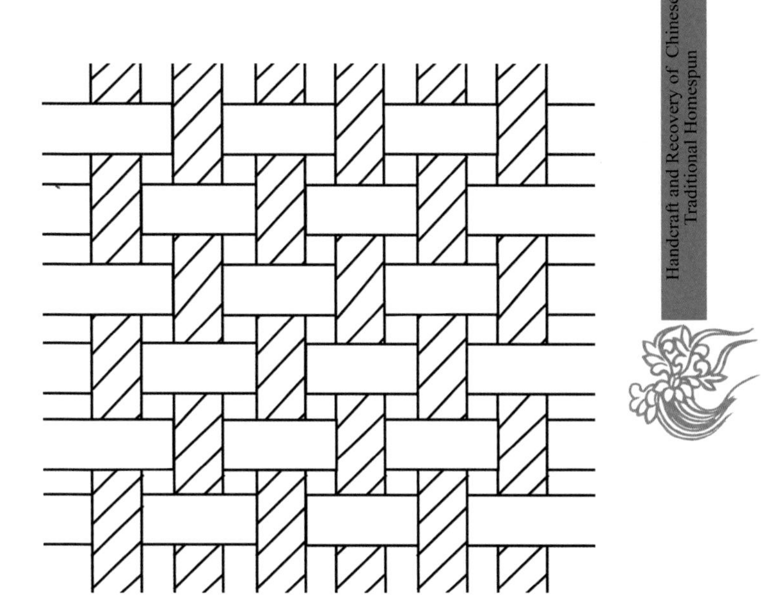

上 / 经纬组织图
下 / 纹样结构图

棋盘纹

左上 / 土织布实物图
右上 / 经纬组织图
右下 / 纹样结构图

梯子纹

左上 / 土织布实物图
右上 / 经纬组织图
右下 / 纹样结构图

碗架方纹

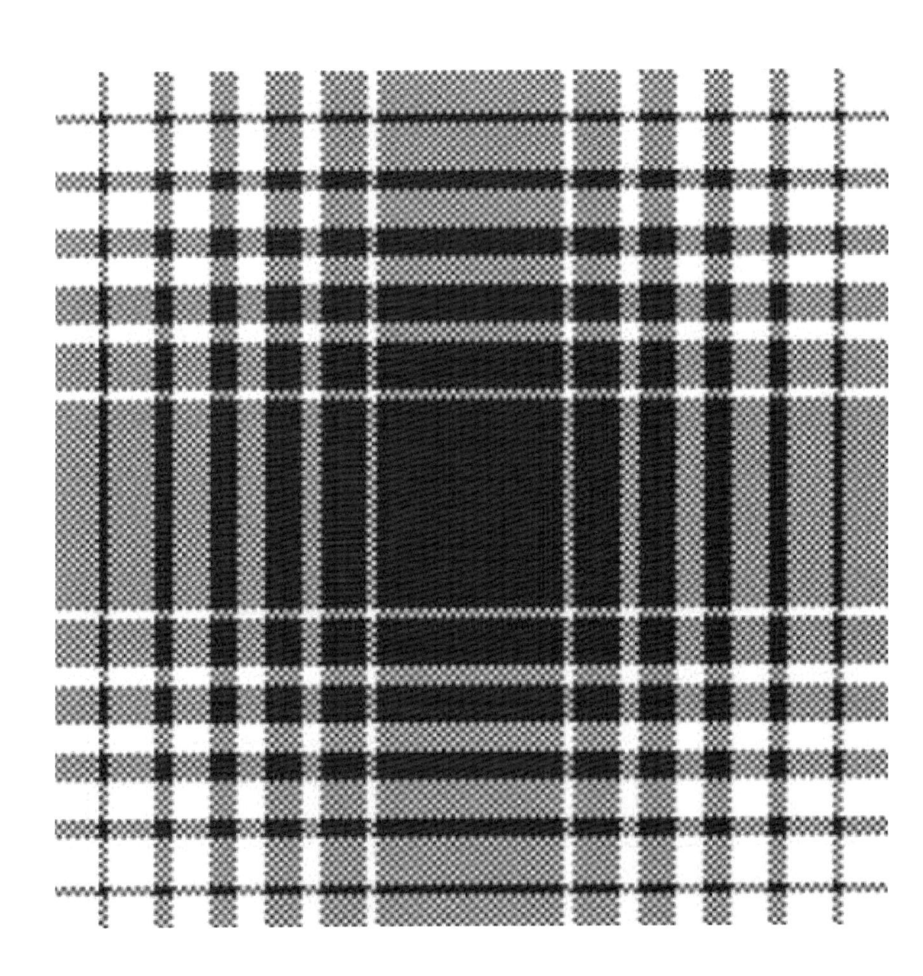

左上 / 土织布实物图
右上 / 经纬组织图
右下 / 纹样结构图

电线纹

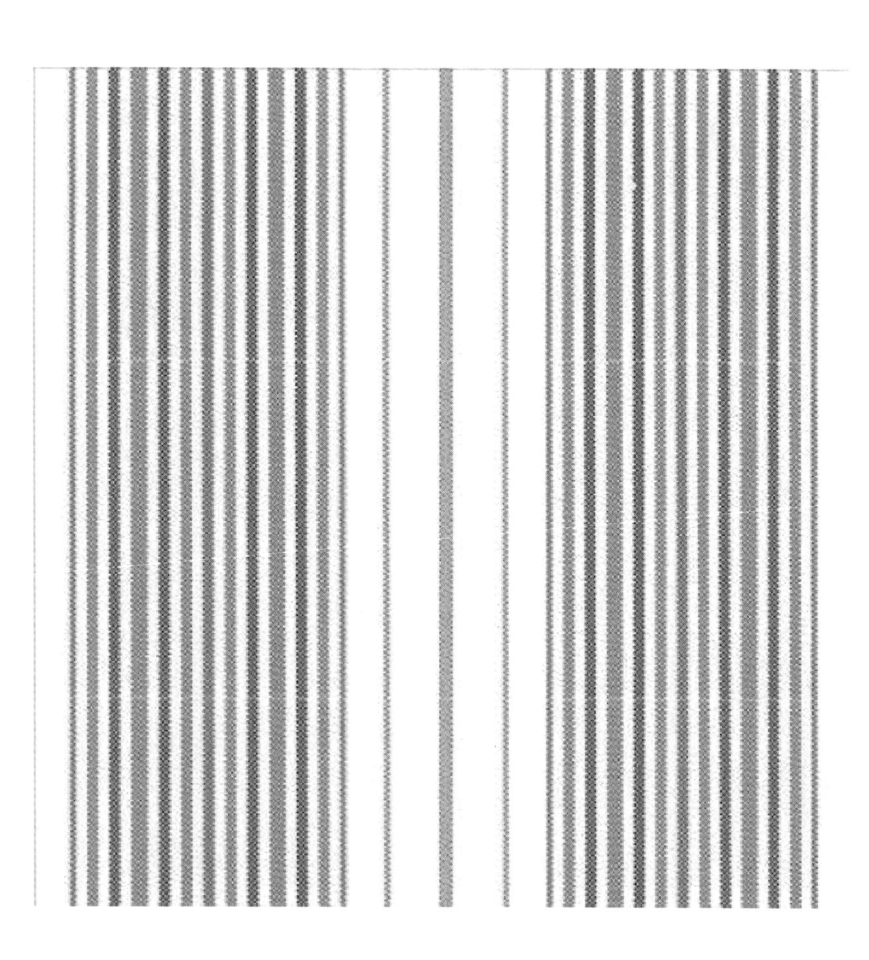

上 / 经纬组织图
下 / 纹样结构图

阴阳格子纹

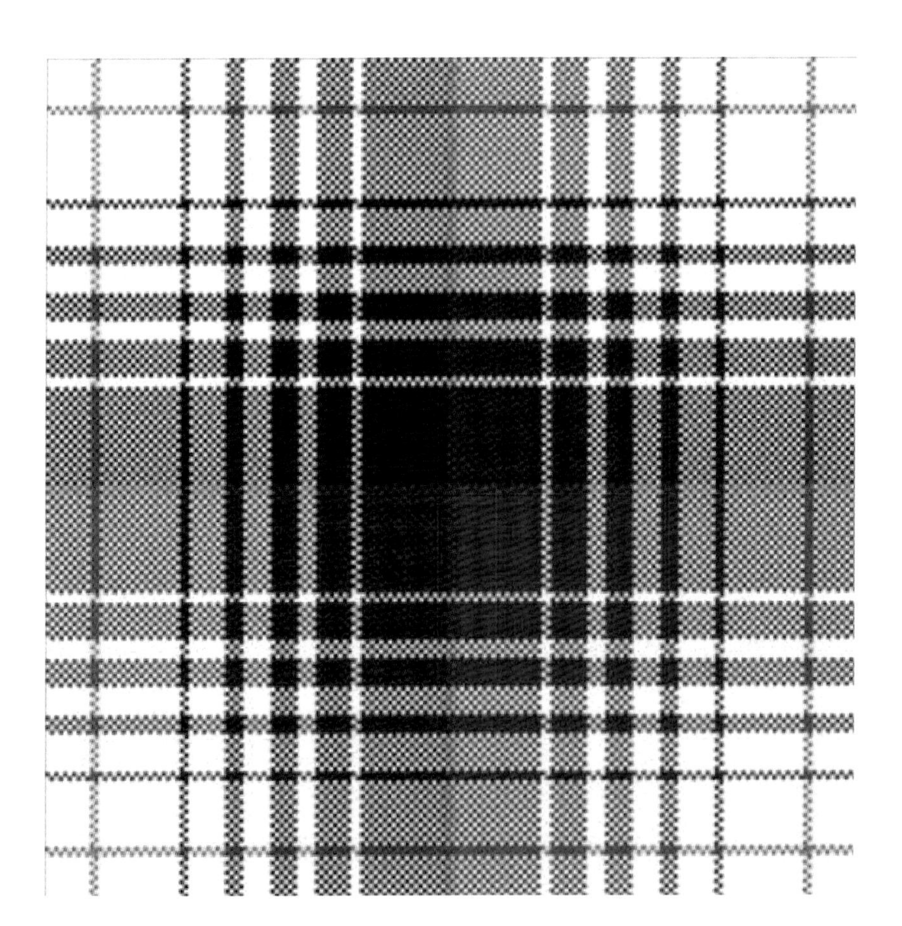

上 / 经纬组织图
下 / 纹样结构图

一面脸纹

左上 / 土织布实物图
右上 / 经纬组织图
右下 / 纹样结构图

秤星纹

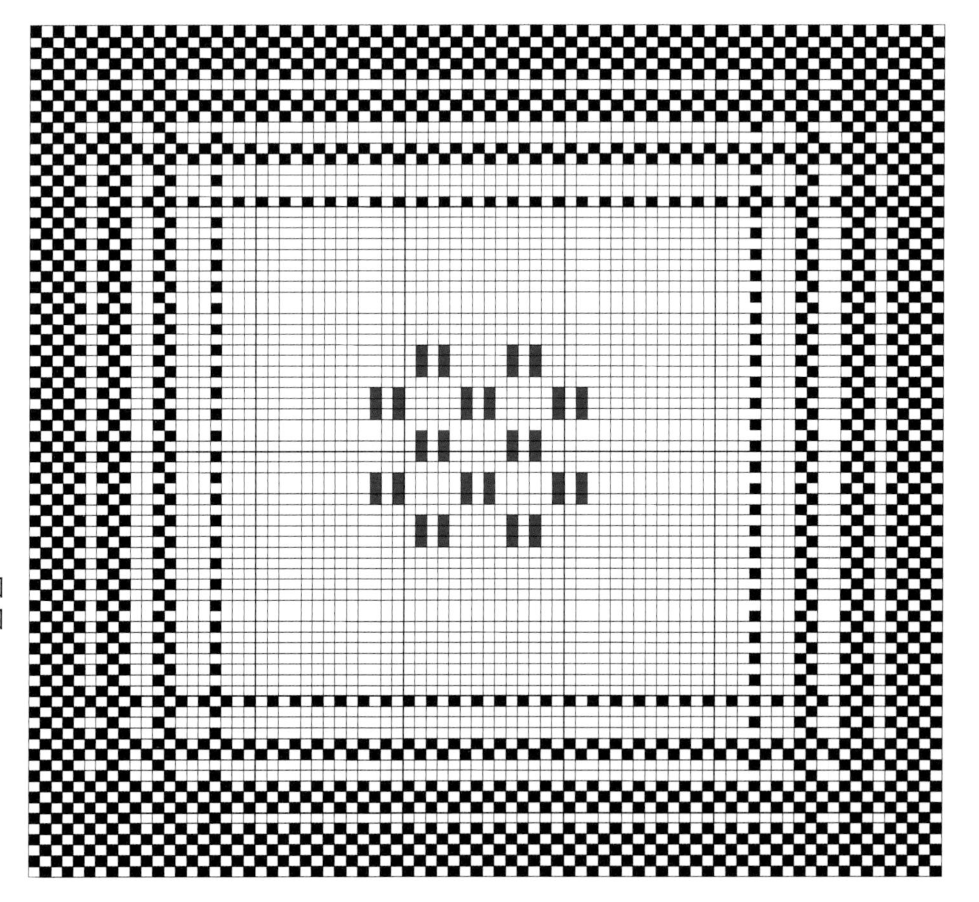

上 / 经纬组织图
下 / 纹样结构图

条纹 1

左上 / 土织布实物图
右上 / 经纬组织图
右下 / 纹样结构图

条纹 2

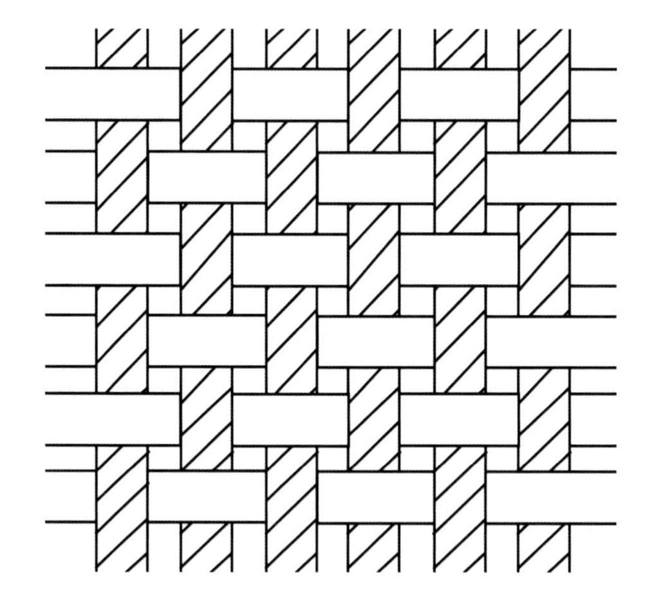

上 / 经纬组织图
下 / 纹样结构图

格纹

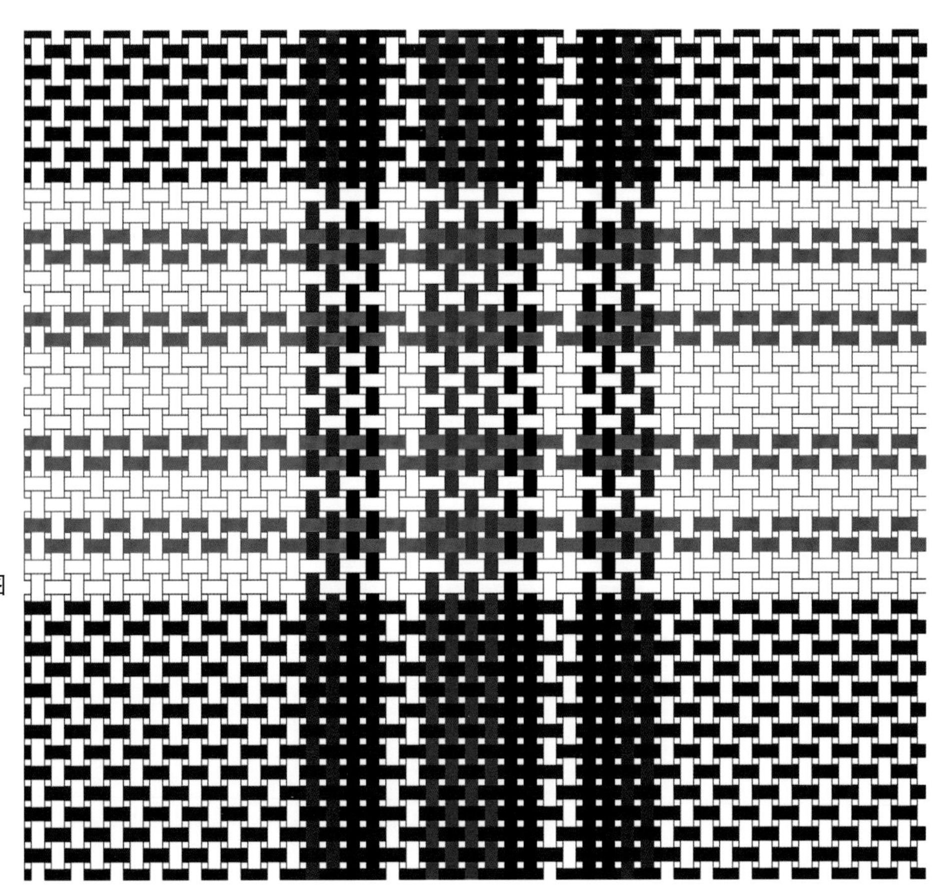

左上 / 土织布实物图
右上 / 经纬组织图
右下 / 纹样结构图

提花织物

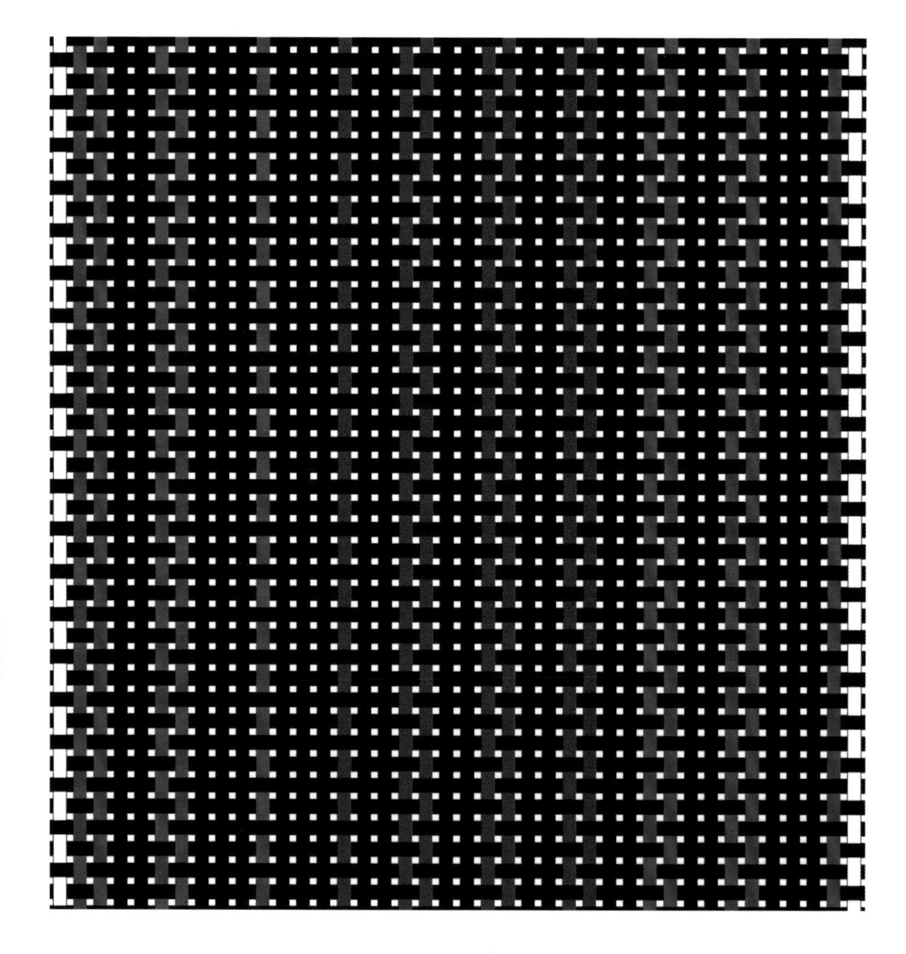

上 / 经纬组织图
下 / 纹样结构图

第二节·邯郸地区土织布纹样图谱

桃花纹

上 / 土织布实物图
下 / 纹样结构图

条纹

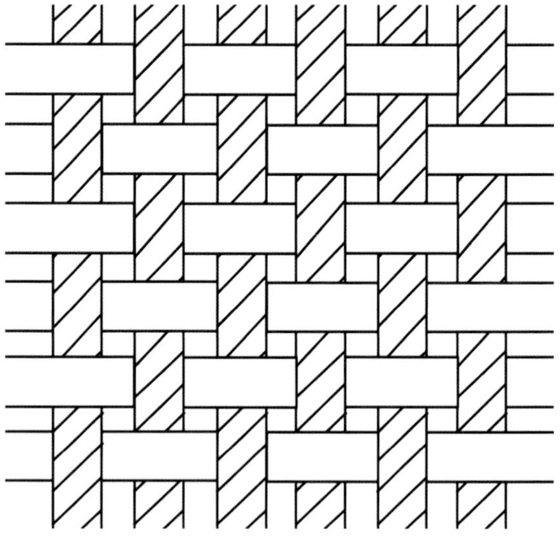

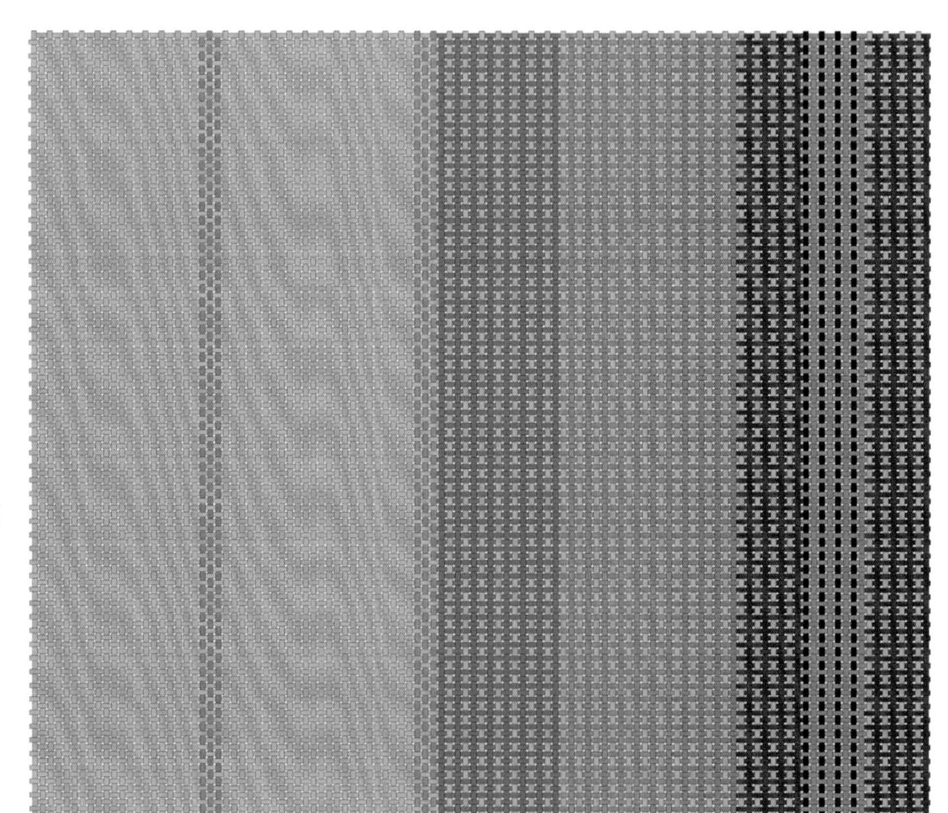

左上 / 土织布实物图
右上 / 经纬组织图
右下 / 纹样结构图

方格纹 1

左上 / 土织布实物图
右上 / 经纬组织图
右下 / 纹样结构图

方格纹 2

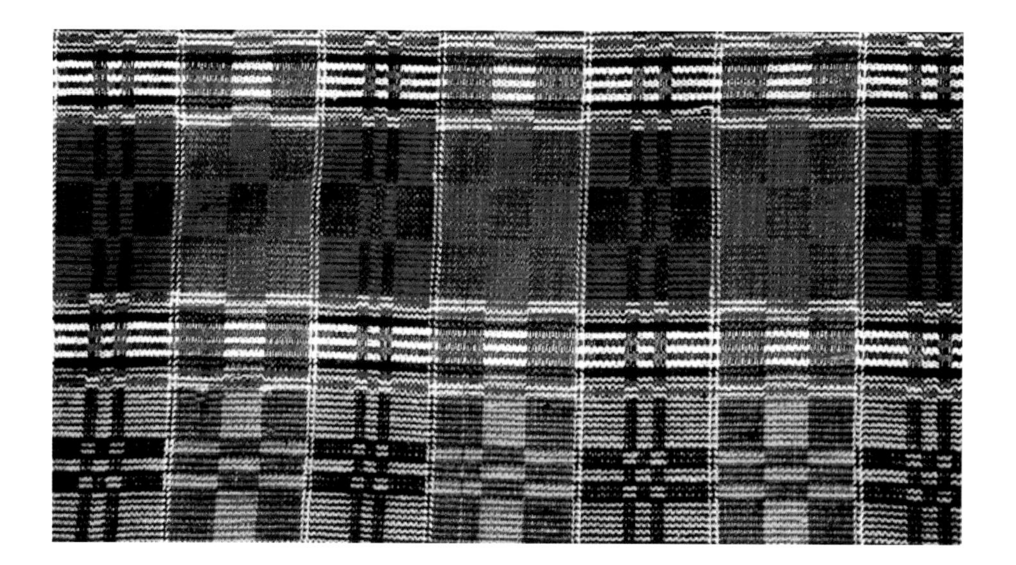

上 / 土织布实物图
下 / 经纬组织图

苏联开花

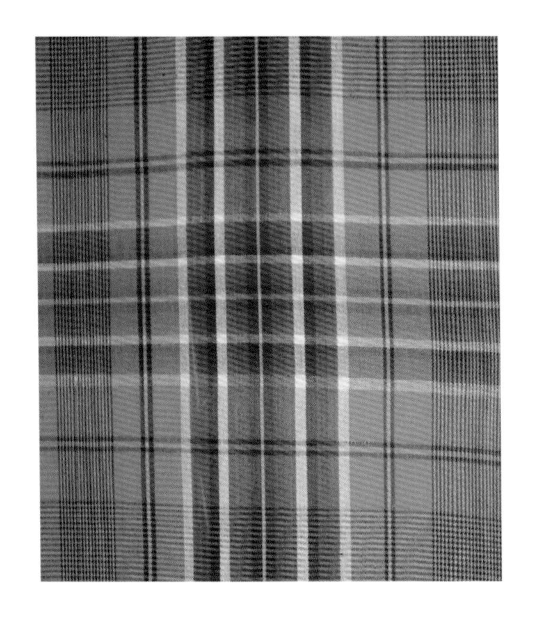

左上 / 土织布实物图
右上 / 经纬组织图
右下 / 纹样结构图

倒石榴

左上 / 土织布实物图
右上 / 经纬组织图
右下 / 纹样结构图

斗纹

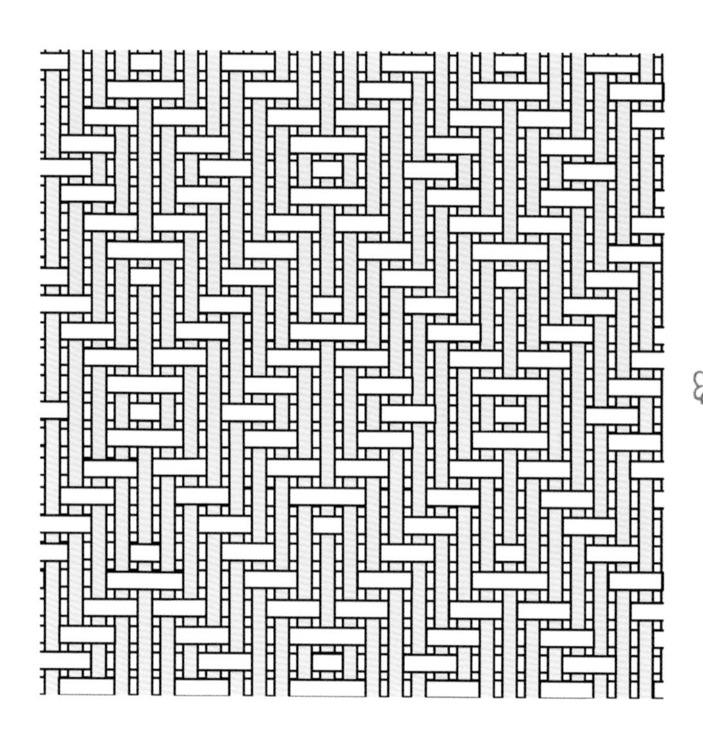

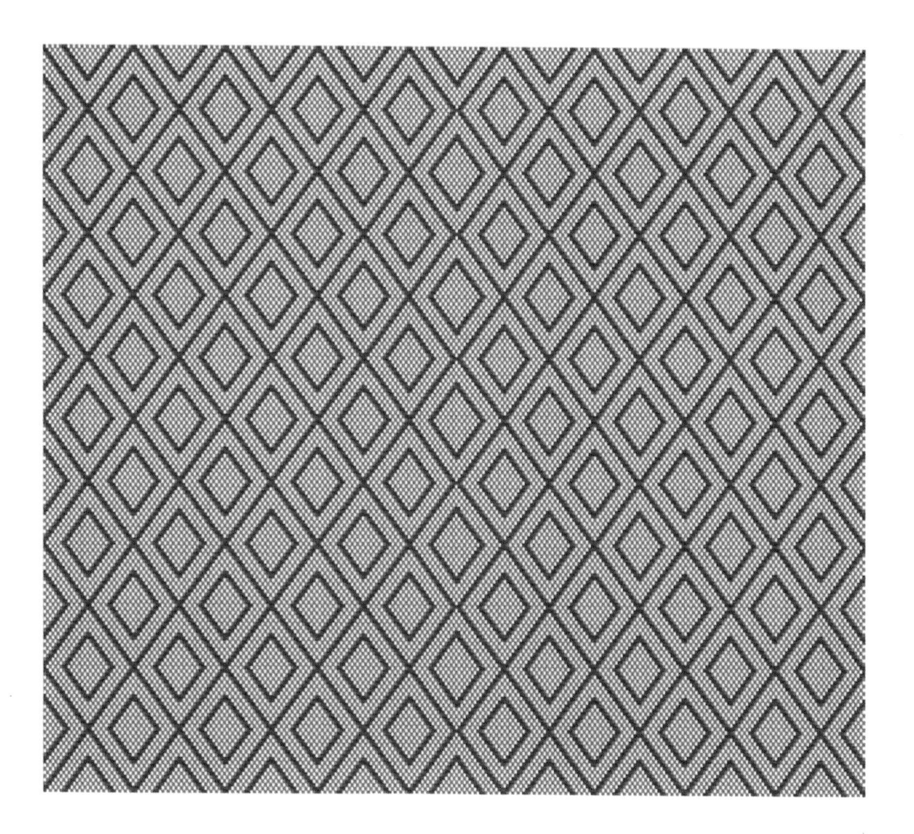

左上 / 土织布实物图
右上 / 经纬组织图
右下 / 纹样结构图

四把椅子转桌子

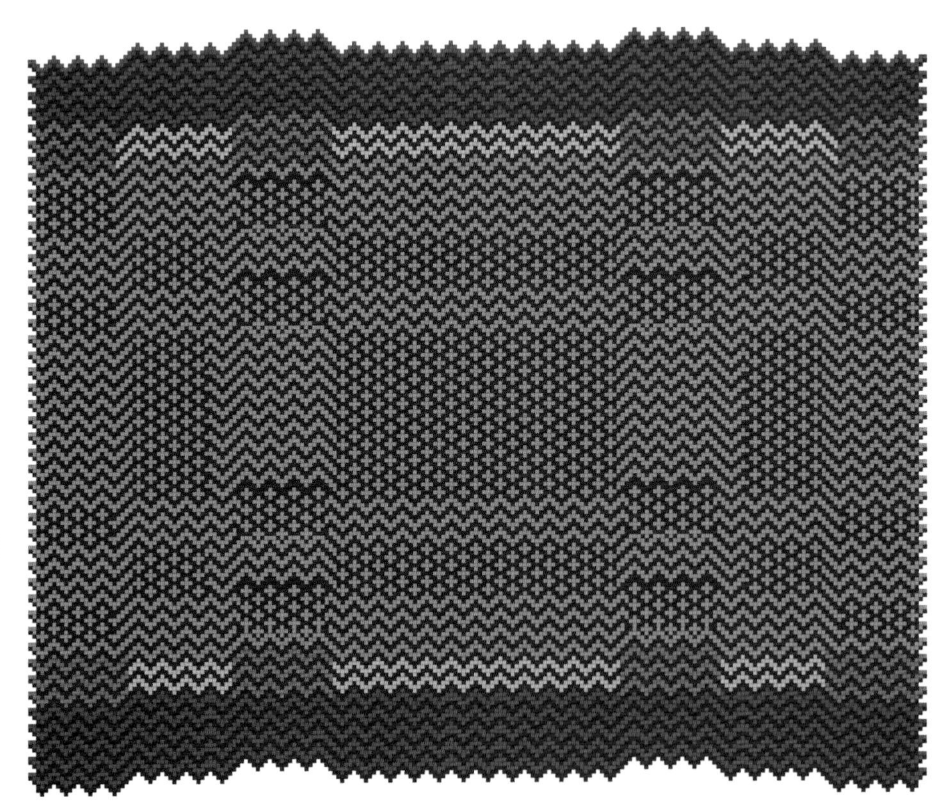

左上 / 土织布实物图
右上 / 经纬组织图
右下 / 纹样结构图

桃花纹

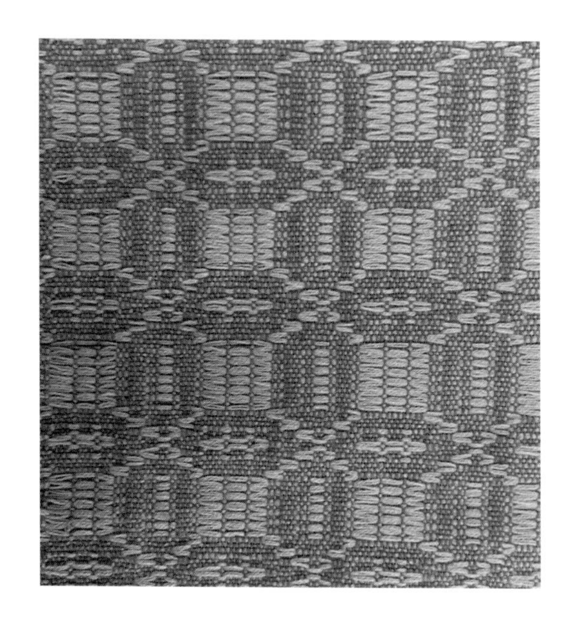

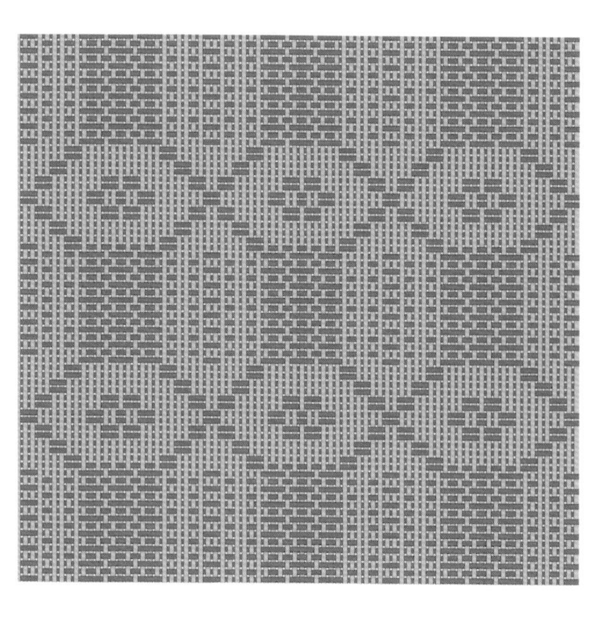

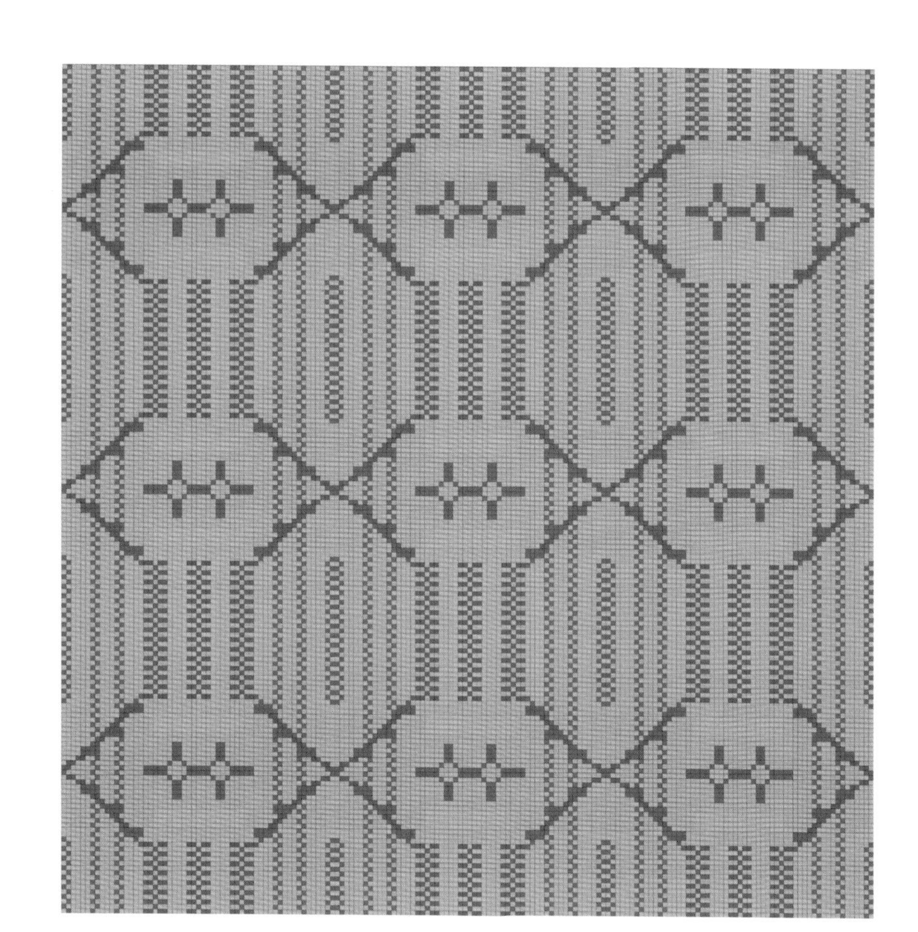

左上 / 土织布实物图
右上 / 经纬组织图
右下 / 纹样结构图

洛神像

土织布实物图

灯笼纹

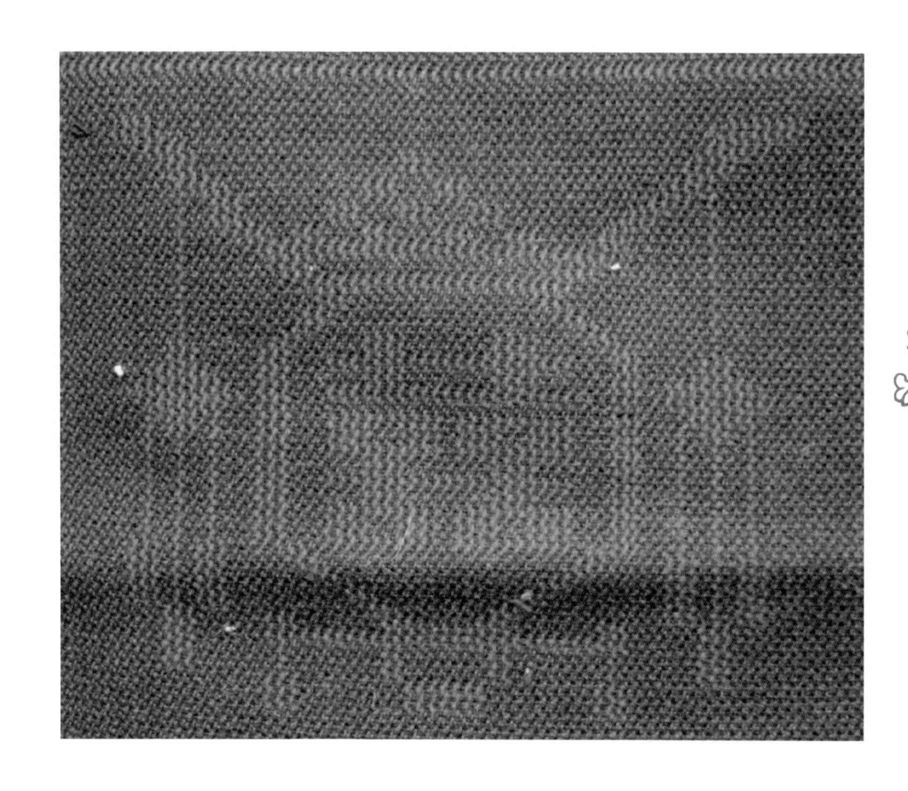

上 / 土织布实物图
下 / 纹样结构图

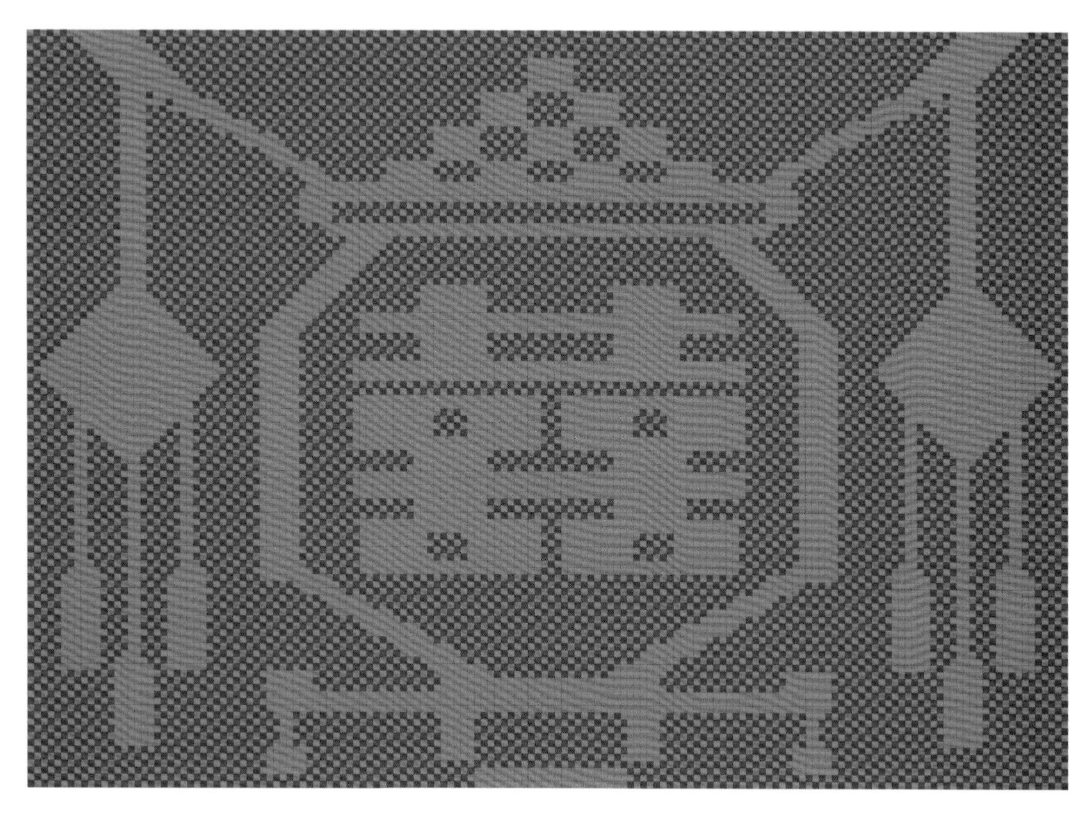

斜纹

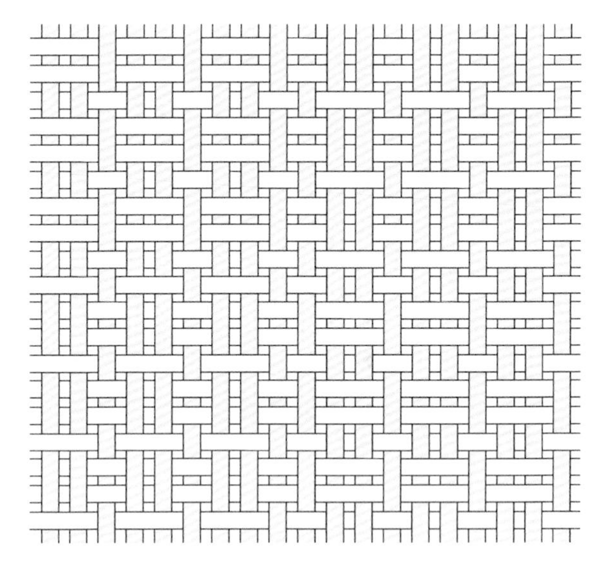

左上 / 土织布实物图
右上 / 经纬组织图
右下 / 纹样结构图

鱼眼纹

左上 / 土织布实物图
左下 / 纹样结构图
右下 / 经纬组织图

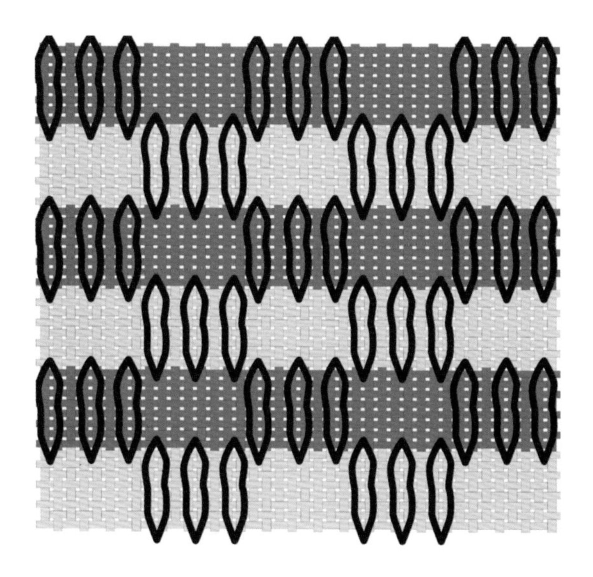

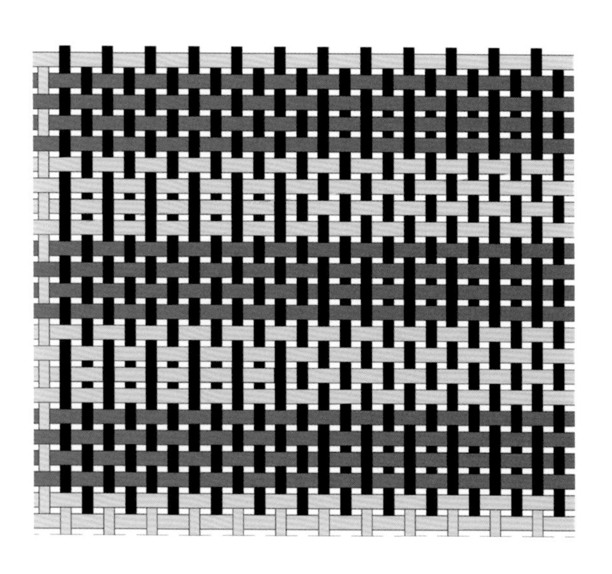

水波纹

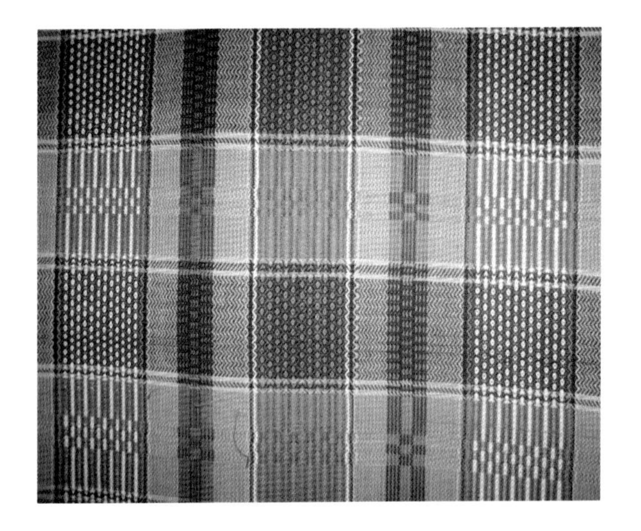

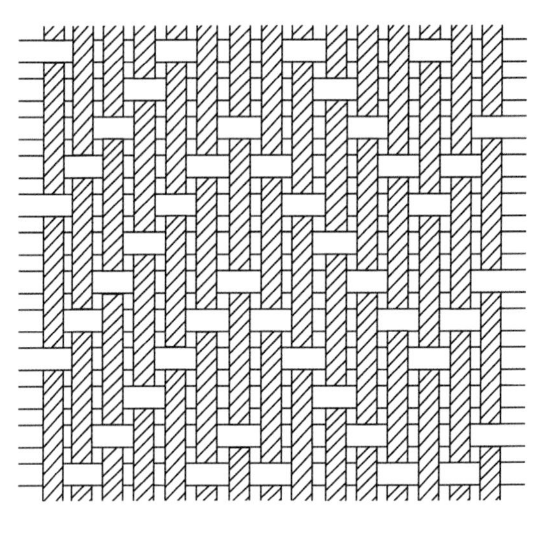

左上 / 土织布实物图
右上 / 经纬组织图
右下 / 纹样结构图

吉祥纹样

土织布实物图

织字 1

土织布实物图

织字 2

土织布实物图

织字 3

上 / 土织布实物图
下 / 纹样结构图

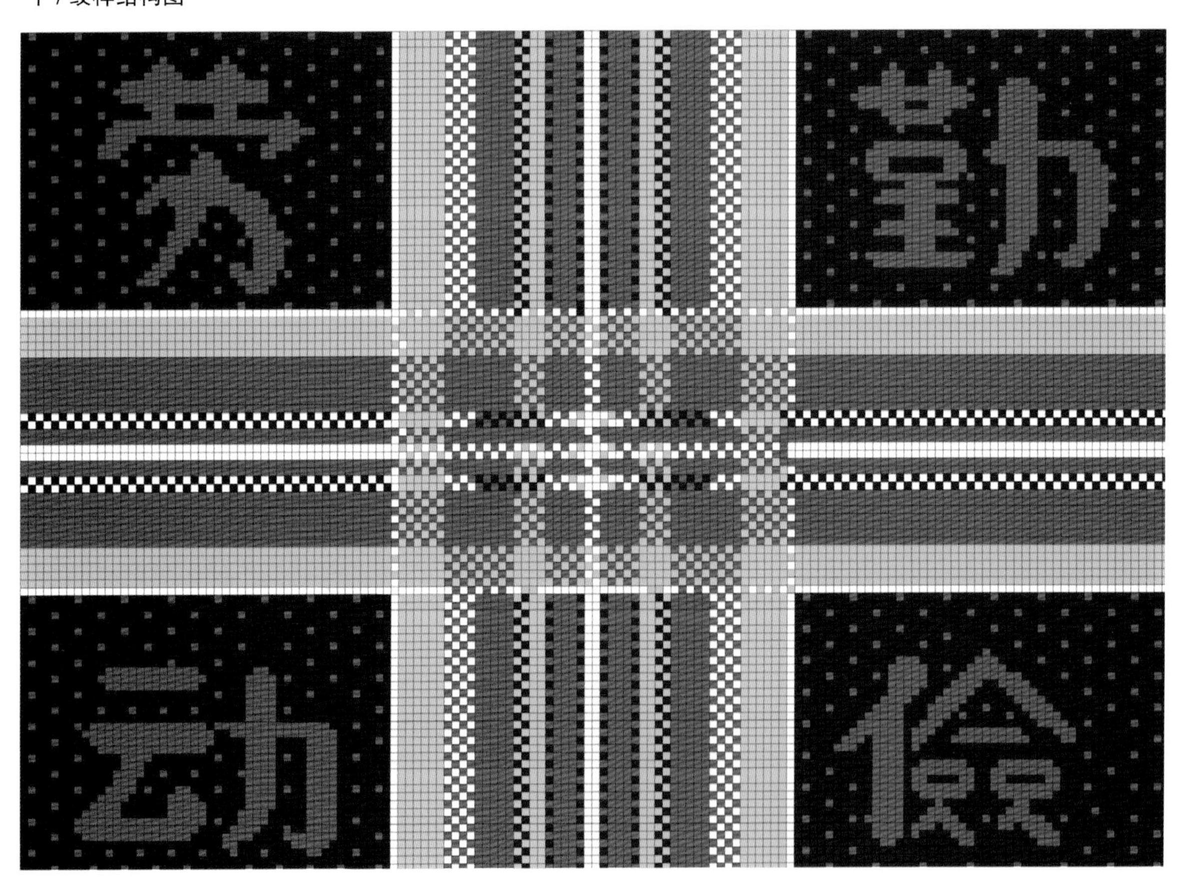

织字门帘

土织布实物图

菜瓜道

左上 / 土织布实物图
右上 / 经纬组织图
右下 / 纹样结构图

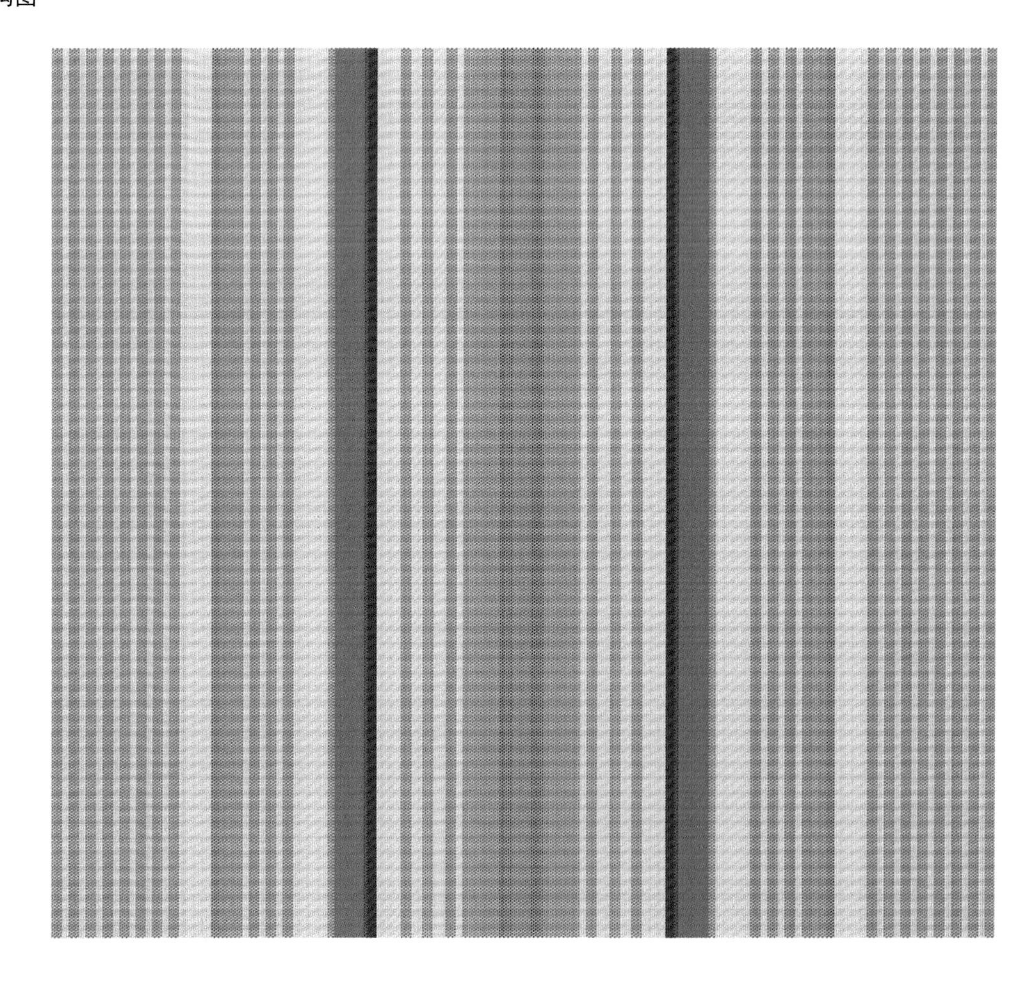

豆腐块

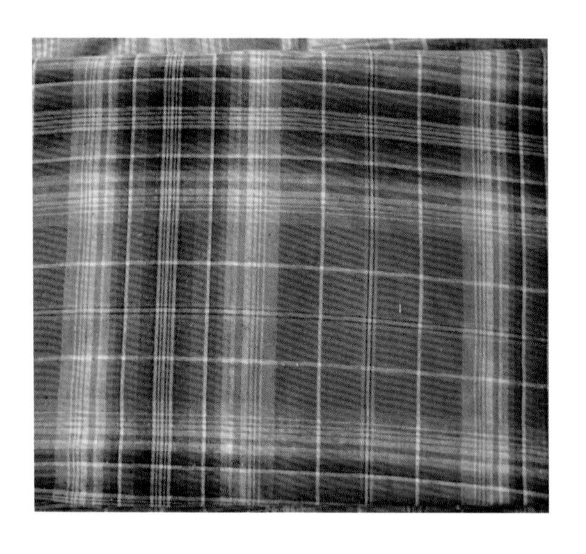

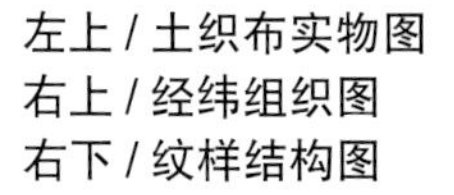

左上 / 土织布实物图
右上 / 经纬组织图
右下 / 纹样结构图

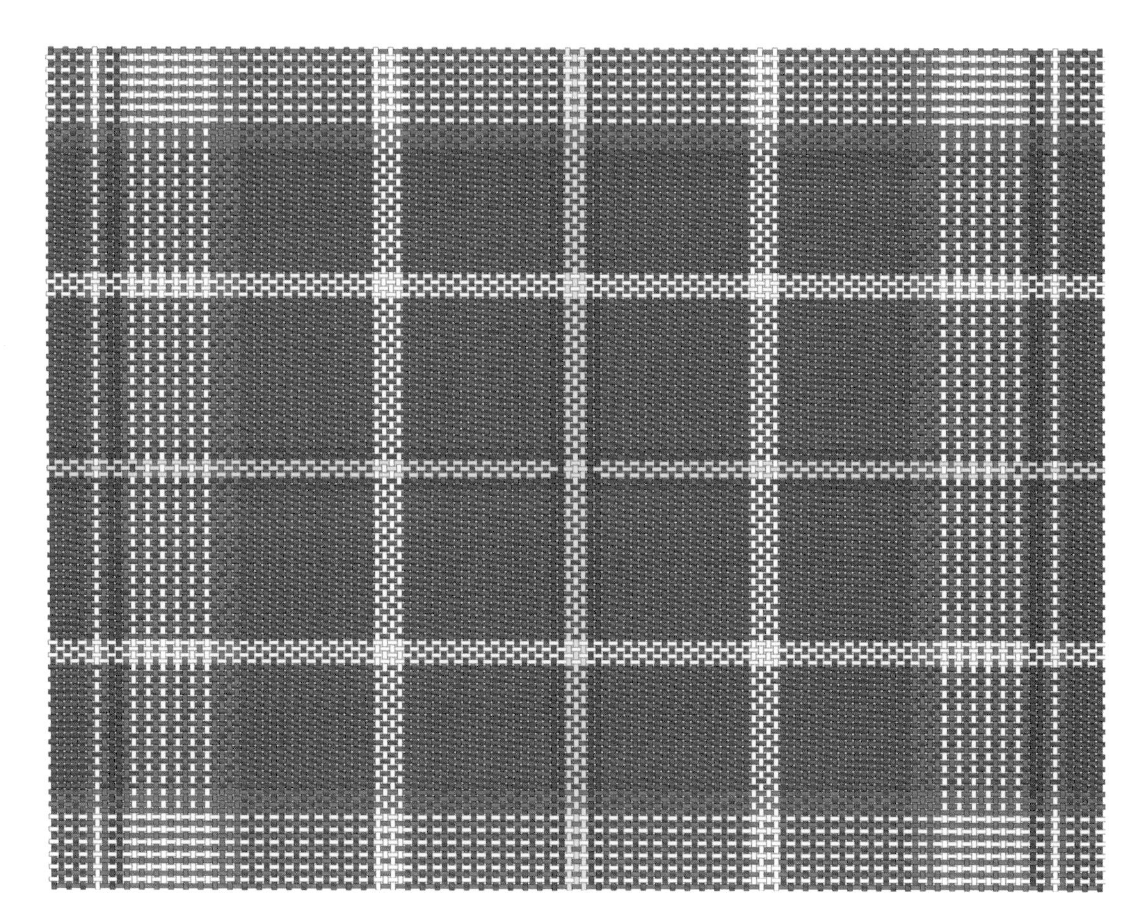

半个脸

左上 / 土织布实物图
右上 / 经纬组织图
右下 / 纹样结构图

窗户棂

上 / 土织布实物图
下 / 纹样结构图

鱼眼纹

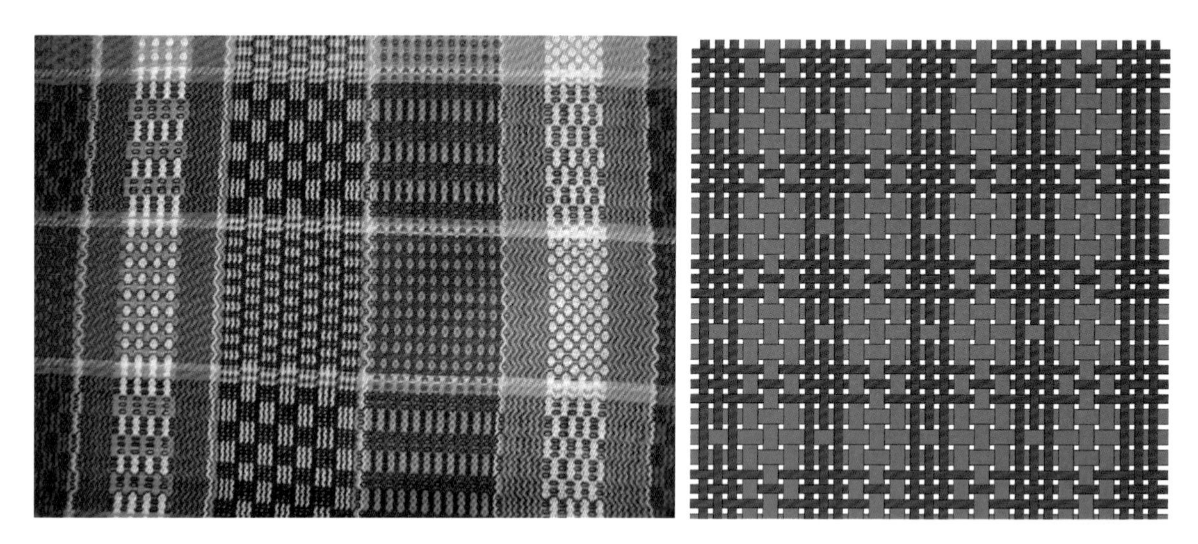

左上 / 土织布实物图
右上 / 经纬组织图
右下 / 纹样结构图

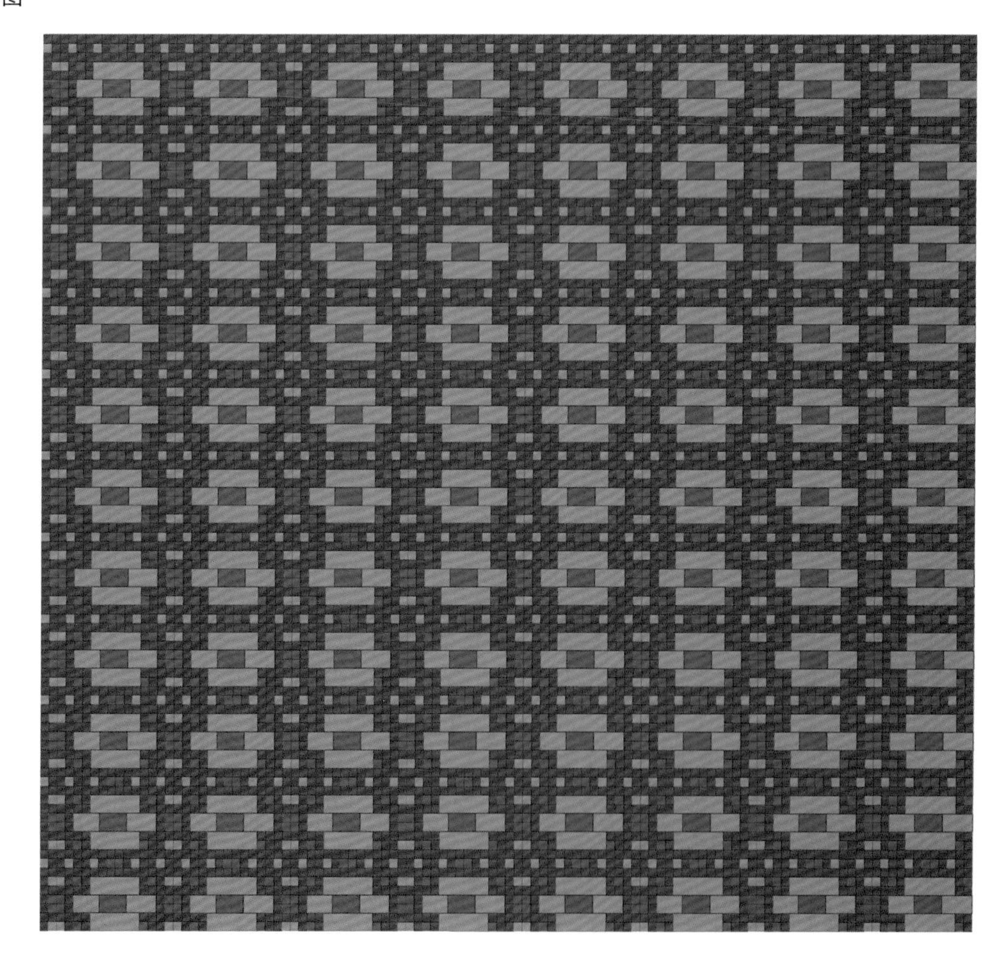

胡椒花 1

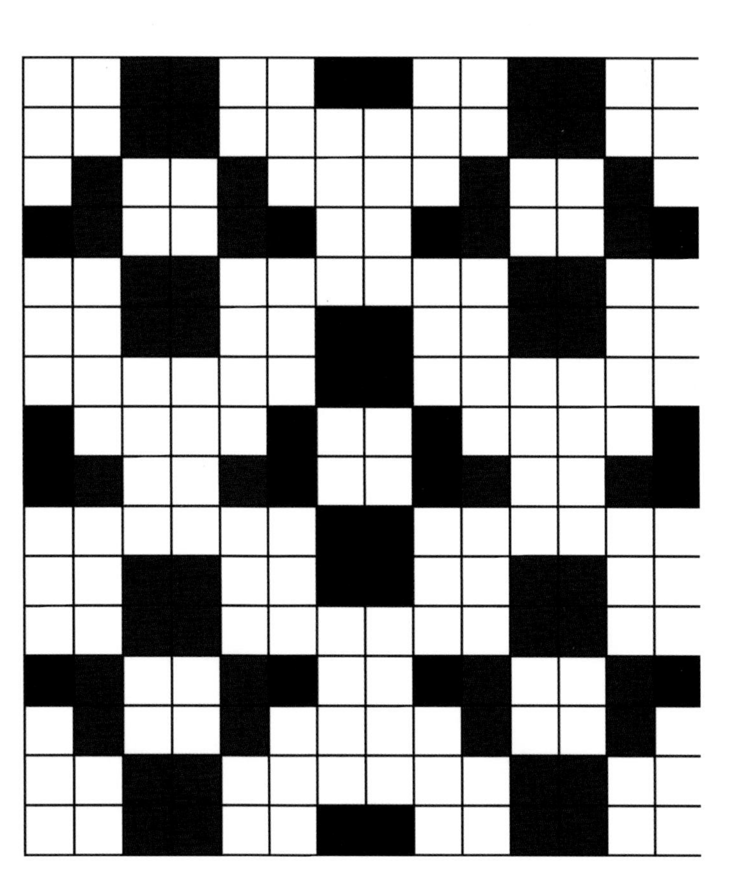

上 / 土织布实物图
下 / 经纬组织图

胡椒花 2

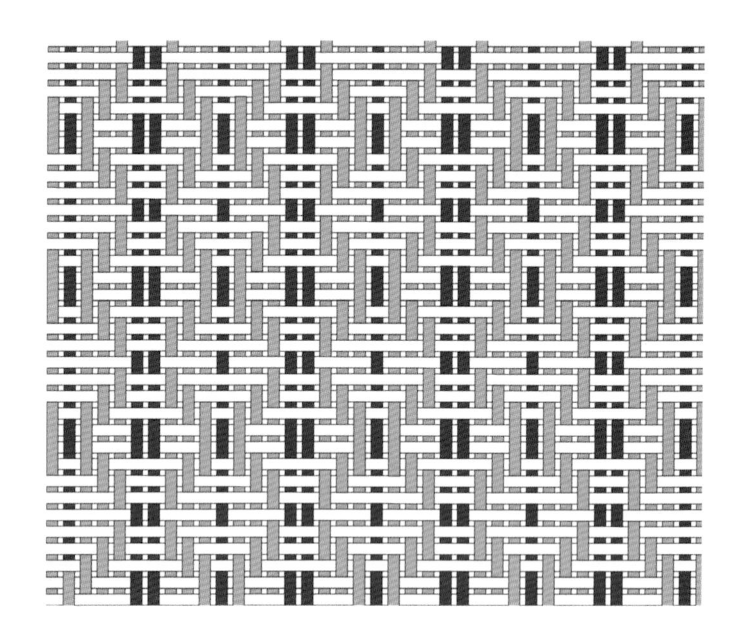

上 / 经纬组织图
下 / 纹样结构图

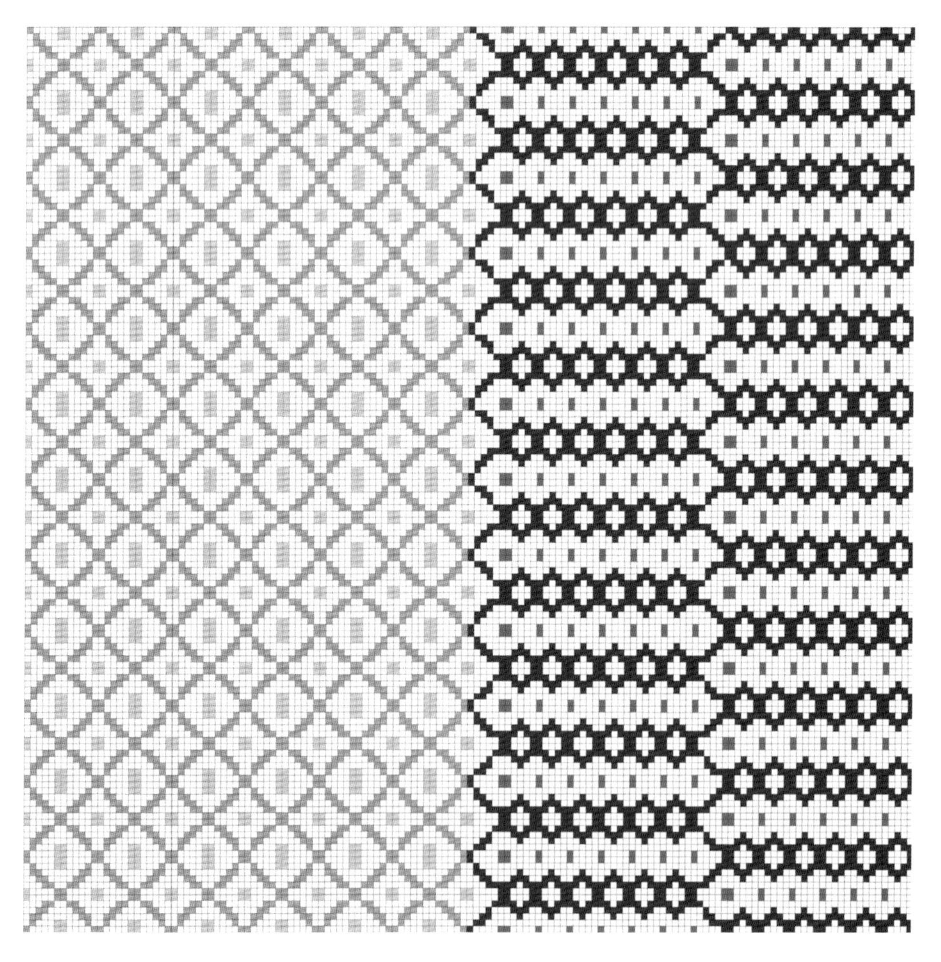

苏联大开花

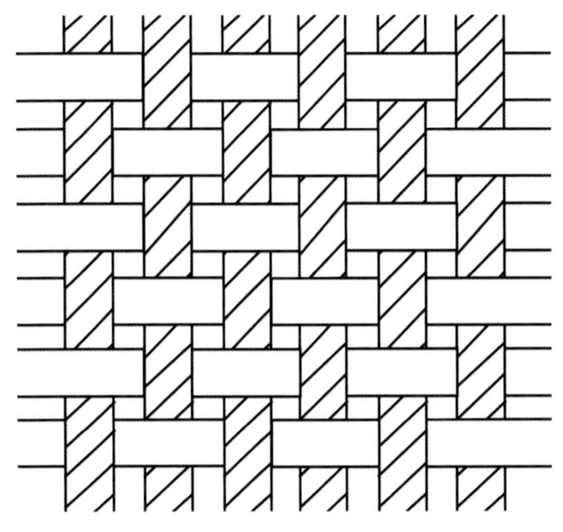

左上 / 土织布实物图
右上 / 经纬组织图
右下 / 纹样结构图

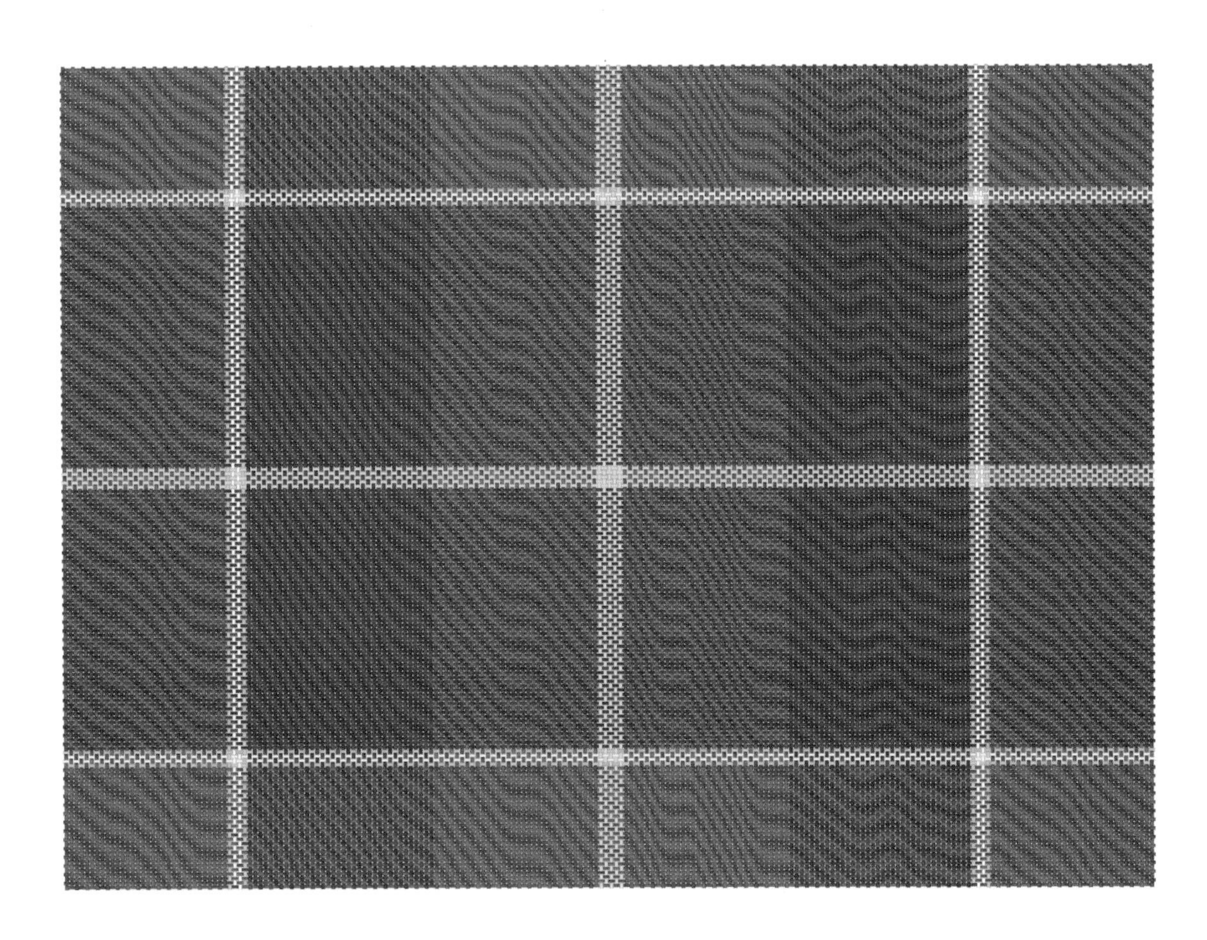

石榴籽

左上 / 土织布实物图
右上 / 经纬组织图
右下 / 纹样结构图

七彩虹

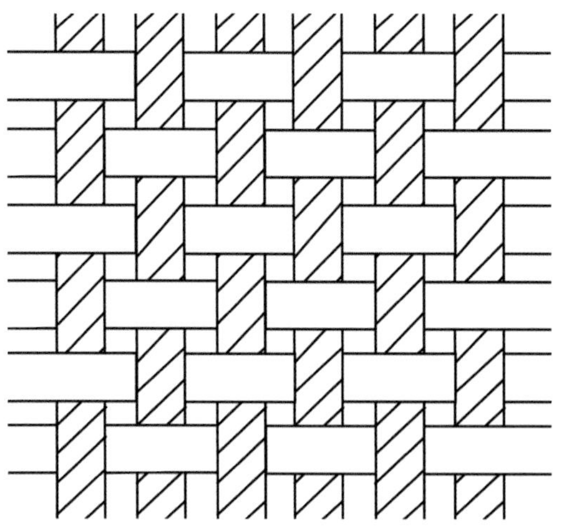

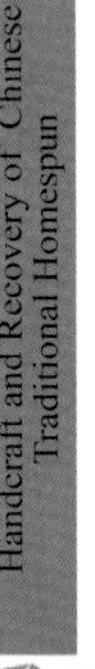

左上 / 土织布实物图
右上 / 经纬组织图
右下 / 纹样结构图

长流水

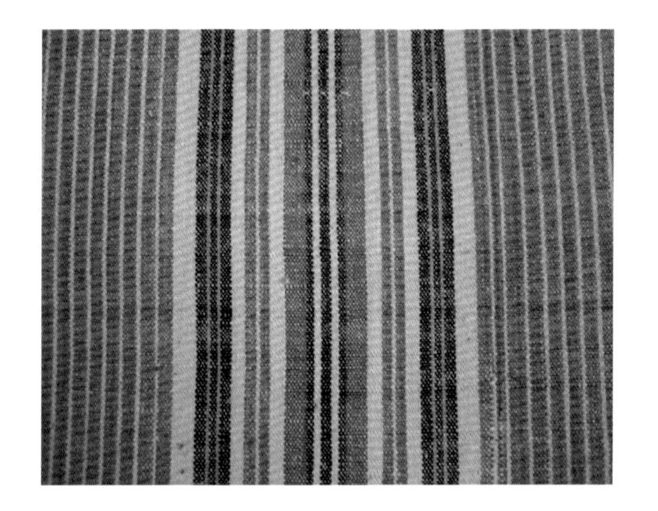

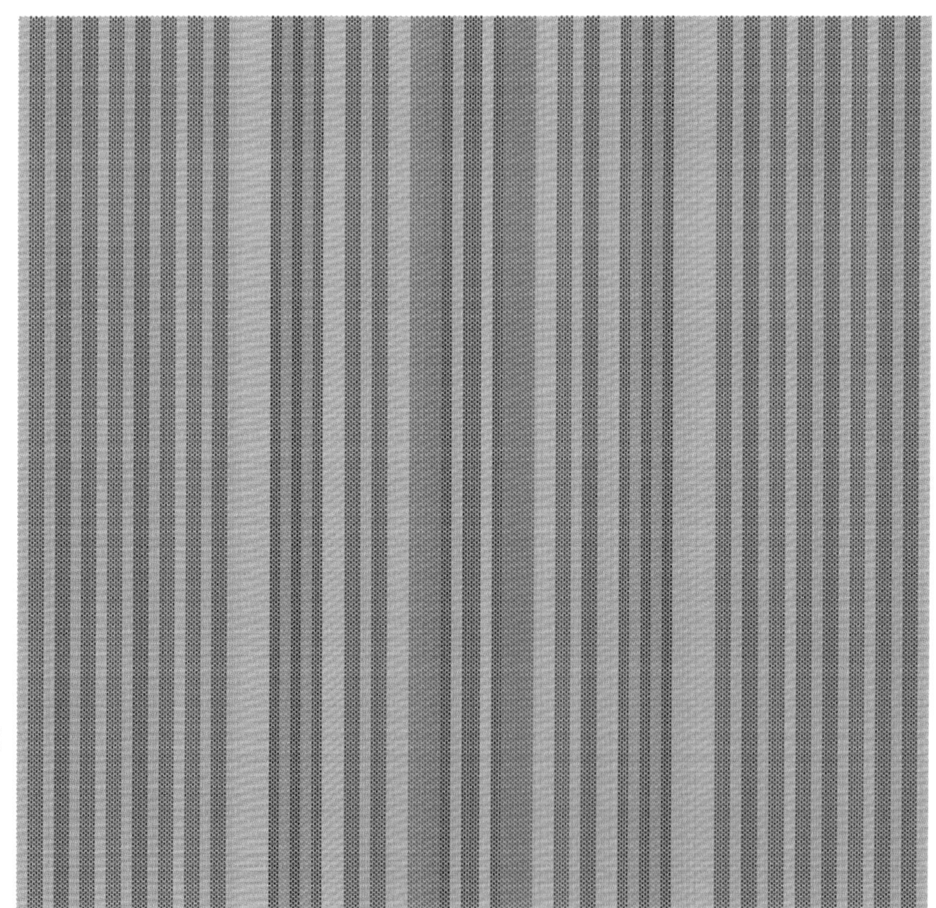

左上 / 土织布实物图
右上 / 经纬组织图
右下 / 纹样结构图

第三节·云南地区土织布纹样图谱

菱形纹

上 / 土织布实物图
下 / 纹样结构图

绕线板纹

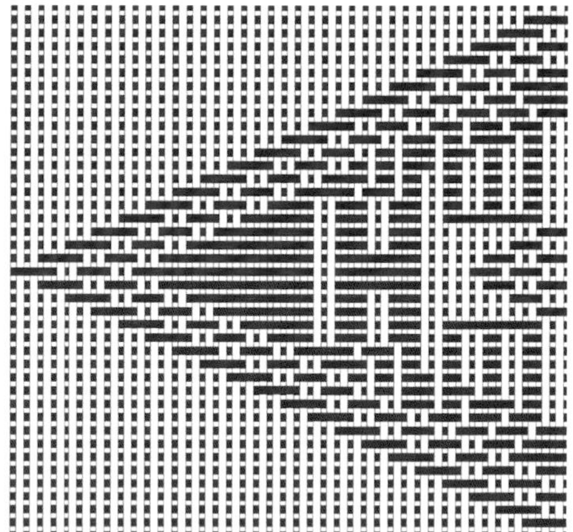

左上 / 土织布实物图
右上 / 经纬组织图
下 / 纹样结构图

八角纹

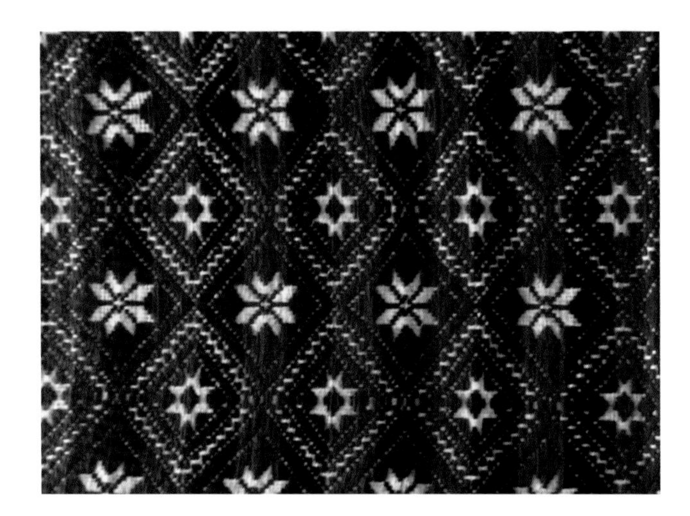

左上 / 土织布实物图
右上 / 经纬组织图
右下 / 纹样结构图

象鼻纹

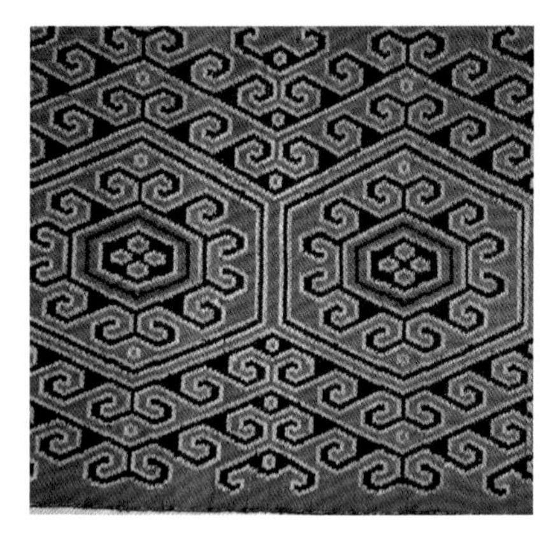

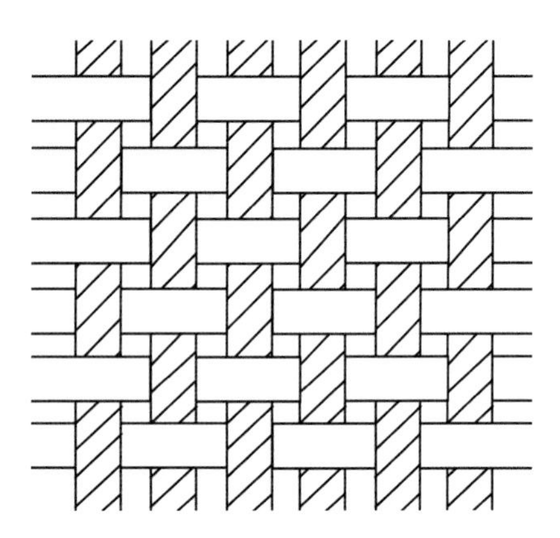

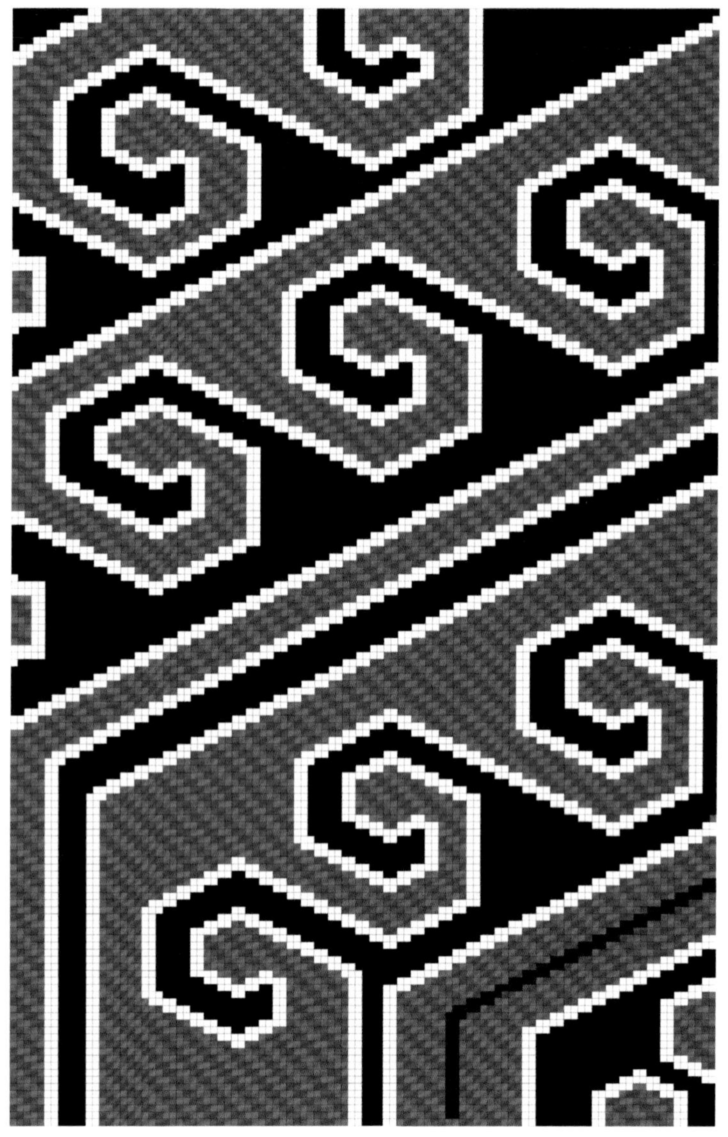

左上 / 土织布实物图
左下 / 经纬组织图
右 / 纹样结构图

菩提双鸟纹织锦

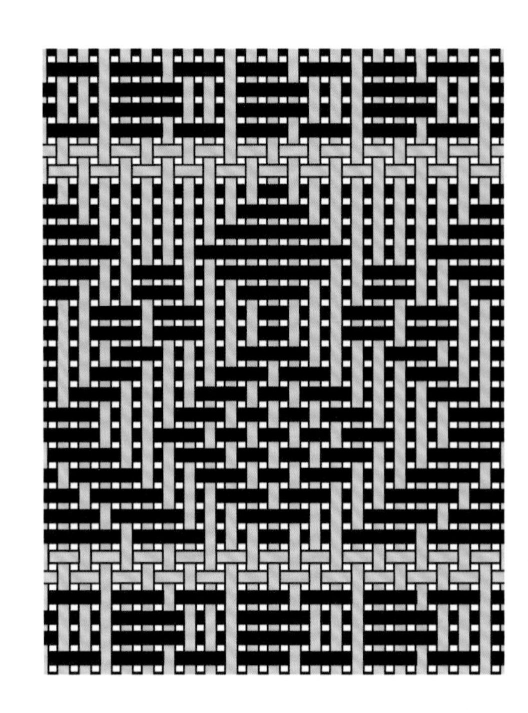

上 / 经纬组织图
下 / 纹样结构图

孔雀纹

纹样结构图

象驮宝塔房纹

上 / 土织布实物图
下 / 纹样结构图

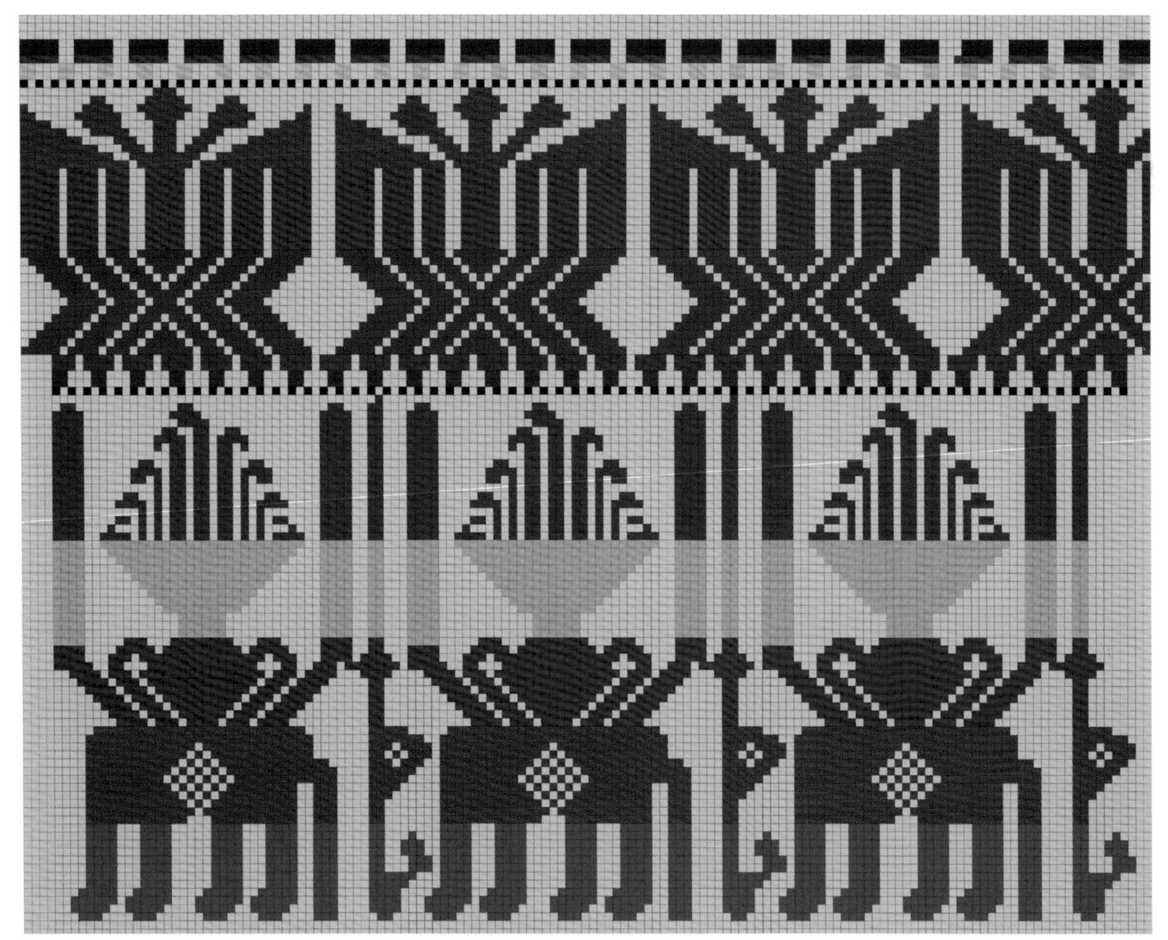

马驮花纹

土织布实物图

狮纹

土织布实物图

人物纹样

上 / 经纬组织图
下 / 纹样结构图

屋顶纹

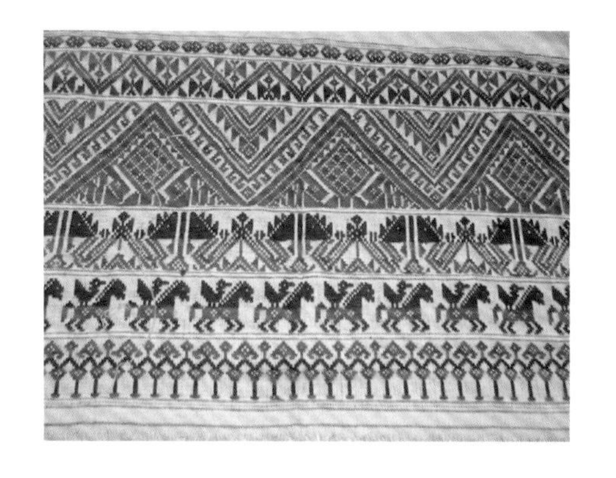

左上 / 土织布实物图
右上 / 经纬组织图
右下 / 纹样结构图

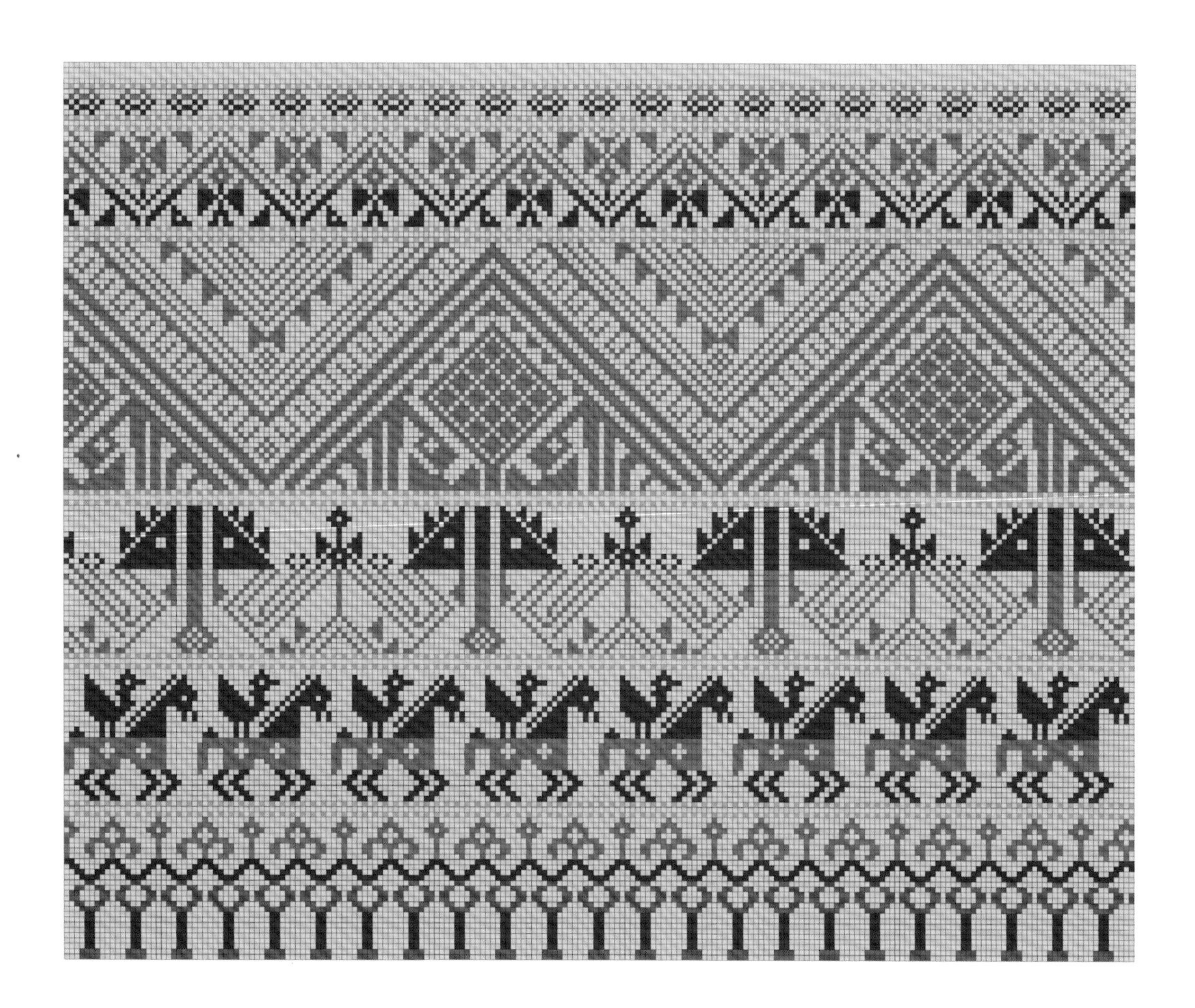

二方连续式傣锦纹样

上 / 经纬组织图
下 / 纹样结构图

四方连续式傣锦纹样 1

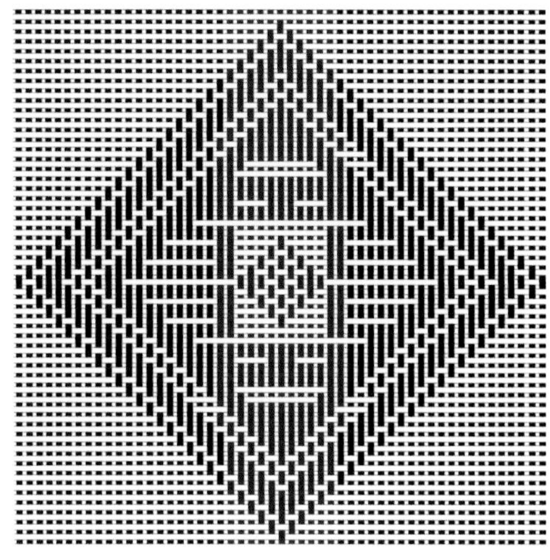

左上 / 土织布实物图
右上 / 经纬组织图
右下 / 纹样结构图

四方连续式傣锦纹样 2

上 / 土织布实物图
下 / 纹样结构图

第四节·鲁西南地区土织布纹样图谱

两匹缯图案（方格纹）

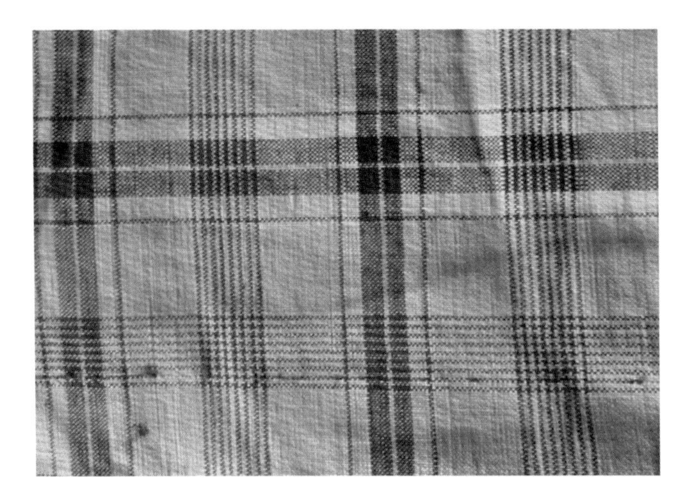

左上 / 土织布实物图
右上 / 经纬组织图
右下 / 纹样结构图

两匹缯图案（条纹）

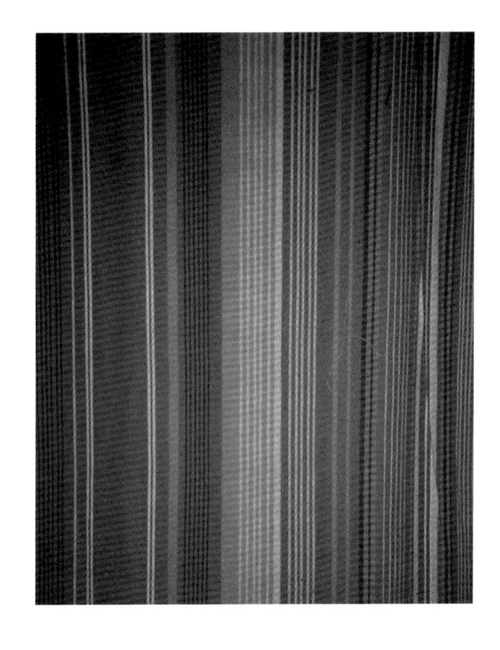

左上 / 土织布实物图
右上 / 经纬组织图
右下 / 纹样结构图

四匹缯图案 1

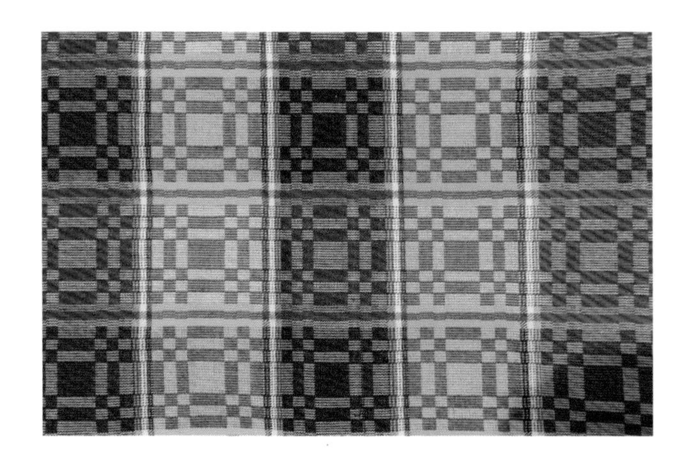

左上 / 土织布实物图
右上 / 经纬组织图
右下 / 纹样结构图

四匹缯图案 2

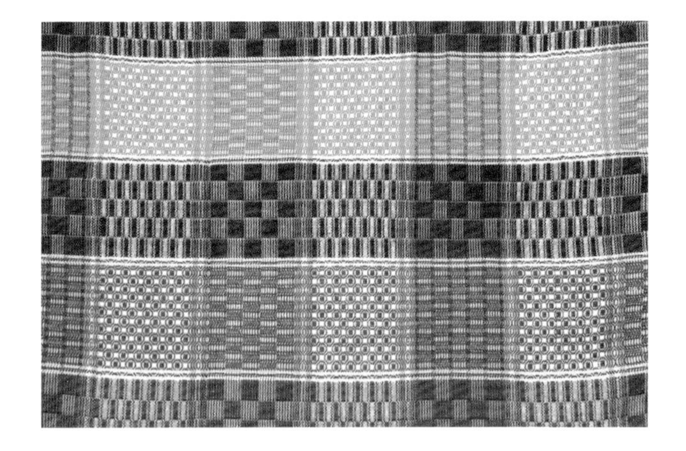

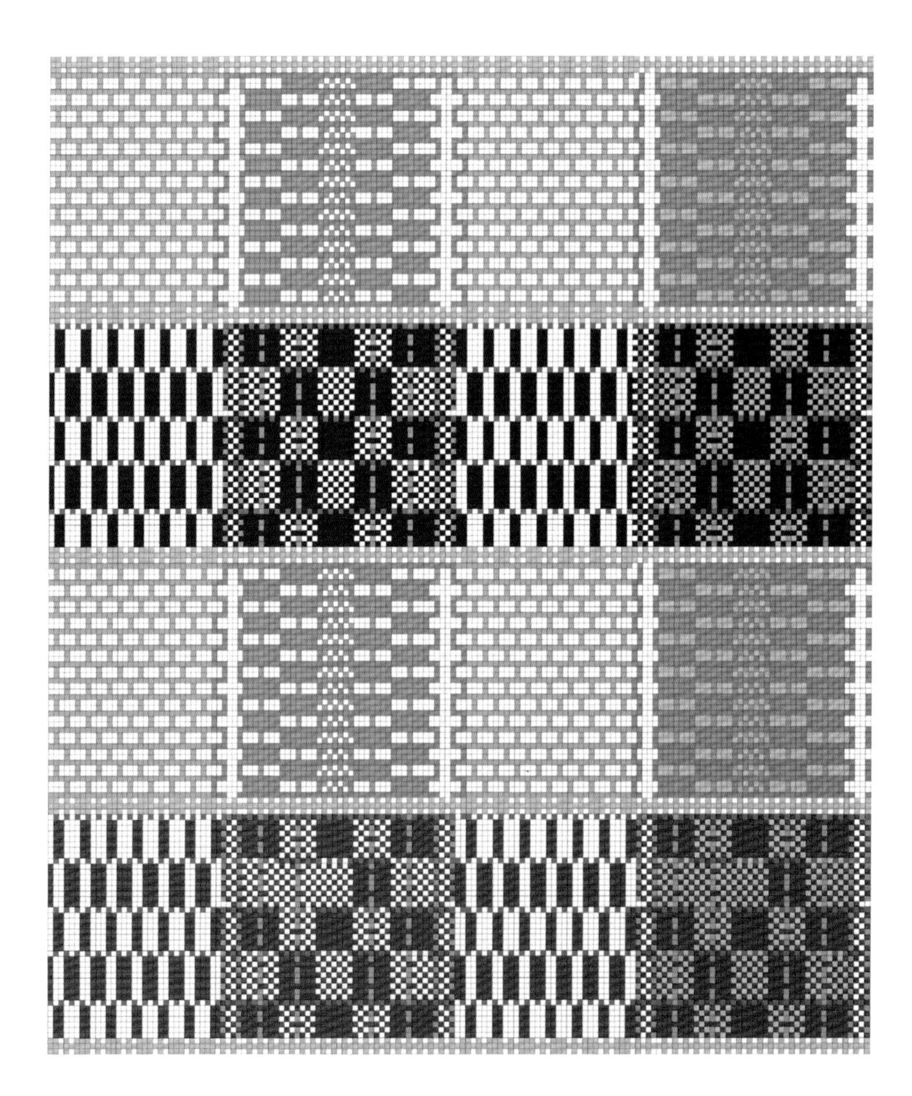

左上 / 土织布实物图
右上 / 经纬组织图
右下 / 纹样结构图

猫蹄纹

左上 / 土织布实物图
右上 / 经纬组织图
右下 / 纹样结构图

芝麻花纹

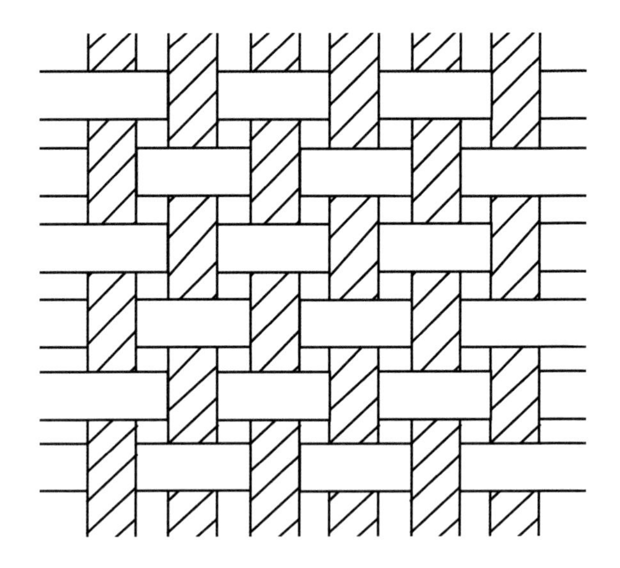

左上 / 土织布实物图
右上 / 经纬组织图
右下 / 纹样结构图

合斗纹

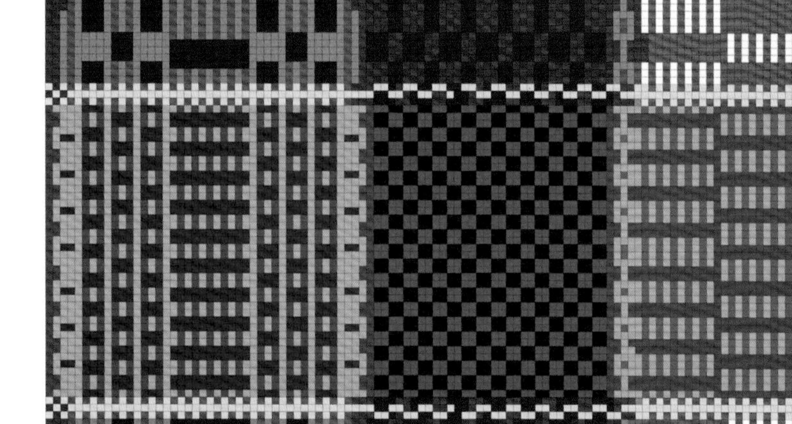

上 / 土织布实物图
下 / 纹样结构图

迷魂阵

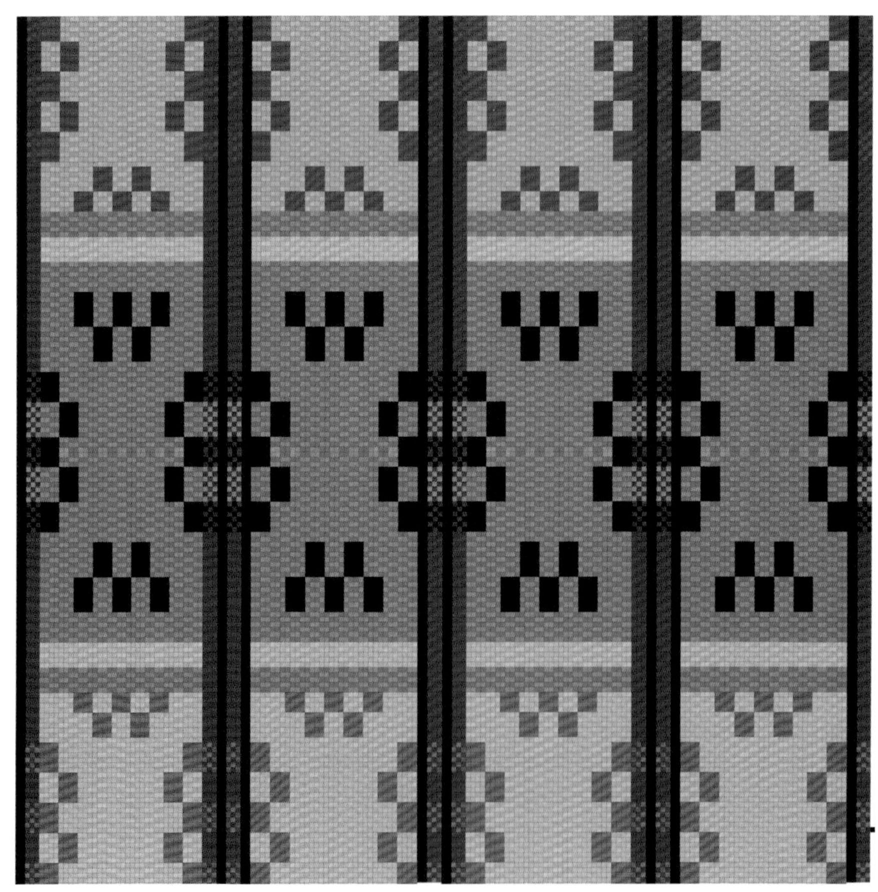

左上 / 土织布实物图
右上 / 经纬组织图
右下 / 纹样结构图

满天星

上 / 土织布实物图
下 / 纹样结构图

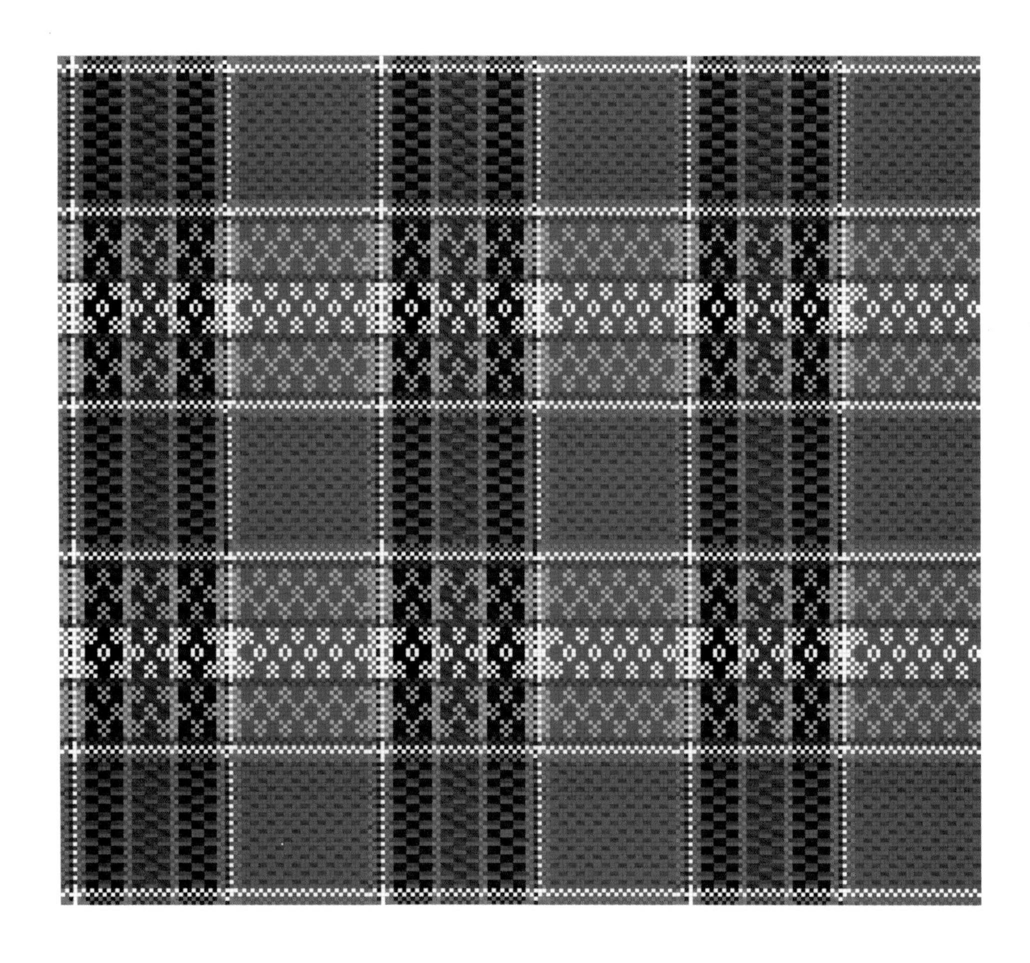

窗户楞

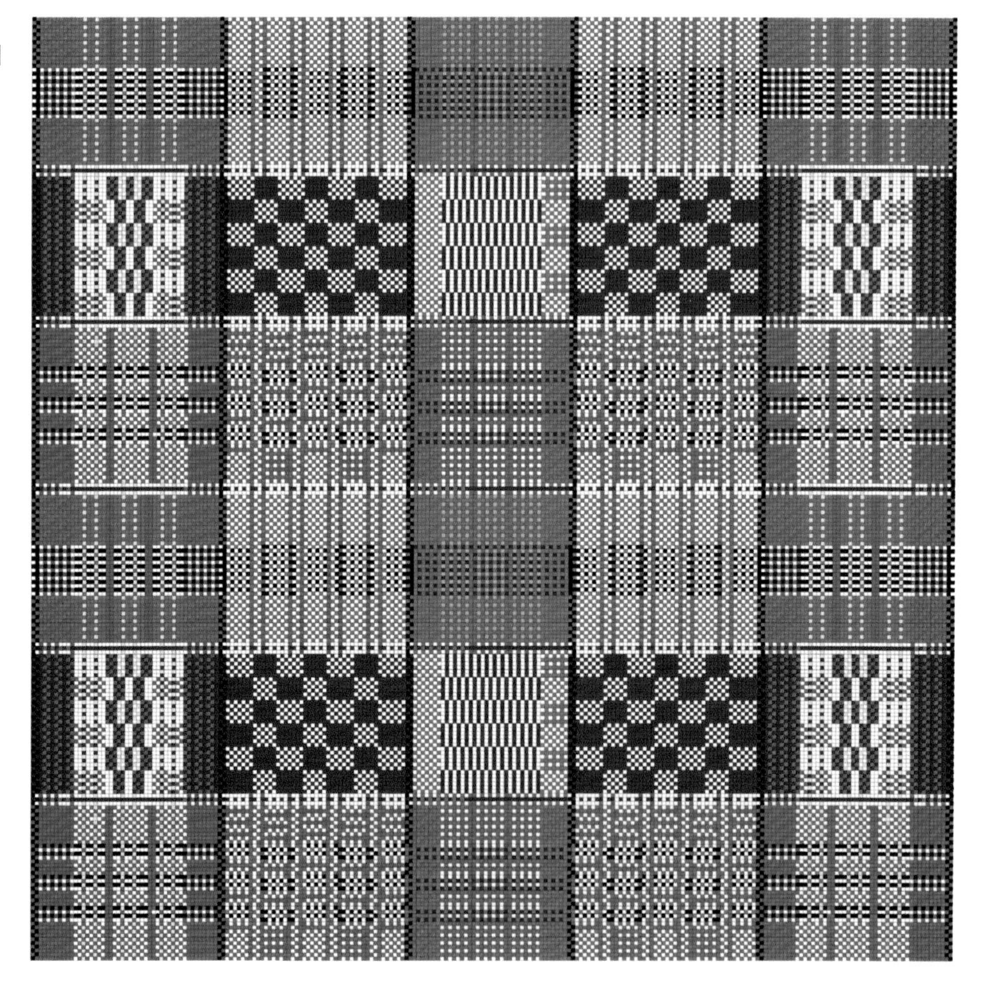

上 / 土织布实物图
下 / 纹样结构图

牡丹花纹

左上 / 土织布实物图
右上 / 经纬组织图
右下 / 纹样结构图

席子纹

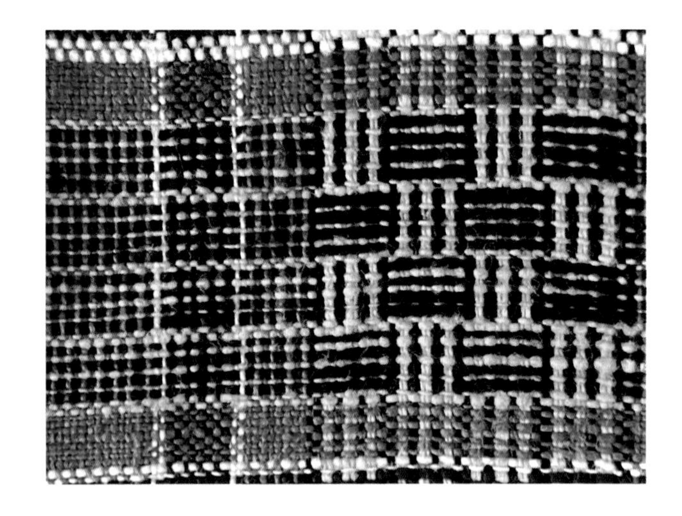

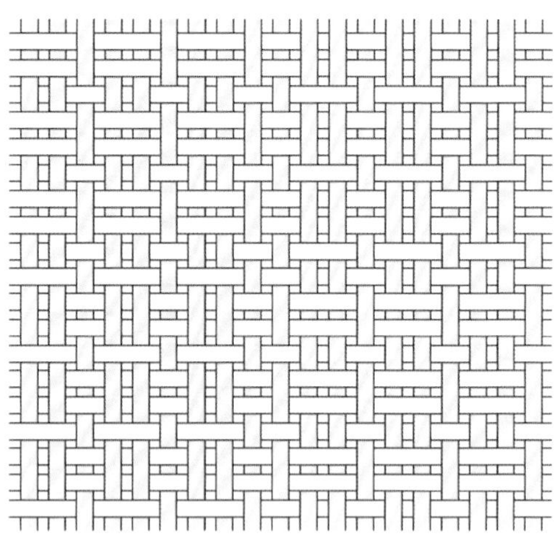

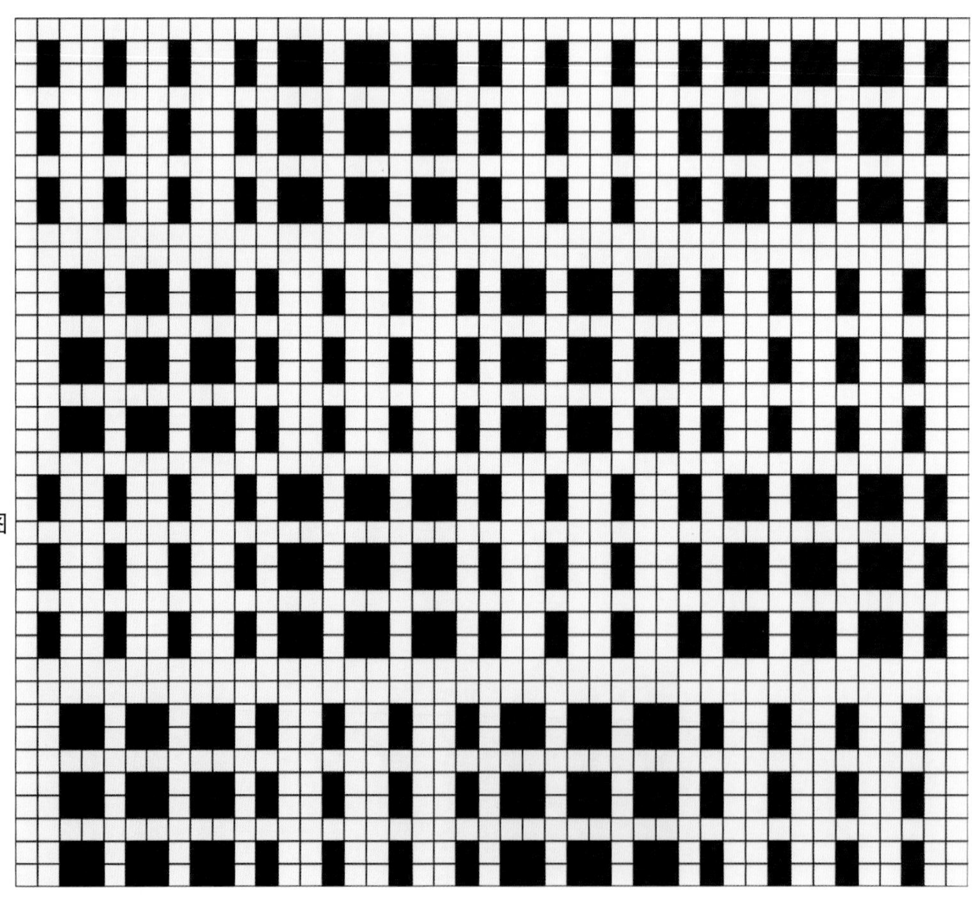

左上 / 土织布实物图
右上 / 经纬组织图
右下 / 纹样结构图

斗纹

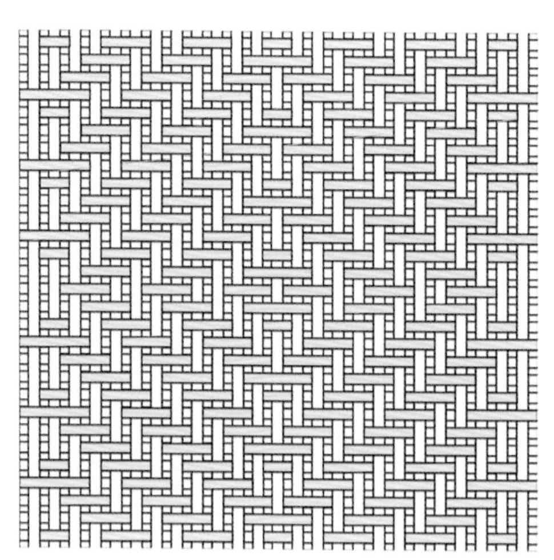

左上 / 土织布实物图
右上 / 经纬组织图
右下 / 纹样结构图

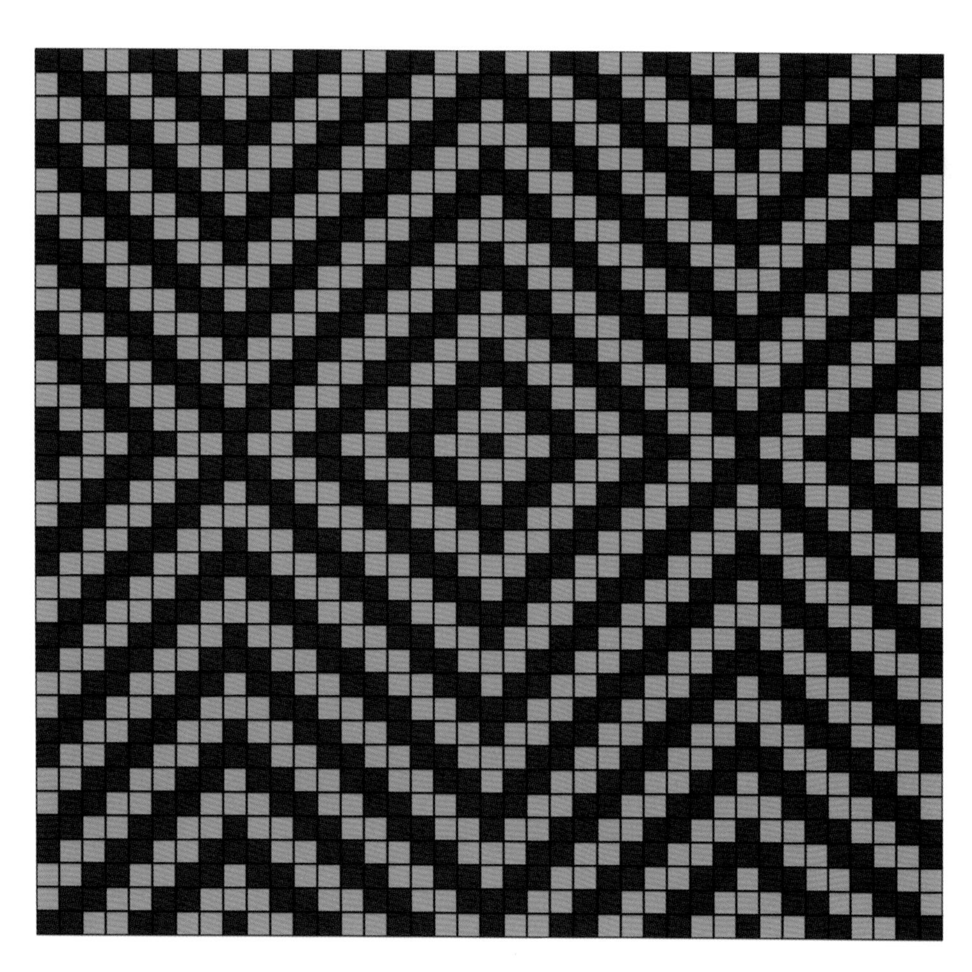

水纹

左上 / 土织布实物图
右上 / 经纬组织图
右下 / 纹样结构图

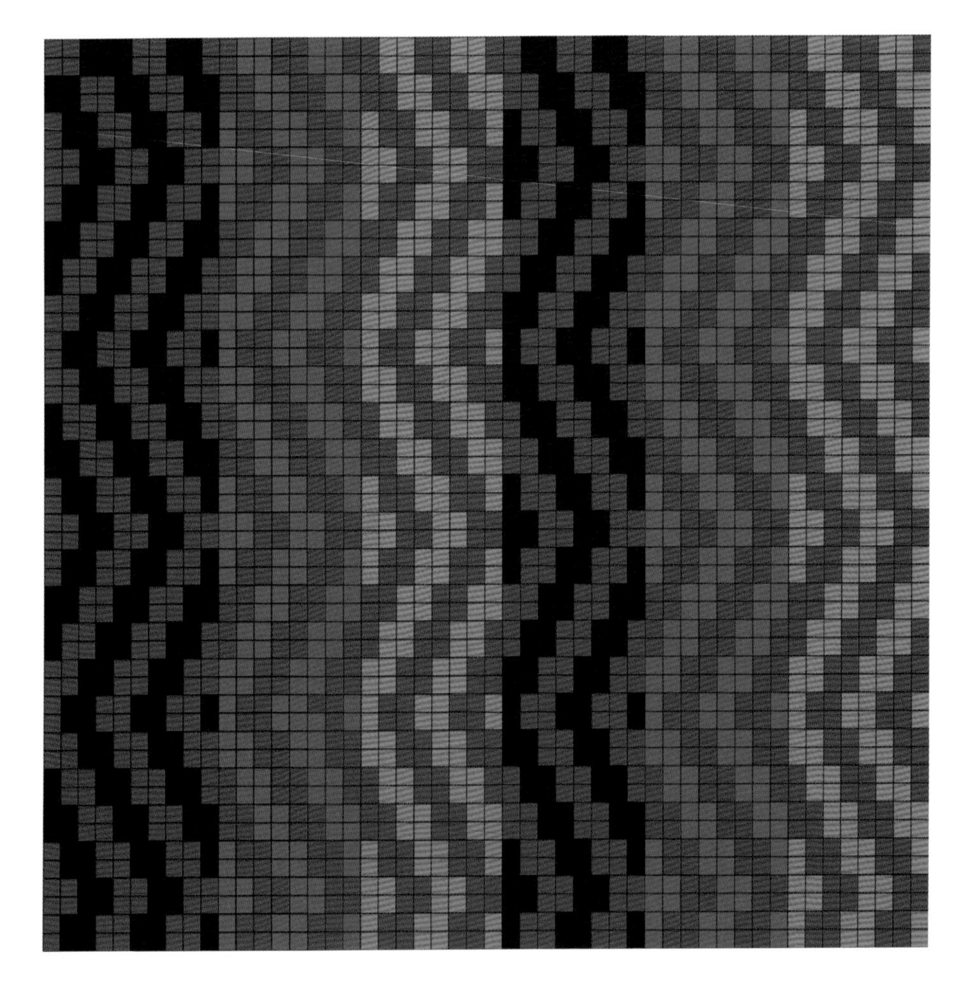

枣花纹

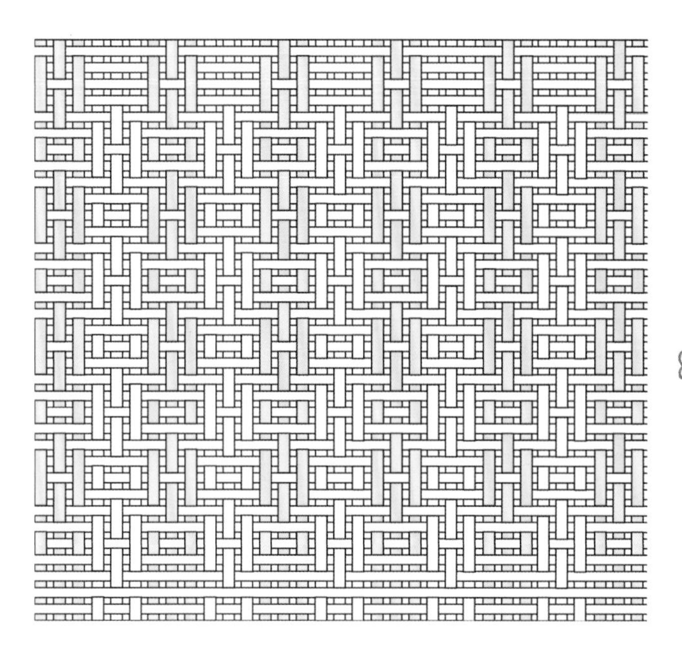

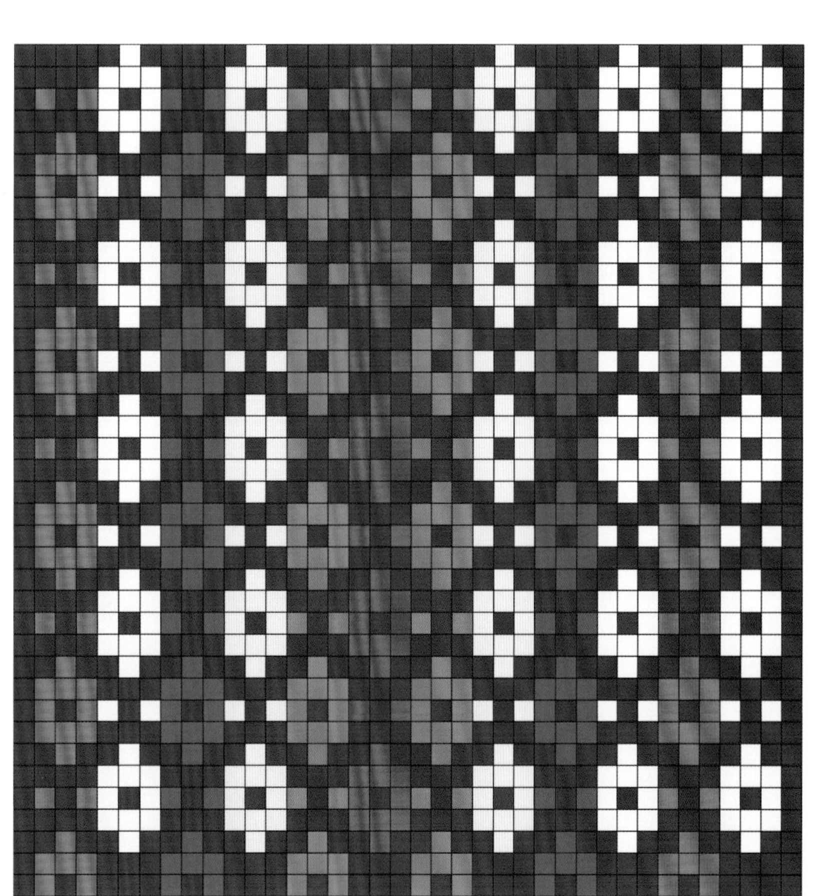

左上 / 土织布实物图
右上 / 经纬组织图
右下 / 纹样结构图

鹅眼纹

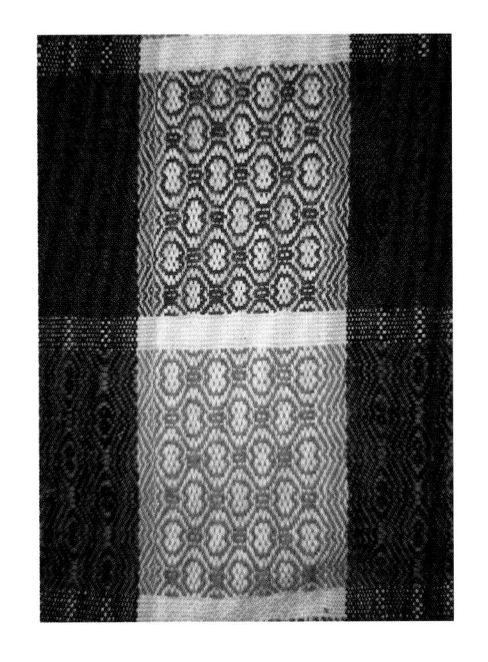

左上 / 土织布实物图
右上 / 经纬组织图
右下 / 纹样结构图

参考文献

[1] 胡竟良. 中国棉产改进史[M]. 上海:商务印书馆,1946.

[2](日)森时彦. 中国近代棉纺织业史研究[M]. 袁广泉,译.北京:社会科学文献出版社,2010.

[3] 严中平. 中国棉纺织史稿[M]. 北京:商务印书馆,2011.

[4] [明]沈明臣. 通州志:卷1.

[5] 陈澄泉,宋浩杰.被更乌泾名天下[M]. 上海:上海古籍出版社,2007.

[6] 潘鲁生.民艺学论纲[M]. 北京:北京工艺美术出版社,1998.

[7] 吴元新,吴灵姝.蓝印花布[M]. 北京:中国社会出版社,2007.

[8] 史建云. 清代全史[M]:第6卷. 沈阳:辽宁人民出版社,1995.

[9] [清]左辅. 念宛斋官书:卷1.

[10] [道光]金泽小志:卷1:风俗.

[11] [乾隆]程国栋. 嘉定县志:卷12:风俗.

[12] [清]杨学渊. 寒圩小志:风俗.

[13] [乾隆]宝山县志:卷1:风俗.

[14] [道光]石门县志:卷4:物产.

[15] [正德]松江府志:卷4:风俗.

[16] [光绪]崇明县志:卷4:风土.

[17] [清]李煦. 李煦奏折. 北京:故宫博物院文献馆,1937.

[18] [乾隆]钱肇然. 续外冈志:卷1:风俗.

[19] [嘉庆] 萧鱼会,赵积思. 石冈广福合志:卷1:风俗,卷4:物产.

[20] [光绪]南汇县志:卷20:风俗.

[21] [光绪]太仓直隶州志:卷6:风俗.

[22] [道光]江阴县志:卷9:风俗.

[23] [嘉庆]嘉兴府志:卷34:物产.

[24] [嘉靖]上海县志:卷1:风俗.

[25] 徐新吾. 江南土布史[M]. 上海:上海社会科学院出版社,1992.

[26] [乾隆]程国栋. 嘉定县志:卷8:土产,[光绪辛巳]刻本.

[27] 李伯重. “天”、“地”、“人”的变化与明清江南的水稻生产[M]//多视角看江南经济史1250—1850. 北京:三联书店,2003.

[28] SHIH J C. Chinese rural society in transition: a case study of the Lake Tai Area,1368—1800[M]. Berkeley:University of California, 1992.

[29] [乾隆]浙江通志:卷102:物产.

[30] [清]黄印. 锡金识小录:卷1.

[31] [民国]曹允源,李根源. 吴县志:卷52.

[32] [乾隆]曹焯. 沙头里志:卷2:风俗物产.

[33] [乾隆]杭州府志:卷52:物产.

[34] [清]林则徐. 林则徐集·奏稿.

[35] [道光]邓琳. 虞乡志略:卷8:风俗.

[36] [民国]《新腥镇志》:卷3:《物产》.

[37] [清]郑光祖. 一斑录·杂述:卷2.

[38] 彭泽益. 中国近代手工业史资料:第1卷[M]. 上海:中华书局,1962

[39] 甘汝来. 请酌定家礼颁行疏//皇朝经世文编:卷54.

[40] 周镐. 与王春溪书//皇朝经世文编:卷22.

[41] [清]钱泳. 履园丛话:卷7.

[42] [道光]顾传金. 蒲谿小志:卷1:风俗.

[43] [乾隆]程国栋. 嘉定县志:卷12:风俗.

[44] 钦善. 松问//皇朝经世文编:卷28.

[45] [清]张炎贞. 乌青文献:卷5.

[46] [道光]武进阳湖合志:卷30:列女.

[47] [乾隆]常昭合志:卷10:列女.

[48] [嘉庆]嘉善县志:卷19:列女.

[49] [光绪]松江府续志:卷33:列女.

[50] [清]王鲲. 松陵见闻录:卷6.

[51] [光绪]无锡金匮县志:卷28:列女.

[52] 葉田淳. 中世日支通交贸易史の研究[M]. 东京:刀江書院,1942.

[53] The Chinese repository[M]//李仁溥. 中国古代纺织史稿.长沙:岳麓书社,1983.

[54] [清]包世臣. 答族子孟开书.

[55] [清]包世臣. 安吴四种·齐民四术:卷2:农二.

[56] REYNOLDS B L. The Impact of trade and foreign investment on industrialization Chinese textiles, 1875—1931[D]. University of Michigan, 1975.

[57] 上海总税务司署统计科. 贸易报告[R]. 民国二十二年海关中外贸易统计年刊:卷1,1934.

[58] [光绪]夏德. 镇江口华洋贸易情形论略//通商各关华洋贸易总册(英译汉第34册).

[59] FEUERWERKER A. Handicraft and manufacture cotton textiles in China,1871—1910[J]. The Journal of Economic History,1970,30(2):374.

[60] 上海县续志:卷1:疆域. [戊午年]上海南园刊本.

[61] POMERANZ K. The great divergence:Europe,China and the making of the modern worm economy[M]. Princeton University Press, 2001.

[62] 李次山. 上海劳动状况[J]. 新青年,1920,7(6):9.

[63] LAMSON H D. The effect of industrialization upon village livelihood[J]. Chinese Economic Journal, 1931,9(4):1061-1066.

[64] 南满洲铁道株式会社调查部. 江苏省无锡县农村实态调查报告书[R]. 上海事务所调查室,1941.

[65] 徐雪筠,等. 上海近代社会经济发展概况[M]. 上海:上海社会科学院出版社,1985.

[66] Minami Manshū Tetsudō Kabushiki Kaisha, Shanhai Jimusho. 江苏省无锡县农村实态调查报告书[M]. 密歇根州:

密歇根大学,1941.
[67] 华希闵. 无锡县志[M]. 上海:上海社会科学院出版社,1994.
[68] 徐方干. 宜兴之农民状况[J]. 东方杂志, 1927,24(16):89.
[69] 宝山县新志备稿:卷5:实业志.1931.
[70] 原颂周. 一个最有希望的农村[J]. 申报·星期增刊,1921(3).
[71] 高景岳等. 近代无锡蚕丝业资料选辑[M]. 南京:江苏人民出版社,1987.
[72] FEI H T. Peasant life in China: a field study of country life in the Yangtze Valley[M]. Routledge & K. Paul, 1962 .
[73] 严中平. 中国近代经济史统计资料选辑[M]. 北京:科学出版社,1955.
[74] 赵如珩. 江苏省鉴[M]:上册. 上海:新中国建设学会,1935.
[75] [民国]真如志:卷3:实业志.
[76] [民国]江湾里志:卷5:实业志.
[77] 本书编委会. 川沙县志:卷5:实业志,卷14:方俗志. 上海:上海人民出版社,1990
[78] 南满洲铁道株式会社调查部. 江苏省松江县农村实态调查报告书[R]. 上海事务所调查室,1940.
[79] 南满洲铁路株式会社调查部. 上海特别市嘉定区农村实态调查报告书[R]. 上海事务所调查室,1939.
[80] [清]钱淦. 宝山县续志:卷5:风俗.
[81] [民国]陈传德,黄世祚. 嘉定县续志:卷5:风土志.
[82] [民国]续修南汇县志:卷18:风俗志.
[83] 林刚. 长江三角洲近代大工业与小农经济[M]. 合肥:安徽教育出版社,2000.
[84] WALKER K L M. Chinese modernity and the peasant path: semicolonialism in the Northern Yangzi Delta[M]. Stanford: Stanford University Press,1999.
[85] [乾隆]直隶通州志:卷16:风土志.
[86] 余仪孔. 解放前南通商业发展简史[A]. 江海春秋,1998.
[87] [光绪]朱祖荣. 通属种棉述略. 农学报,第17册.
[88] [光绪]雷乐石. 镇江口华洋贸易情形论略//通商各关华洋贸易总册(英译汉第35册).
[89] 林举百. 近代南通土布史[M]. 南京:南京大学学报编辑部,1984.
[90] 本书编写组. 大生资本集团史(初稿) [M]. 油印本, 1969.
[91] 本书编写组. 大生系统企业史[M]. 南京:江苏古籍出版社,1990.
[92] 江苏省长公署第四科. 江苏省实业视察报告书.1919.
[93] 沈启熙. 苏常道区泰兴县实业视察报告书[J]. 江苏实业月刊,1919(7):23-28.
[94] [民国]崇明县志:卷4:地理志·风俗.
[95] SKINNER G W. Cities and the hierarchy of local systems//SKINNER G W. City in Late Imperial China[M]. Stanford: Stanford University Press,1977.
[96] 京都大学文学部. 東洋史研究:卷47. 1988.
[97] [光绪]淮安府志:卷2:疆域.
[98] [清]文渊阁四库全书:子部:37“农家类”. 第731册.
[99] 史念海.河山集[M]. 北京:生活·读书·新知三联书店,1978.
[100] 汪汉忠. 灾害、社会与现代化:以苏北民国时期为中心的考察[D]. 南京:南京大学,2004.
[101] [明]江南通志:卷86:食货志.

[102] [清]文渊阁四库全书:史部:265“地理类”.第509册.

[103] Tenancy and farming at Kwanyun,Northern Kiangsu[J]. Chinese Economic Journal,1927,1(4):372.

[104] [明]盐城县志:卷2:舆地.

[105] 窦鸿年. 邳志补:卷24:物产. 南京:江苏古籍出版社,1990.

[106] [道光]周石藩. 劝纺织//海陵从政录. 家荫堂刻本.

[107] 江苏省地方志编纂委员会办公室. 江苏省通志稿[M]:第11册. 南京:江苏古籍出版社,1991.

[108] 刘兆元. 海州民俗志[M]. 南京:江苏文艺出版社,1991.

[109] [民国]阜宁县新志:卷12:农业志.

[110] 唐绍垚. 徐海道区萧县实业视察报告书[J]. 江苏实业月刊,1919(9):3,19.

[111] 范冕. 民国江苏淮阴县近事录. 民国11年抄本, 台北市淮阴同乡会影印.

[112] [光绪]劳倔. 镇江口华洋贸易情形论略//通商各关华洋贸易总册(英译汉第33册).

[113] [光绪]雷乐石. 镇江口华洋贸易情形论略//通商各关华洋贸易总册(英译汉第43-46册).

[114] [民国]王家营志:卷3:职业五.

[115] [民国]淮阴志征访稿:卷2:制造第十二.

[116] [光绪]安东县志:卷1:疆域.

[117] [民国]泗阳县志:卷7:地理.

[118] [清]河上纬萧[N]. 益闻录,第15册第1294号,1893-8-16(15).

[119] 俞训渊. 徐海道区睢宁县实业视察报告书[J]. 江苏实业月刊,1920(10):10.

[120] [民国]宿迁县志:卷2.

[121] 唐绍垚. 徐海道区邳县实业视察报告书[J]. 江苏实业月刊,1919(9):5,11,20,29.

[122] 江苏省民政厅. 江苏省各县概况一览:下册[M]. 镇江:镇江新民印刷工业社,1931.

[123] 马俊亚. 工业化与土布业:江苏近代农家经济结构的地区性演变[J]. 历史研究,2006(3).

[124] 季庸. 土布业[J]. 职工生活,1939,1(23):406-407.

[125] 曹幸穗,陈越光. 旧中国苏南农家经济研究[M]. 北京:中央编译出版社,1997.

[126] 东北国产纱布销路减少[J]. 工商半月刊,1932,4(11):4.

[127] 中国第二历史档案馆. 中华民国史档案资料汇编:第3辑“农商”(1)[M]. 南京:江苏古籍出版社,1991.

[128] 童润夫. 南通土布产销调查[J]. 棉业月刊,1936,1(2):221.

[129] (日)南满洲铁道株式会社调查部. 江苏省南通县农村实态调查报告书[R]. 上海事务所调查室,1941.

[130] 赵如珩. 江苏省鉴:下册[M]. 上海:新中国建设学会,1935.

[131] 汪疑今. 江苏的小农及其副业[J]. 中国经济,1936(4):6,78.

[132] 陈佐. 通州土布[J]. 东南文化,1994(5):29.

[133] 尹聘三. 江苏省立麦作试验场三年来脱字棉推广概况[J]. 棉业月刊,1937,1(4):570-572.

[134] 徐州棉联社二十五年业务概况[J]. 棉运合作,1936,1(8):5.

[135] (日)华北联络部. 江苏省苏北地方棉花调查[N]. 调查月报,1941(11).

[136] 联合国教科文组织.保护非物质文化遗产公约[EB/OL].http://www.chinaich.com.cn/claassll_detail.asp?id=91,2003.

[137] 莫雄,袁晓黎.南通土布[J]. 南京艺术学院学报(美术与设计版), 1990(3):43.

[138] 姜平.南通土布的历史渊源及其贡献[J].南通大学学报, 2008,24(2):86.

[139] [嘉靖]通州志:卷一.

[140] 李易群.南通色织土布的历史演进[J].文史艺苑,2008(2) :12-13.
[141] 陈炅.通州"海门岛"[J].南通今古,1995, 3(4) :64
[142] 郜冬萍.鲁锦中的民俗观念[D].兰州:西北民族大学,2005.
[143] 姜平,李宜群.丰富多彩的南通土布[J]. 江苏地方志, 2002(3):44.
[144] 蒲慧华.鲁锦图案启示录 [J].齐鲁艺苑,1988(1):15.
[145] 李光安.安阳宝山灵泉寺摩崖石窟装饰纹样的艺术美探究[J].河南社会科学, 2008:10.
[146] 王巍,黎小强,李敏.鲁锦的溯源及艺术特色[J].纺织学报, 2008(3):51.
[147] 黄钦康.中国民间织绣印染[M].北京:中国纺织出版社,1998:68-69.
[148] 刘杨志.蒲城传统土布纺织工艺研究[D].西安:西安美术学院, 2006.
[149] 李英华.魏县土纺土织研究[D].石家庄:河北师范大学,2008.
[150] 陈佐.通州土布[J].东南文化, 1994(5):29.
[151] 顾平.织物组织与设计学[M].上海:东华大学出版社,2004:5-9.
[152] 李超杰.都锦生织锦[M].上海:东华大学出版社,2007:48.
[153] 彭卫立.民间织物的继承与发展[D].青岛:青岛大学,2005.
[154] 唐家路.民间艺术的文化生态论[M].北京:清华大学出版社,2006:182-183.
[155] 崔唯.纺织品艺术设计[M].北京:中国社会出版社,2004.
[156] 吴元新,吴灵姝.蓝印花布 [M].北京:中国社会出版社,2009:101-109.
[157] 潘鲁生.民艺学论纲[M].北京:北京工艺美术出版社,1998.
[158] 杭间.手艺的思想[M].济南:山东画报出版社,2001.
[159] 李惠芳.中国民间文学[M].武汉:武汉大学出版社,1998.
[160] 赵屹,田源.织锦[M].北京:中国社会出版社,2008:2-8.
[161] 刘乐,杨永庆.论鲁锦的传承融合与发展创新[J].山东教育学院学报, 2007(5):78.
[162] 许大海.鄄城鲁锦文化的调查与研究[J].装饰, 2006(2):120.
[163] 王大海.走进非物质文化遗产——中国鲁锦艺术[J].山东艺术学院学报, 2008(4):90.
[164] 李建盛.当代设计艺术文化学阐释[M].郑州:河南美术出版社,2002.
[165] 马雪艳,冯伟一,李克林.鲁锦服装与室内织物的配套设计研究 [J]. 温州职业技术学院学报, 2009(2):82.
[166] 山东省地方史志编纂委员会. 山东省志: 纺织工业志[M]. 济南: 山东人民出版社，1996.
[167] 山东省鄄城县志编纂委员会.鄄城县志 [M].济南: 齐鲁书社出版,1996：209.
[168] http://www.gov.cn/zwgk/2008-06/14/content_1016331.htm.
[169] 周丽静. 南通地区民间传统色织土布工艺研究[D]. 无锡：江南大学, 2010.
[170] 郜冬萍.鲁锦中的民俗观念[D]. 兰州：西北民族大学, 2006.
[171] 彭卫立.民间织物的继承与发展[D]. 青岛: 青岛大学, 2005.
[172] 刘乐, 杨永庆. 鲁锦的传承融合与发展创新[J]. 山东教育学院学报,2007(5):78-81.
[173] 任雪玲, 葛玉珍. 鲁锦的艺术特色及基础纹样解析[J]. 丝绸. 2009(6): 46-47.
[174] 钱欣, 赵萌. 鲁锦纹样在现代服装设计中的应用[J].纺织学报,2010,31(1),96-101.
[175] 任雪玲, 朱苏康. 鲁锦手工织造技术[J]. 纺织学报, 2010,31(3),55-58.
[176] 宋法强. 鲁锦的传承及其工艺优化研究[D].青岛: 青岛大学, 2010.
[177] 侍锦, 彭卫丽. 山东鲁锦[M]. 济南：山东美术出版社, 2008.

[178] 张谨.鲁西南民间织锦的调查与研究[D]. 北京:北京服装学院, 2007.
[179] 张先豪. 鲁锦产业战略开发研究[D]. 上海:上海大学, 2007.
[180] 王大海. 走进非物质文化遗产——鲁西南居住文化中的鲁锦艺术[J]. 天津大学学报, 2007(1):22.
[181] 李百钧.鲁西南织锦开发纪实[J]. 齐鲁艺苑, 1987(1):14.
[182] 论衡[M]. 南京:江苏古籍出版社,1986 :18 .
[183] 濮州志[M]. 济南:山东画报出版社. 1920 年 6 月第 1 版. 第 65 页.
[184] http://www.hzsq.gov.cn / view1.php?id=6199.
[185] 陈维稷. 中国纺织科学技术史[M]. 北京:科学出版社, 1984:59.
[186] 段建华. 民间织锦[M]. 北京:轻工业出版社,2003:6.
[187] 安作璋. 中国运河文化史[M]. 济南:山东教育出版社, 2001.
[188] 曹州府志[M]. 长沙:岳麓出版社,1960:101.
[189] 张昭阳. 民间美术纹样的象征研究[D]. 天津:天津工业大学. 2005.
[190] 王慈, 蒋风. 艺诀艺谚集[M]. 南宁: 广西人民出版社, 1985:139.
[191] 城一夫. 色彩史话[M]. 徐漠,译. 杭州: 浙江人民美术出版社, 1990: 14.
[192] 考工记[M]. 北京:商务印书馆,1960:28.
[193] 任雪玲. 鲁锦溯源及其艺术特色[J], 纺织学报, 2008(3): 51-55.
[194] 李锐. 鲁锦织造技艺的传承与发展研究[D]. 济南:山东大学, 2010.
[195] 潘鲁生,赵讫,唐家路. 花格子布[M].石家庄:河北美术出版社. 2004:43-47.
[196] 张瑾. 鲁锦特征之浅析[J], 饰, 2006(3): 43.
[197] 刘丽. 浅议纹样的寓意及其影响[J]. 商场现代化, 2008(2): 397.
[198] 崔荣荣,高卫东 . 解读民间服饰绣花图案中的民俗寓意[J], 纺织学报,2006,(5): 103.
[199] 蒲慧华. 鲁锦图案启示录 [J]. 齐鲁艺苑, 1988(1): 15.
[200]唐家路.民间艺术的文化生态论[M],北京: 清华大学出版社,2006,182-183
[201] http://baike.baidu.com/view/2435138.htm
[202] 侍锦, 彭卫丽.鲁锦民族风情诱惑难挡[J], 纺织服装周刊, 2008(11):44.
[203] 赵萌. 鲁锦研究及其在现代服装设计中的应用[D]. 上海:东华大学, 2007.
[204] 朱松文. 服装材料学:第三版[M]. 北京:中国纺织出版社. 2001:84.
[205] 鲁葵花, 秦旭萍, 徐慧明. 服装材料创意设计[M]. 长春: 吉林美术出版社,2004:7.
[206] 张文斌. 服装工艺学[M]. 北京: 中国纺织出版社,2001:76-77.
[207] 林松涛. 成衣设计[M]. 北京: 中国纺织出版社,2005:102.
[208] 李英华.魏县土纺土织[D].石家庄:河北师范大学,2008.
[209] 钟茂兰.民间织染美术[M].北京:中国纺织出版社,2002:56.
[210] http://baike.baidu.com/view/44959.htm
[211] 邯郸县地方志编纂委员会.邯郸县志[M].北京:方志出版社,1992:7.
[212] 中国近代纺织史编委会.中国近代纺织史:上册[M].北京:中国纺织出版社,1997:288.
[213] 严中平.中国棉纺织史稿[M].北京:科学出版社.1955.
[214] 张杼.印染织绣艺术:生活尽染[M].重庆:西南师范大学出版社,2009:75.
[215] 翦伯赞.中国史纲要[M].北京:人民出版社,1979:173.

[216] 李达三.近代高阳土布的盛衰[J].河北省历史学会第三届年会史学论文集,1983:239-246.
[217] 高阳县地方志编纂委员会.高阳县志[M].北京:方志出版社,1999:296.
[218] 赵冈,等.中国棉业史[M].台北:联经出版事业公司,1997:215-218.
[219] 李金铮.传统与变迁:近代冀中定县手工业经营方式的多元化[[J].南开学报,2009(1):108-115.
[220] 中国近代纺织史编委会.中国近代纺织史:下册[M].北京:中国纺织出版社,1997:39.
[221] 李婷花.挖掘冀南土织布工艺内涵增益学前教育专业手工课堂[D].石家庄:河北师范大学,2008.
[222] 陈维稷.中国纺织科学技术史 [M].北京:科学出版社,1984:154.
[223] 王慈,蒋凤.艺诀艺谚集[M].广西人民出版社.1985:139.
[224] 张星. 服装流行学[M].北京:中国纺织出版社,2006:1.
[225] http://wenku.baidu.com/view/faf03d83e53a580216fcfef5.html.
[226] http://wenku.baidu.com/view/4285481efc4ffe473368abf5.html.
[227] 王毅.中国民间艺术论[M].太原:山西教育出版社.2000:57.
[228] 任雪玲, 葛玉珍. 鲁锦的艺术特色及基础纹样解析[J] . 丝绸,2009(6):46-47.
[229] 华梅. 新中国60年服饰路[M]. 北京:中国时代经济出版社. 2009:3.
[230] 王建. "中国乡村风格"家用纺织品探析[D]. 北京:北京服装学院. 2009.
[231] 潘鲁生,韩青. 离开锅灶端起碗——在民意的门槛上聊天[M]. 济南:山东画报出版社,2003.
[232] 王福建. 肥乡县志[M]. 北京:方志出版社. 2001:585.
[233] 鸡泽地方志编纂委员会. 鸡泽县县志[M]. 北京:方志出版社,2009:3.
[234] 王同立. 河北土纺土织布调研分析报告[J]. 河北纺织,2009(3):9-18.
[235] 魏县地方志编纂委员会. 魏县志[M]. 北京:方志出版社,2003:1126.
[236] 华梅. 人类服饰文化学[M]. 天津:天津人民出版社,1995:366.
[237] 唐家路,潘鲁生.中国美术学导论[M].哈尔滨:黑龙江美术出版社,2000:116.
[238] 胡志强. 中国手工业文化[M]. 北京:时事出版社,2007:1.
[239] 朱松文. 服装材料学[M]. 北京:中国纺织出版社. 2006:5.
[240] 钱欣,赵萌. 鲁锦纹样在现代服装设计中的应用[J]. 纺织学报,2010(1):96-101.
[241] 鲁葵花,等. 服装材料创意设计[M]. 长春:吉林美术出版社. 2004.
[242] 张文斌. 服装工艺学:结构设计分册[M]. 北京:中国纺织出版社,2001:75-77.
[243] 张文斌. 服装结构设计[M]. 北京:中国纺织出版社,2006:72.
[244] 吴经熊,吴永. 服装结构与工艺[M]. 哈尔滨:黑龙江教育出版社,1998:155.
[245] 刘元风.服装设计学[M].北京:高等教育出版社,1997:199.
[246] 吕学海.服装结构设计与技法[M].北京:中国纺织出版社,1997:99.
[247] 何飞燕,戴雪梅.议服饰配件在服装设计中的运用[J]. 沈阳建筑大学学报,2008,7(3):280-283.
[248] 奥利维埃·杰瓦尔.时尚手册——服饰配件设计[M].北京:中国纺织出版社,2010:3.
[249] 马蓉. 服饰配件设计[M].重庆:西南师范大学出版社,2002.
[250] 张祖芳,朱瑾.服饰配件设计[M].上海:上海人民美术出版社,2007:65.
[251] 张海晨.服饰配件设计[M].上海:上海交通大学出版社,2004:34.
[252] 赵萌.鲁锦研究及其在现代服装设计中的应用[D]. 上海:东华大学. 2007.
[253] 卢慧娜.论面料再造与家纺设计的契合[J].山东纺织经济,2007(6):63-66.

[254] 陈婷.浅谈客厅装饰法[J].科技创新导报,2009(36): 92-94.
[255] 梁小敏.谈色彩在卧室设计中的应用[J].广东建材,2010(5): 160-162.
[256] http://baike.baidu.com/view/60290.htm
[257] 温润.论现代家纺设计中流行色的运用[J].丝绸,2009(6): 16-19.
[258] 张毅.解析家用纺织品"中国设计风格"的建构[J].上海纺织科技,2009(9):1-3.
[259] 蓝先琳,李友友.中国传统刺绣[M].南昌:江西美术出版社,2007:1.
[260] 罗春燕.编织艺术在服饰品设计中的应用与创新[J].化纤与纺织技术,2011(40):43-47.

附录

附录一：采访记录（南通土布）

采访一：时间：2009年3月20日

地点：二甲镇文化站

采访人：作者（以下简称“作”）

被采访人：周站长（以下简称“周”）

作：周站长你好。

周：你好。

作：我是江南大学学习服装专业的学生，现在做有关我们南通地区色织土布的研究，能不能向你请教一些这方面的问题。

周：可以，可以，不用客气，你们年轻人能花时间研究这个，我们感到很高兴的。

作：我是通过看《近代南通土布史》了解到，二甲镇在早期也是生产土布的主要地方，你能简单介绍一下二甲镇色织土布的品种吗？

周：二甲镇及周边的色织土布品种相对较少，主要以蓝货为主，像金丝条、银丝条、蚂蚁布、豆腐格、各式条格布、桂花布、芦扉花布都是主要的品种。相对其他地区品种是较单调的，这和当地蓝印花布的兴盛是有关系的，人们更倾向于织造出白坯布然后做成图案丰富的蓝印花布。我们这个地方，蓝印花布直到今天都还保留着传统制作方式在生产，在我们镇也成立了蓝印花布研究所，建立了蓝印花布展览馆。

作：也就是说色织土布在我们这个地方已经没有人在织造了？

周：对的。在20世纪六七十年代还有人织造，主要是自家用，后来机织布盛行，又便宜。而色织土布织造费时耗工，所以慢慢就没有人织造了。现在的年轻人几乎对这个是没有了解的，像七八十岁的老人对土布还是很有情结的。毕竟在那个年代，织造土布可以说是他们生活的重要一部分，也是家庭妇女主要的经济来源。

作：我们这个地区的色织土布具体来说有什么特色呢？

周：总起来说色彩比较单一，多以蓝色、白色、黑色的组合搭配为主，就像格子，大多是蓝白格子。人们比较喜欢穿着这类布制作的衣服，觉得清爽，不像北方人喜欢大红大绿的面料制作衣服。

作：那色织土布作为我们这个地方民间传统文化的一部分，二甲镇有没有采取一些保护措施呢？

周：前几年我们搞过一次民间征集土布，主要是为了配合市纺织博物馆的建立。搜集了很多土布，现在都收藏在市博物馆。我们对该地这个文化资源的保护也是很忧心的，现在毕竟人们的观念改变了很多，追求比较现实的经济利益，我们保护工作的展开也是很有困难的。目前，我们的蓝印花布展览馆已经完善。下一步就是集中筹建二甲镇土布展览馆。先把面料、织布工具这些实体的东西在民间进行征集，然后深入调查整理这个土布的制作工艺、民俗观念。最后是要把这个土布作一个系统性的研究保护，为南通土布的保护及申请国家级非物质文化遗产做出我们应该做的努力。

作：那我们现在这个镇上会织造土布的老人还多吗？

周：也是不多了。随着一些老人的去世，一些珍贵的制作技艺也在流失，对这些人的调查访问也是我们下一步

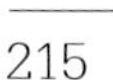

要做的。

作:周站长,我这个研究的主要方向就是我们南通色织土布的工艺研究,通过刚才和你的谈话,我觉得我下一步应该找些二甲镇精通织布的老人作一些访问,了解更多的工艺内容。能不能给我介绍一些我们镇上早期的织布能手?

周:哦,这个,我听的出你不是南方人,如果去我们这边农村和那些年纪大的老人交流恐怕会有些困难,你听不懂这边的方言,你讲普通话她们也不见得听得懂。这样吧,我向你推荐一位我们当地做传统蓝印花布的师傅,他家几代都在做这个传统工艺,对色织土布也很有研究,我想和他交流应该容易些,他也经常参加一些传统工艺文化的交流会,应该对你的想法,需要的东西比较清楚。可以吧?

作:这当然很好了,非常感谢你,周站长。

周:不用客气。

采访二:时间2009年3月21日

地点:二甲镇蓝印花布作坊

采访人:作者(以下简称"作")

被采访人:王师傅(以下简称"王")

作:王师傅,你好,是周站长介绍我们过来,有些问题请教你一下。

王:好的,好的。周站长已经和我通过电话了。有那些需要了解的?

作:我知道你长期从事蓝印花布的制作。在蓝印花布制作时所需的白色布匹是不是土布呢?

王:在早期,三十年前我刚刚从事蓝印花布制作时,是用土布来印染的,就是我们向织户购买白色布匹,然后自己印花。不过现在一般都是购买的机织白坯布。

作:你了解一些织布的工艺吗?我通过查看书籍资料知道我们南通土布的织造要经过很多工序才能织造完成。

王:对,这个织布是很麻烦的,大大小小要经过十几道工序。从棉花的种植到纺纱,再到织布都是自己完成的。具体的织造工艺,因为现在没有织机工具之类的,也不太好讲清楚。

作:那开始的工序就是纺纱,一般一天一个人能纺多少纱?

王:一个熟练的纺纱者一天能纺三两左右,你可以想想,一个床单的重量,光纺纱就要纺上两天,所以说织土布是很耗时的。

作:那一天能织多少布呢?

王:这要看织造的纹样,如果是简单的纹样一天能织五六米,如果是芦扉花这种,换线比较频繁的,织布熟练的也就能织三米。

作:刚才你提到了芦扉花布,和白坯布的织造上有些什么差异?

王:芦扉花布是属于南通土布里的色织布,所谓色织就是在纺纱后要根据需要将纱染色后织布,而白坯布直接用棉花纺的白纱织布就行了。以前都是染些蓝色啊、褐色啊、黑色啊,一些比较传统的颜色,那个时候穿着也不像现在红红黄黄的。那个蓝色又分很多种,像大蓝啊、毛二蓝啊、淡青、天青。

作:为什么蓝色在色织土布的色彩上应用这么广泛呢?

王:这个是因为在这个民俗的心理上,人们觉得蓝白结合象征清清白白。穿着这种布做的衣服也清爽,人有精神。

作:王师傅,你多年从事蓝印花布的印染,对色织土布的纱线染色也有所了解吗?

王:色织土布纱线染色用到两种染料，一是矿物染料，一是植物染料。像蓝印花布用的就是植物染料。植物染料就是利用一些植物的叶、花卉、根、皮等加工而成。植物染料染色后纱线不易掉色，经得起日晒水洗。而矿物染料染色后纱线一般比较容易掉色。早期色织布染色几乎都是用植物染料，后来随着织布品种的增多，矿物染料又色彩丰富，而且廉价，大部分织布者都选择了矿物染料来染纱线。

作:蓝印花布同色织土布一样都是我们民间优秀的染织技艺，这么多年你还继续从事这个传统的制作技艺，是什么动力让你一直坚持在做?

王:作为一名普通的老百姓，我首先要考虑继续做能不能满足我的经济需求，现在我做这个蓝印花布主要是它有销路，能给我带来利益。从市里到镇上都特别重视这个技术保存下来，做了很多宣传。经常有人来参观我这个作坊，他们有的就会向我订货，也会带来一些国外客商，我现在做的蓝印花布都远销海外了。如果是没有人重视它，我做了没有销路，卖不出去，那我就没必要做了，对不对? 这当然是一方面。还有我从小家里就是做蓝印花布的，一些技术都是上辈传下来的，我感觉这是我们家族的一个传承，觉得骄傲。现在我儿子也在从事这个，对蓝印花布刻版这一块还有他自己的创新，这让我很是自豪，祖祖辈辈传下来的东西有人重视，能继续更好地发展，我每天都心里高兴。

作:听周站长说你有时去参加一些传统工艺的交流会，都是些什么内容的交流?

王:就是一些关于传统工艺的传承发展的，各个地方的特色传统工艺都有一些专家和当地的一些技艺传承者在一起交流一下，都是市里文化局组织的。对了，你不是专做南通色织土布的研究吗，我上次开会时和一个纺织博物馆的研究员聊了很多，他就是专门研究这方面的。我这有他的联系方式，我可以给你，你可以多方面了解一下。

作:真是太感谢你了，王师傅。

王:不客气，有问题了再来。

采访三:时间:2009年4月1日

地点:南通纺织博物馆

采访人:作者(以下简称"作")

被采访人:研究员姜平(以下简称"姜")

作:姜老师你好! 看过你写的许多有关南通土布的文章，写得很好，这次特意来向你这位专家请教。

姜:太过奖了，不用客气。我们馆里的收藏你都参观了吗?

作:看过了，真是很全面，包含了所有品种。这些面料都是从民间搜集的吗?

姜:是的。十几年前我们开展了一次南通全范围的征集活动，从各个地方搜集了这些面料，像海门、通州、如皋、启东等地区。

作:你能具体讲一下这些地区的土布，特别是色织土布这一块在各个地区有什么差异吗? 我看你的论文也有提及。

姜:有代表特征的主要有两个地区，这两个地区存在着挺大的差异。通州和如皋地区的乡民多是本地土著居民，他们比较传统，民俗淳朴。他们的这种特质表现在色织土布上，就保留了质朴、淳厚的古风。色织土布一般用色比较简单素雅，图案庄重。纱线一般染成深蓝、浅蓝、黑色，然后与白色纱线经纬交织，搭配构图，产生一种灰色效果，让人感觉素净清爽。这些传统的色织土布品种多以蚂蚁布、桂花布、金银丝格布、柳条布、芦扉花布、鱼鳞格布等为主。那启东和海门地区，当地的乡民大多都是移民，他们身上凝聚着一种不畏险阻、勇于创新的品格。这种特质表现在色织土布织造上，则有灵动多变的风格，更强调这个土布图案的节奏感和装饰效果。他们一般突破各方面的制约，像工具，像技术，都有创新。代表的色织土布品种有竹节布、皮球花布、双喜布、彩条格布、创新型芦扉花布等。

作: 刚才你讲到这个启海地区多以移民为主,这和南通色织土布的传入及发展有没有关系?

姜: 有的,明清两代,手工纺织技术在松江达到全盛,是全国棉纺织工艺的中心。南通的棉纺织技术源自江南。在清代末期,江南地区有战乱发生,农民生活困苦。他们为了躲避战乱,纷纷移民江北,成为我们南通启东、海门两地的首批拓植者。当然他们就带来了江南地区先进的棉纺织技艺,为我们南通土布的发展做出了巨大贡献。

作: 姜老师,听你讲我们南通色织土布也发展百余年,在这发展过程中,色织工艺技术有那些改进呢?

姜: 整体来讲,我们南通色织土布的技术还是保留了传统土布的技艺,只是突破了传统工具的限制,把它发挥到了极致。更丰富地利用了经纬交织,再加上色彩的不断丰富,使得色织变幻无穷。此外,利用了提花与织锦技术,在有限的织机上通过增加综片来完成,像竹节纹、皮球纹、梅花纹都是多综片织造的。

作: 那织造工具织机具体有那些变革呢?

姜: 这个早期就是传统的手投梭织木机,就是操作时,梭子用两只手这样来回投进经线形成的织口,下面有两个脚踏板,来回踩踏。在民国时期出现了一种手拉织机,就是把那个手投梭改装成手拉线,利用梭箱作为一个通道,这样即省力又提高了效率。这时也给织机增加了脚踏板,主要是配合增加的综片。在解放时期还兴起了一种铁木机,简单地利用了电力。但这种铁木机由于成本原因并没有在农村广泛使用。20世纪六七十年代,人们更多的还是使用简单的木机,通过在普通木机上加装笼头、综片和脚踏板,开始提花织锦色织土布的生产,使色织土布生产的技术水平达到几百年来的最高峰。

作: 我通过看博物馆的展览,还有听你刚才讲述的,觉得南通色织土布有着悠久的历史,精湛的传统工艺,为什么我们今天没有把它发扬光大,也就是我们只能在博物馆里才能看到,在现实生活中都没有它的影子,而不像鲁锦,在现代都市里我们能看到高档的产品,也是很符合现代人的需求的?

姜: 这个问题也是值得我们深入探讨的。我们所面临的问题,一是经费问题,二是研究人员缺乏问题。没有经费,我们的一些工作就不能展开。还有现在的人们更多的是追求现代经济利益,越来越少的人会对我们的传统工艺感兴趣,越来越少的人会安下心来为我们的传统工艺做些什么。

作: 我们南通土布已经被列入省级非物质文化遗产保护的行列,我们还在努力申请国家级非物质文化遗产保护吗?

姜: 这个是肯定的,我们正在做这方面的努力,希望在我退休前还能看到这个结果。当然这更需要你们年轻一代加入我们的行列。

作: 谢谢你,姜老师,今天真是受益匪浅。

姜: 不客气,希望我们的传统工艺文化继续传播。

采访四: 时间:2009年4月1日

地点:海门市三厂镇大洪村

采访人:作者(以下简称"作")

被采访人:村民王秀兰(以下简称"王")

作: 王奶奶,你好!我是江南大学的学生,听说你是以前村里有名的织布能手,今天特来向你请教。

王: 好,好,有什么想问的尽管问。

作: 您从什么时候开始织布的啊?

王: 那个时候又不像现在,女孩子还要上学,我从七八岁就开始跟着母亲给她做帮手了,十三四岁自己就会纺线了,再大些就会自己织布了。

作: 那你织的布是自己做衣服用还是拿出去卖啊?

王:年轻时和母亲一块织布都是卖的,那时候每匹布可买五六角,好的还能卖到一块钱。后来嫁过来,孩子多了,也没有收布的了,都是织布做衣服。

作:您现在还有没有以前自己织的布或是织的布做的衣服啊?

王:有的,有的。(从老式床下找出些面料和衣服)这些都是的。

作:您还保存得这么好啊!

王:以前老是爱存些布和衣服,不舍得用新的,怕以后没得用。可后来就流行机布了,也便宜,这些就留下来了。

作:这块布就是叫作豆腐格布吧,还有这件衣服的面料是芦扉花布吧?

王:对的。

作:像这种芦扉花布,以前您一天能织多少啊?

王:以前晚上都要加班织的,能织三米左右吧。这布布幅都窄得很,织几天才能织出来一件衣服。

作:摸着这布挺硬的,可这件衣服却很软和,为什么呢?

王:这布是没用过的,织布前纺的线都是浆过的,用面粉加水浆的。这件衣服是穿过洗过的,一洗布上的浆就被洗下来了,也就软和了。

作:原来是这样。我看这布的颜色还挺鲜艳的,很新,这衣服洗过了也没怎么掉色。自己染色怎么才能染这么好?

王:这染色染得好的都是买的别人配好的染料,有人专门配的,只管给你配,就是不告诉怎么配,是保密的。

作:哦。我看这块面料很漂亮,颜色也很鲜艳,这中间的线要粗些,而且像是提花,其他的纱线那么细,也是自己纺的吗?

王:这几块鲜艳的都是后来织的了,线不是自己纺的,都是买回来的线,所以颜色要鲜艳一些,这中间的线是自己纺的。这种就是提花,要加综片才能织的,而且织得时候很慢,要记得什么时候提起这根线。

作:我看这块布是斜纹的吧?

王:对的,是斜纹的。

作:织斜纹布要几片综啊?

王:一般都是四片的,穿综都是有规律的,记住规律穿,再记住织的时候怎么踩下面的脚踏板就行了。

作:那像这块斜纹的条格布,穿综及踩脚踏板有什么规律呢?

王:这个就是比如从前往后四片综,穿时我们要记住1234、1234、3214、3214,然后来回重复就行了。踩下面的踏板,斜纹一般都是先踩1、2,再2、3,再3、4,最后1、4。

作:我觉得好麻烦,您织的时候能记得住吗?

王:不难,是现在我们没织机,你听着难,习惯了就是说着话,聊着天都不会织错。再说织错了,再改过来,那么长的布也看不出来。你们大学生都那么聪明,一教就会了。

作:您什么时候不织布的啊?

王:那这可很长时间了,三四十年了吧。我家那织机早就没了,盖房子搬家觉得碍事,就处理掉了。真是没想到这么多年了,你们大学生又研究这个了。

作:是啊,现在这个在城市里可受欢迎了。王奶奶,能不能送我些您不用的布头啊?

王:可以可以,我反正放着也是不用,我给你每块布都剪下一些吧。

作:真是谢谢您了,王奶奶!

王:不客气,又不值钱,你们有用就给你一些吧。

作:好的,谢谢。

采访五：时间：2010年3月7日

地点：角直古镇

采访人：作者（以下简称“作”）

被采访人：土布店店主严月娥（以下简称“严”）

作：严阿姨，你好，我是上次来你店里买过土布的学生。

严：你好，这次有什么需要呢？

作：我上次来过你店，看到你店里织机和南通博物馆里的织机一样，你店里的面料也和博物馆里有好多相同的，这次来想向你请教些织布的技术。

严：好的。

作：像这种简单的条格布，有的循环那么大，那经线的时候要用到一百个筒管，那场地有限怎么办？

严：是这样的，如果循环大的，就像这种超过一百的，都是分开经线的，先把循环的一半经好，再经另一半，然后再把两束线各起来上机刷线就行了。

作：哦，原来是这样。根据经线的原理，每两根相邻的经线颜色应该是一样的，为什么芦纹布还有一些条格布的经线相邻的颜色不一样呢？

严：这都是经过调线的。

作：调线？你能具体的讲一下吗？

严：你过来，来织机上看一下。调线就是把这相同颜色的线的一根与另外颜色的一根换一下位置。一般都是和它相近的换。换的时候要保证，是上交线与上交线换，下交线与下交线换。

作：严阿姨，你能演示一下织布吗？

严：好的。

作：我发现一个问题，你织的这块布是简单的平纹，而且下面的脚也是左右踩踏板，用两页综就能完成啊，为什么你这个织机上吊了四页综？

严：你仔细看一下，这四页综工作时是和两页综一样的。因为这前两页是绑在一起，后两页绑在一起分别与下面的一个脚踏板连接的。

作：那这样不是麻烦了？

严：这个是为了织布时省力，还有织出的布更紧密。你看看，要是用两页综，这六百根纱线每页综里穿三百根，要是用四页综，每页只需穿一百五十根，你想想这样横向的距离不就缩短了，投梭的时候也就不用那么用力了。

作：哦，那穿综要怎么穿？

严：用土话讲就是“里里外外”，你看，这四根线依次先穿里面的两页综眼，再穿外面的两页综眼。

作：这两边的纱线怎么都是两根同时穿进一页综啊？

严：你看的还挺仔细的，这样是为了让布边更结实。

作：我能看一下你使用的这个梭子吗？

严：可以。

作：这个小孔里放的是鸡毛吗？好奇怪啊！

严：是鸡毛杆，这个鸡毛杆放在这是固定纬圈的。别小看这个鸡毛杆，其他的还替代不了它呢。这个鸡毛是顺着一个方向长的，塞在里面不会自己滑出来，还有这个梭子来回在纱线里面穿过，外面的鸡毛又不会钩线。

作：原来小小的鸡毛在这里还有这么大的好处。

严：是啊，在织布过程中，好多都是自己发明的土办法，这样即省钱又方便，是不是。

作:我看你织机上用了好多筷子,都是自己想出来的吧?

严:是的,这些筷子都是起固定作用的,筷子小巧又方便,放在这不刮布,手碰到了也不会有伤害。

作:你墙角里的这个工具在博物馆我也见过,用的时候是放在摇车上吧?

严:是的。这个线撑子用处可大了,摇线和络线时都用的。

作:阿姨,你现在都是自己织布吗?

严:不是的。自己都是织给买布的,来古镇游玩的人看看,就是演示一下。店里做衣服的布大多都是我老家里的老人织的。

作:线也是自己纺的吗?

严:是的,我店里的布从纺纱到成布都是手工做的。你看看这些布就知道了,用手纺的线织成的布,布面都没那么干净的,多多少少都会有些小线疙瘩的,你看看这些都是。要是那种布面非常光洁的,他要是说也是纯手工纺纱织布,那就是骗人的。

作:哦,原来是这样。那这成本挺高吧。

严:不是很高的,农村里的老人闲着没事,动动手可以挣点零花钱,她们还是很乐意给我做的。

作:哦。那阿姨不打扰你了,还耽误你很长时间,谢谢你了。

严:没事的,今天不是周末,生意又不忙,有空了再来玩。

作:好的,谢谢。

附录二:采访记录(鲁锦)

采访一:时间:2009年10月20日

地点:鄄城中国鲁锦艺术博物馆

采访人:作者(以下简称"作")

被采访人:路维民馆长(以下简称"路")

作:路馆长,你好。

路:你好。

作:我是无锡江南大学学服装专业的学生,现在论文做有关咱们济宁、鄄城地区鲁锦的研究,能不能向你请教一些这方面的问题。

路:好的,好的,不用客气,你们年轻人能花时间研究这个,我们很感到高兴的,我尽我所知道的解答吧。

作:我是通过看潘鲁生老师的《花格子布》和查阅文献了解到,鄄城是早期生产土布的主要地方,你能简单介绍一下鄄城土布的品种吗?

路:鄄城的鲁锦品种相对较多,网上或书上记载的差不多在鄄城都可以找到,主要的有两匹缯和四匹缯鲁锦,像白坯布、方格布、条纹布都是两匹缯所织的平纹布;而四匹缯的比较复杂,主要的品种有枣花纹、水纹、狗牙纹、斗纹、芝麻花纹、合斗纹、鹅眼纹、猫蹄纹等基本纹样。相对其它地区花色来说还是很丰富的。我们馆里收集了很多鲁锦实物,当然直到今天都还保留着传统制作方式在生产,我们馆也作为鲁锦代表单位参加一些省里和地区间的交流、宣传工作。

作:也就是说鲁锦在我们这个地方还是有人在织造的吧?

路:对的,只是现在已经不像从前那么广泛了。从20世纪六七十年代一直到现在还有人织造,以前主要是自家用,后来机织布盛行,效率高,价位相对较低,这对费工费时的纯手工织造的鲁锦来说,是个比较致命的打击,这样

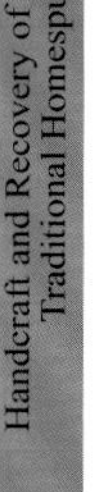

就影响到鲁锦的产量和价格。而且这种布织造相当繁琐，所以织的人也就慢慢变少了。现在的年轻人几乎对鲁锦是没有什么概念了。

作：我们这个地区的鲁锦具体来说有什么特色呢？

路：总起来说，色彩丰富多样，用色大胆，节奏明快，色彩对比强烈，多以湖蓝、靛青、绿、棕色、黄色、泥紫、榴黑、大红、桃红、槐黄等颜色的组合搭配为主，就像四匹缯的布，大多是用多种色线混合运用织造。人们比较喜欢用这种布作床单、被面等，纯棉质地的用起来舒服，并且看起来很喜气，又能给家里添一丝亮丽的视觉效果。

作：那鲁锦作为我们这个地方民间传统文化的一部分，咱们馆里有没有采取一些相应的保护措施呢？

路：近些年，我们一直在搞民间征集土布和雇佣织手从事织造传统鲁锦，主要是为了能让咱们鲁锦一直延续下去，毕竟它是我们这里的一段真实生活写照。搜集的很多土布现在都收藏在馆里。目前，我们展览馆正在重新扩建，争取将面料、织布工具、成品鲁锦这些实体的东西在民间进行征集，然后做成一个完整的系列展现给大众，同时也会深入调查整理鲁锦的制作工艺，民俗观念等，最终希望达到传统技艺、文化等的真实再现。

作：路馆长，我这个研究的主要方向就是传统鲁锦纹样手工织造研究，通过刚才和你的谈话，我觉得我下一步应该找些鄄城精通织布的老艺人作一些访问，了解更多的工艺内容。能不能给我介绍一些我们这里早期的织布能手？

路：哦，这样吧，我向你推荐一位现在负责给我们织布的张风兰师傅，她家几代都在做这个传统工艺，她是从上辈人那里学到的，是能织出很多四匹缯这样复杂图案的能手，我想和她交流应该更利于你对鲁锦的认识，可以吧？

作：这当然很好了，非常感谢你，路馆长。

路：不用客气。

采访二：时间2010年4月21日

地点：鄄城县张庄村

采访人：作者（以下简称“作”）

被采访人：张风兰师傅（以下简称“张”）

作：张阿姨，你好，是路馆长介绍我们过来，有些问题想请教你一下。

张：路馆长已经和我通过电话了。

作：我知道你是长期在织粗布的。那现在你织的这些布大多是两匹缯还是四匹缯的呢？

张：嗯，一个是要看人家要什么样的布，另一个要有时间就给家里织点儿。一般人家要的多数是猫蹄花、枣花、狗牙纹、合斗纹之类的四匹缯，这些一般一幅布上有好几个纹样，都是穿插地来织的，整体搭配起来就增加了织造的难度了。

作：哦，那你能详细介绍一下织布的工艺吗？我通过查看书籍资料了解到，我们鄄城粗布的织造要经过很多工序才能完成。

张：大体上的织造工艺主要有轧花、弹花、纺线、打线、染线、掉线、络线、经线、刷线、做综、闯杼、穿综、吊机子、栓布、织布等。像我现在这道工序就是闯杼，其他的工序不具体操作也不太好讲清楚。

作：嗯，是啊。你们现在是用洋线还是自己手纺的线啊？

张：我们是根据客户的需要决定用洋线还是手纺线，一般是洋线更鲜艳，但是手纺线更舒服。

作：那一天能织多少布呢？

张：这要看织造的纹样，如果是简单的纹样一天能织五六米，如果是难死人、迷魂阵这种，织布熟练的也就能织三米。

作:刚才你提到了难死人、迷魂阵纹样的布,和白坯布的织造上有些什么差异?

张:难死人、迷魂阵纹样的布所用的线是要经过染线这个工序,通过色线的搭配组成图案。以前都是染些大红啊、湖蓝啊、靛青啊,一些比较鲜亮的颜色,咱农村人都是图个红红火火、热热闹闹。

作:这样看来颜色还是蛮多的,这也同时增加了织布的难度的吧?

张:对啊。体现一个图案难易的一方面就是色线间的搭配关系,你织布时要清楚什么时候换什么样的色线,这都要心里有数的。

作:土布现在是我们国家民间优秀的染织技艺,这么多年你还继续从事这个传统的制作技艺,是什么动力让你一直坚持在做?

张:现在我在家不误农活又能给家里多增加一份收入,织布给我带来利益了。也经常有人来参观采访的,能出一份力就出一份力。还有我从小家里上辈人就在织布,现在我两个孩子假期时我也会教她们织一些,这样这个手艺就可以一直传下去,我心里也高兴。

作:听路馆长说你有时也去参加一些传统工艺的交流会,都是些什么内容的交流?

张:就是关于地方的特色传统工艺如何传承等内容,都是县里文化馆组织的。对了,你做传统鲁锦纹样手工织造工艺研究,我上次开会时和一个嘉祥文化馆梁科长聊了很多,他就是专门负责搜集研究这方面的。我这有他的联系方式,我可以给你,你可以多方面了解一下。

作:真是太感谢你了,张阿姨。

张:不客气。

采访三:时间:2010年7月22日

地点:嘉祥文化馆档案科

采访人:作者(以下简称"作")

被采访人:梁科长(以下简称"梁")

作:梁科长你好!看过你写的许多有关鲁锦的报道文章,写得很好,这次特意来向你这位专家请教。

梁:我们也是在申报国家非物质文化遗产的过程中开始深入了解的,其中还有很多知识需要补充的。

作:那我想问一下,我们这边的鲁锦有什么突出的特色呢?

梁:鲁锦纹样不是具体的事物形象,而是鲁西南人民根据自己生活中的所见,所闻,所悟,按照自己的审美标准,通过经纬不同色线的交叉搭配,织造出的各种各样的几何图形,并且通过抽象图案的重复、平行、连续、间隔、穿插、对比等变化,形成特有的节奏和韵律。鲁锦纹样的特征主要体现在图案造型、色彩运用和织造工艺三个方面。这三个方面的相辅相成造就了鲁锦的独特风格:古朴典雅中不失高贵大方,粗犷中透着细腻,艳丽中蕴含着稳重。比如这个满天星,这么多颜色的纱线来回交织构成这个图案,其中颜色有强烈的对比色,但是搭配起来视觉上还是很舒服的,这也就是鲁锦的一个很细微的特点。

作:刚才你讲到色线的搭配这块,那么我们这边有没有什么用色的讲究或者谚语呢?

梁:这个多少还是有的,鲁锦常用颜色有湖蓝、靛青、绿、白、豆灰、棕色、黄色、泥紫、榴黑、大红、桃红、槐黄等。鲁锦在颜色选配时遵循了"红红绿绿,图个吉利""红间绿,一块玉""红间黄,喜煞娘""红冲紫,臭如屎""青间紫,不如死"等民艺配色口诀。其中虽不乏色彩的视觉要求,但重要的是民间关于祈福、欢庆、和美等心理情感的直接描述。

作:梁科长,这么说咱们鲁锦还有一些民俗寓意是吧?

梁:是的,鲁锦隐含着丰富多彩的民俗寓意。鲁锦艺术作为一种民间文化观念的载体,是鲁西南地区的妇女表达情感和意愿的直接见证，主要表现在鲁锦的色彩和图案寓意上。比如这个芝麻花纹，取材于农作物芝麻开的花，取其寓意“芝麻开花节节高”，表达了人们对于美好生活的期盼，希望日子节节升高，越来越红火。芝麻花纹的图案介于抽象与具体之间，芝麻花的白色点状图案，以芝麻秸秆为中心对称分布，上下延展，远看好比田里开满了白色花的芝麻秸。再比如这个合斗纹，以几何图形组成一些“十”字、“井”字之类的图案。“十”字“井”字，在农耕社会里，表示人们希望生活“十全十美”，拥有好的收成。此图案视觉效果好，容易织造，是鲁锦图案中使用比较多的纹样，经常搭配其他纹样出现。

作：谢谢你，梁科长，今天真是受益匪浅。

梁：不客气，希望我们的传统工艺能发扬光大。

附录三：采访记录（邯郸土布）

采访一：时间：2010年7月20-23日

地点：邯郸市鸡泽县文化馆

采访人：作者（以下简称“作”）

被采访人：李明亮馆长（以下简称“李”）

作：李馆长您好。

李：你好。

作：我是无锡江南大学学服装专业的学生，现在论文做的是有关邯郸地区土织布的研究，主要包括的地区有鸡泽县、肥乡县和魏县，能不能向你请教一些这方面的问题。

李：好的，好的，不用客气，你们这么远赶来了解土布，我们感到挺不容易的，也很高兴你们有心做这方面的研究，我尽我所知道的解答你吧。

作：我确定课题后从诸如《中国近代纺织史》这类书籍中了解到河北省过去盛产土布，其中产棉大区之一就有咱们鸡泽县，您能简单介绍一下当时鸡泽土布业的状况吗？

李：鸡泽过去土布业的兴盛，一方面土布是当时人们生活之需，都要用来做衣服、被褥什么的，因此几乎每个成年女子都会纺线织布；另一方面也是受当时其他土布盛产地的影响，比如当时的高阳土布名声很大，产量和销量在全国来说都是屈指可数的。不过，鸡泽的土布花样不是很多，主要的有两匹缯和四匹缯土布，象白坯布、简单的方格布、条纹布都是两匹缯所织的平纹布；而四匹缯的比较复杂也很少，主要的品种有土布对联、土布词汇。相对其他地区花色来说，鸡泽县土织布配色上则较为朴实，有庄重、古朴之感。最常使用的颜色有紫色、土黄、酒红、鲜红、湖蓝、黑色等。我这边也在做申请省级非遗保护的工作，从村民家里收集了一些过去的土布，但是有这些复杂纹样的土织布已经很少了。

作：那咱们这个地方还是有人在织土布吗？

李：还有，只是现在已经不像从前那么广泛了。从20世纪六七十年代一直到现在，还有人织造，像我前面说的，以前主要是自家用，后来机织布盛行，这对鸡泽的土布是个非常致命的打击。而且这种布织造费时耗工，所以织的人也就慢慢变少了。

作：我们这个地区的土布具体来说有什么特色呢？

李：总的来说，鸡泽的土布是在实用的基础上增添了很多文化气息，朴实中透着高雅，色彩古朴大方，对比不是很强烈，最常使用的颜色有紫色、土黄、酒红、鲜红、湖蓝、黑色等，比如织简单笔画的规整字对联的门帘，字用酒红色线，配黑色、湖蓝做衬。人们比较喜欢用这种布作床单、被面等，不仅能显示出妇女的聪明灵巧，对家里又能增光

添色。

作：那土布作为我们这个地方民间传统文化的一部分，咱们馆里有没有采取一些相应的保护措施呢？

李：近些年我们一直在搞民间征集土布和保护织手的活动，尽量使这门手艺流传下去，毕竟它是我们这里的一段真实生活写照。我们收集了一些布样，但数量不多。目前，我们正在收集传统土布、织手的具体情况及现存织造工具的数量等，目的就是积极地准备申报省级非物质文化遗产保护项目，最大限度地保护这门手艺。

作：李馆长，我这个研究的主要方向就是邯郸地区土织布审美解读及应用研究，通过刚才和你的谈话，我觉得咱们鸡泽的土布还是应该有一些内在的东西，比如一些具体图案包含什么样的寓意？

李：最初人们织的是一些较为简单规整的字样，然后再配上其他图案，比如织"土""丰""工""王"等，配以灯笼纹、水纹、鸽眼纹等。随着织布技巧日渐完善，织手们才开始织较复杂的字。鸡泽过去婚嫁时兴给姑娘陪"几铺几盖"，比如"两铺两盖""四铺四盖"，再好的陪"八铺八盖"，一般在上面会织八个花鸟、八个字，有的是织"囍"字，这都有好事成双、喜庆吉祥的意思。鸡泽的土布本身是用朴实直白的手法传述它的精神语言的，所以像一些字样的，它的意思也就很直白地表现出来了。由于我们样式比较少，人们文化程度也不是太高，因此也没有特别的名称。

作：哦，看来一块小小的土布，里面还是包含了很多鲜为人知的知识呢。我还想详细了解下鸡泽土布发展的历史脉络，能看下鸡泽县的县志吗？我想看看上面是否有一些这方面的记载。

李：一般这种轻工业的内容书上记载的不会很多，尤其是土布过去作为一般人的日常所穿所用，以及农闲时的劳动成果，记载的机会更少了。我这里没有，这样我给你联系县档案馆，他们那边应该有。

作：好的，我还是看看吧，希望能找到一些有价值的记载。谢谢您了！

采访二：时间2010年11月1日

地点：邯郸市肥乡县张庄村

采访人：作者（以下简称"作"）

被采访人：郑运香（以下简称"郑"）

作：郑阿姨，我是无锡江南大学学服装专业的学生，现在论文做的是有关邯郸地区土织布的研究，主要包括的地区有鸡泽县、肥乡县和魏县，能不能向你请教一些这方面的问题。

郑：好的，好的。你是怎么知道我这里的呀？有哪些需要了解的呢？

作：我是在石家庄群众艺术馆那边找的你的地址，在网上也看到过你织的2008奥运福娃的报道。我觉得你织得真好，特别逼真，我想问一下那个是几匹缯织的？你现在有现成在织的作品吗？

郑：嗯，我这现在正在织的是个"寿"字，织法和那个福娃是一样的，这些都是用四匹缯织的。

作：哦，那你能详细介绍一下织布的工艺吗？

郑：织这个过程很麻烦的，大大小小要经过十几道工序。从棉花的种植到纺纱，再到织布都是自己完成的。大体上的织造工艺主要有弹花、轧花、搓花结、纺线、打线、染线、浆线、络线、经线、印布、刷线、掏缯、闯杼、倒纬、绑机、贴字模、织布等。我现在这已经到织布了，你看下面这个硬塑料就是样模，其他的工序不具体操作也不太好讲清楚。

作：那一天能织多少布呢？

郑：要是织以前那种老布，一天能织一尺，那时候条件也不好，还得农忙，只能得空织一下。现在呢，如果是简单的纹样一天能织五六米，如果是织字、织动物、人物这种，都要依着样模一点点地织，织得熟练的也就能织三米。

作：刚才你提到了织人物、动物纹样的布，我看这个经线有很多都是浮线，这和白坯布的织造上有些什么差异？

郑：一个是这种纹样的布所用的线是要经过染线这个工序的，这样才有色线的搭配组成相应的图案，而白坯布是直接用棉花纺的白纱织布就行了。肥乡县土织布用色上偏于淡雅、清新，较为明快。最常使用的颜色有粉色、红色、青绿、橙黄、天蓝等，如桃花纹通常是用粉色或天蓝色表现主图案，白色做底衬。另外一个就是我们织四匹缯的人物啊、动物啊，都要用样模，这种花样在织的时候是透过纱线依着样模用挑花的方式挑出来的，而像这种楷体字用的是提花的方式织出来的，这些织出的图案大小及形状和样模一模一样。而其他普通被褥用的就不用样模了。

作:哦，那普通的图案有什么样的呢?

郑:普通的倒也不少，比如最早用两页缯织布，图案一般为条格状，条纹布主要用于被褥里、床单，小格状布主要做衣服用，大格状布用到床单、门帘什么的，后来在生产实践中又琢磨着织出“福”“囍”等单个字体，还能织“蝴蝶”“灯笼”等复杂的具象图案。

作:这么说土布也是一点点地摸索出来的图样啊，那你是什么时候开始织布的? 大概织了多久了?

郑:就是啊，我是十三四就开始织了，那时候女孩都要学纺花织布的，因为这都要自己给自己准备结婚时的嫁妆，就是被褥、床单什么的，我这现在还给闺女准备了几套呢，只是现在不怎么兴这个了。我今年54了，你算算我织多久了。

作:现在土布市场似乎也不是很大，你怎么能坚持这么久一直在织呢?

郑:我这一来呢是以前家里都要用，后来县里往上报这个手艺的传承人，我这正好也闲着，县里有要什么样的我就给织什么样的。再一个我县里有个门市，销量现在也不错，好像人们开始注意喜欢这种土布床单、被罩了，关键我们还有这种挂饰，销量也特别好，正好这样可以增加一些家里的收入，我做得也挺高兴。

作:听说咱们这边组织过去参加上海世博会，各地都会有传承人去，相互之间表演交流一些传统工艺，你去了吗? 知道都是些什么内容的交流吗?

郑:嗯，这个我倒是知道呢，不过当时没去，听说是一些关于传统工艺的传承发展的，各个地方的特色传统工艺都有些专家和当地的一些技艺传承人在一起交流。

作:哦，那真是太感谢你了，郑阿姨，留下您的联系方式吧，我有不懂的再打电话问您。

郑:好的，有问题了再来再问。

采访三:时间:2011年4月23日

地点:邯郸市魏县文化馆

采访人:作者(以下简称“作”)

被采访人:霍连文馆长(以下简称“霍”)

作:霍馆长你好! 我在网上看到过一些博文，写的是你对土布印染这块相当熟知，也做了较为透彻的解说，这次特意来向你这位专家请教。

霍:太过奖了，不用客气。我们也是在申报国家非物资遗产的过程中开始深入了解的，其中还有很多知识需要补充的。另外就是我本身就是这个专业毕业的，而且亲自拜师学过印染这块，所以了解的就稍微多些。

作:那我想问一下我们这边的土布有什么突出的特色呢?

霍:这边还是比较传统的布样，但是花样很多，比如苏联大开花、苏联小开花、窗户棱、半个脸什么的。魏县土织布的色彩偏艳丽，这也是与图案变化多样有关系。两页缯由于图案变化相对简单，色彩比较容易分辨，方格布和条纹布中多用蓝色、黄色、红色、绿色，白色作底。四页缯纹样繁杂，色线相互交织，色彩就变化频繁了。

作:那我们每种布样有没有什么图案寓意啊?

霍:大部分还是图个祈福、欢庆、和美等心理情感。其实织染不分家，魏县的印染做得也比较好，像以前织出的白坯布就是做蓝印花和彩印花布最好的材料。

作:霍馆长,这么说咱们咱们魏县在棉纺和印染这块做得都很好,我去肥乡、鸡泽县他们都是这么说。

霍:魏县和肥乡县的传统棉纺织技艺已经成功申请了第二批国家级非物质文化遗产保护项目,现在我们也是在给这项老技艺找出路。现在彩印花布这块就我自己在做,已经没人学这些了。你看这块元宝石,是用来压布的,在彩印花布这块叫合浴石,都有160年的历史了。

作:那这么说魏县的织染技术有很久的历史了吧。

霍:是的。元代以前,河北纺织业主要以丝、麻为原料,元代后期棉花开始传入河北。也就是说,河北省自元代后期开始进入棉纺织时代。在这种大环境下,魏县也由麻纺织逐渐转为棉纺织。明清时期,魏县棉纺织业开始突破了男耕女织和自给自足的传统方式,纺花、卖布成了魏县很多农户的主要家庭经济来源和妇女的主要日常劳作。再往后发展,就开始有比较大的波动了,有时是因为洋布的引进,有时是因为社会大环境的变动而影响魏县土布的发展,比如战争,比如国际社会的影响。这些都让魏县的土布沉沉浮浮一直发展着。

作:既然有这么久远的历史,那我们这边应该也做了很多相应的保护措施吧。

霍:对,我们现在就有一个收藏馆,你可以看一下,里面还是有不少有价值的东西的,包括各种土布布样、蓝印花布和彩印花布以及部分纺织工具。另外我们也和织手联系,让她们负责织布,我们尽力给出成品,联系客户,把土布作为县里专用的赠礼以及和公司联系等方式方法,让织手有继续传承这项技艺的动力。

作:哦,这样看来县里还是做了很多保护工作的,现在很多人也越来越喜欢土布产品了,同时研究这方面的学者、学生也逐渐多起来了,相信在你们这么努力地保护下,魏县的棉纺织技艺会长久的。

霍:嗯,我们希望尽我们的努力让它做得更好。你对这个这么有兴趣,我有一些知识还没有讲出来,建议你到织手家好好做考察,我这里有传承人张爱芳和郭焕友的联系方式,你可以实地去看一下整个流程。

作:太谢谢你了,霍馆长,今天真是受益匪浅。

霍:不客气,希望我们的传统工艺文化能发扬光大。

采访四:时间:2011年4月26-28日

地点:邯郸市魏县沙口集乡李家口村

采访人:作者(以下简称"作")

被采访人:村民张爱芳(以下简称"张")

作:张阿姨,您好!我是江南大学的学生,听说您以前是村里有名的织布能手,今天特来向您请教。

张:好,好,有什么想问的尽管问。

作:您从什么时候开始织布的啊?

张:我织布时间早了,七八岁就开始纺线,帮家里干点活,稍微再大些就会织布了。那个时候又不像现在,女孩子还要上学,那会女孩不让出门,所以就在家纺花织布。

作:那你织的布是自己做衣服用还是拿出去卖啊?

张:嗯,大部分是自己家里用的,那时候家里也穷,一家老小能有件衣服穿就不错了,有时候一件衣服大的穿了小的穿,有个像样裤子,谁出门谁穿。

作:您现在还有没有以前自己织的布或是织的布做的衣服啊?

张:有的,有的。(从老式床下找出些面料和衣服)这些都是的。不过已经很旧了,那会织得也简单。

作:虽然旧了,但是手感还是很好啊!

张:嗯,这布呀,越洗越软,还吸汗,冬天做被子很暖和,我们现在的床单和被里还都是以前自己织的土布。

作:阿姨,这些布有各自的名字吗?你们给它们起名是根据什么起的啊?

张:也有(拿出布样),你看这个叫半个脸,这个是苏联开花,这是自流水,这是席片,还有倒石榴。那时候也没怎么想,看到什么就织什么,然后也就有名字了,这个苏联开花过去很时兴,那时候和苏联关系好,就叫这个名了。

作:那这个为什么叫半个脸呢,哪里能看出来呢?

张:你看这个色线是左右都有,看到这边看不到那边,所以叫半个脸。这个苏联开花,你看就像花的颜色,一点点地往外开。

作:哦,您这么以解释我才看出来。那您一天能织多少布呢?

张:一天要能安心织,一天一丈布吧,我这还要自己经线、掏缯的,那些更费时间。

作:哦,您能给我们演练一些简单的工序吗?这个经线是怎么回事呢?

张:行,你看,经线前要计算好花样和用的多少线儿,一般一帖四十根,然后就这样来回走,把线挂到经线橛上就可以了。

作:这个也蛮复杂的,那咱们这边织布有什么口诀或者民谣吗?

张:哦,说远看像座庙就是说织布机呢,还有"手拿莲花落,脚蹬连踏板",这就是织布呢,不知道这些算不算。

作:算的,算的。阿姨,能不能送我一些您不用的布头啊?

张:可以,可以,我给你每块布都剪一些吧。

作:真是谢谢您了,张阿姨!

张:不客气。

作:好的,谢谢。

采访五:时间:2011年4月26日

地点:邯郸市魏县沙口集乡李家口村

采访人:作者(以下简称"作")

被采访人:村民郭焕友(以下简称"郭")

作:郭大爷,您好,是霍馆长介绍我过来的,我想和您了解一些关于土织布的知识。

郭:哦,好的,你有什么问题就说。

作:听霍馆长说你们村里织布的还是很多的,您能详细介绍下情况吗?

郭:好的。现在村里织布的大多是我召集起来的,远的近的都有,我手下的织机有300多台。我这边自己也织,其他人从我这里拿线,她们只负责织就可以了,我们这个现在也有自己的牌子了。

作:这样就说您这边什么样的工序都可以看到是吧?

郭:前面的工序比较简单,像搓花结、纺线、络线随时都可以看,但是浆线、染线、掏缯这样比较复杂的你想要看我就带你去别家看,哪家恰好什么工序就去哪家,你看行吗?

作:那真是太谢谢您了。那现在您这边主要在织什么呢?

郭:主要是三件套、四件套的,还有一些衬衫。我织好了,给县里的各门市送,哪里要,就往哪里送。现在我们这个牌子的土布已经作为县里专用的节日礼品了。

作:这么说销量还是挺好的,您是怎么想到这个经营方式的啊?

郭:县里申报了非物质文化遗产传承人,经常有县里、市里、省里、还有电视台的人来采访,我们正好会织,也都上岁数了,闲着也是闲着,不如这样既忙得自己高兴,还能多少有些收入。现在就是很想再多宣传下,我们也不会上网,销路就不那么广了。

作:那现在你们织的还是纯手工的吗?

郭:我们这个除了线是洋线外,其他的都是手工的。因为自己纺的线容易断,又费时,就像这个纺花锭上的线也就一两,而一天光纺线也就纺三两,而且这样纺出的线,还要上浆。洋线呢,一般都是双股线,就不用上浆了,单股的就得上浆了。还有就是,手纺的线不匀,织出来布面不平整。但是如果人家客户说了要手纺线的布,我们就给人家织,毕竟我们所有的工具都有。

作:那您没想过把土布做出点新花样吗?这些老一点的布样似乎不怎么受欢迎了。

郭:现在织的大多数是两匹缯的条纹布,颜色也很清淡,现在城里人不喜欢太花的,我也给这些布新起了名字,你看这个是"丝路花语",这是"好日子""红红火火"。

作:哦,还挺有文化气息的呢。郭大爷,我看这个带钩的薄竹片挺特别的,是做什么用的呀?

郭:这是掏缯用的,这个小勾用来把线从钢缯的这头掏到那头,勾还不能有毛刺,否则就会勾线,头这边也要磨得薄一些,这样用起来很顺手。其实不但是这土布是纯手工的,这些器具也都是纯手工的,而且一用很可能就是一辈子。

作:那这些东西都是有年代的了?

郭:可不是嘛,过去都说"新三年,旧三年,缝缝补补又三年"为什么啊,没那么多东西啊,所以就一代代地往下传,这织机就是上辈人传下来的。

作:那过去的布样图案有没有什么隐含的意思呢?

郭:多少是有的,这地方兴姑娘或母亲给出嫁的姑娘织土布被单、床单。这个倒石榴,就是根据石榴的样子织的,喻示多子多孙;这个长流水就象征日子过得细水长流。

作:哦,含义还是挺多的。那您参加过什么技艺交流会吗?

郭:参加过,去北京参加过,老伴还现场表演织布了呢,很多领导也让我们把这门手艺传下去。现在我的孙女就会织一些。

作:哦。那您可是给这个技艺的传承做了不少贡献啊。那郭大爷我们不打扰您了,还耽误您很长时间,如再有什么不懂的再请教您吧。谢谢您了。

郭:没事的,你们能学这个我还挺高兴的呢,有空了再来玩。

作:好的,谢谢。

附录四:关于土布的民谣

民谣一:

黄婆婆!黄婆婆!教我纺纱!教我织布!两只筒子,一匹布!

民谣二:(南通)

打蓝调

野雀雀(那)飞在(二归)澄(呀)澄池沿,但等(那)哥哥(二归)打完(了这个)靛,

(我那)但等(那个)哥哥(二归)打完(了这个)靛。

三日天(呀)好来(二归)两日天(呀)歹,三好(那)两赖(二归)咋(呀)咧(这个)咧,

(我那)三好(那)两赖(二归)咋(呀)咧(呀)咧。

提上(那)吃包包(二归)住(呀)娘(呀)家,至死(那)不和你(呀)成人(了这个)家,

(我那)至死(那)不和你(呀)成人(了这个)家。

一苗(那)白菜(二归)房檐上(呀)晒,自瞅(那)对象(二归)常(呀)心(呀)爱,

(我那)自瞅(那)对象(二归)常(呀)心(呀)爱。

红裱(那)布裤带(二归)腰(呀)里(呀)系,自瞅(那)对象(二归)心里个(这个)亲,

(我那)自瞅(那)对象(二归)心里个(这个)亲。

民谣三:(无锡)

机声正轧轧,雄鸡又喔喔;

布长夜嫌短,心里乱如麻;

天明赶上街,卖布买米柴;

土布没人要,饿煞哥和嫂。

民谣四:(无锡)

我种田来你织麻

一把扇子两面花,姣姐爱我我爱她,姣姐爱我心意好,我爱姣姐会当家。

不要媒人去说话,当面锣鼓接到家,接到家,日子过,我种田来你织麻。

民谣五:

弹花歌

奇溜嘎嗒去轧棉,一边出的是花种,一边出的是雪片,沙木弓,牛皮弦,

腚沟夹个柳芭橡,枣木槌子旋得溜溜圆,弹得棉花朴然然。

拿梃子,搬案板,搓得布绩细又圆。

好使的车子八根齿,好使的锭子两头尖,纺的穗子像鹅蛋。

打车子打,线轴子穿,浆线杆架着浆线橡。

沌线棒棒拿在手,砰砰喳喳沌三遍。

旋风子转,落子缠,经线姑娘两边站,织布就像坐花船,织出布来平展展,送到缸里染青蓝。

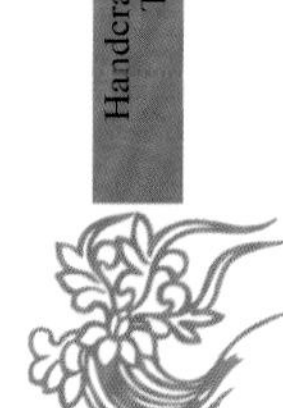

粉子浆，棒槌掂，剪子铰，钢针钻，做了一件大布衫。

虽说不是值钱货，七十二样都占全。

十字大街站一站，让您夸夸俺的好手段。

民谣六：（江阴）

新起房屋出角梁，当中有个织布娘，一天从早做到晚，还要延长到五更！

民谣七：

戏说织布

脚踏的一州两县，身坐的金龙宝殿。手拿的苏州干鱼，口抽的夏县挂面。

民谣八：

钢打铁子两头尖，纺出疙瘩蔓青园。

拐的拐，缠的缠，扑嗒扑嗒扭七遍。

月子络，轮轮转，经线怪像跑马汉，刷线好像水车转。

织布机，响的欢，一天能织两丈三，

织出布，瓷刷刷，卖的钱，白花花，量的米，黄蜡蜡，做出饭来然扎扎。

婆一碗，公一碗，小叔一碗我半碗。

后记

对中国传统土织布手工技艺与复原的研究可以继承和弘扬中华民族非物质文化遗产。传统土织布手工艺的遗存，随着工业化进程在一天天地消亡，如果我们不去研究、保护优秀的民间手工艺术，那么这些世代传承、反映劳动人民智慧的优秀手工艺术将会消失，我们将会失去最珍贵的财富。现在全国都在提倡保护非物质文化遗产及保护的重要意义，民间传统土织布工艺就是非物质文化遗产的重要组成部分，是劳动人民所创造的文化的重要载体，蕴含着劳动人民特有的精神价值、思维方式、想象力和文化意识。丰富多样的民间传统土织布工艺，技术娴熟、精巧，融合、吸收了民间美术中多种品类的制作技艺，体现了我国传统民间文化的精髓，具有很高的文化和艺术理论学术研究价值。对中国传统土织布工艺的研究，可以揭示民间遗存相关的工艺、技术、思想体系，可以反映该传统技艺的现状、历史、价值，可以让传统工艺技术找到它在现代社会存在的价值。传承民间土织布工艺技术对发展民族特色文化具有现实意义，对地方特色文化的发展具有很好的促进作用，是服务于现代经济良好的助剂。同时，对传统的手工染、织、绣、锦、编技艺进行开发和创新，应用于现代纺织服装艺术创造中，对于提升我国纺织服装产品附加值尤为需要。

从2008年开始，我们研究团队就到祖国各地，实地取样与调研，对中国传统土织布的织造工序、典型土织布纹样的织造方法有了深刻的认识，对具体工艺步骤和制作过程进行了记录、分析及研究，并用复原实物方法对典型土织布纹样的组织结构进行了分析，结合传统织造技术加以阐述。中国传统土织布手工织造技艺的意义给予我们力量，继承和弘扬非物质文化遗产赋予我们责任，旨在唤起全民族对民间艺术的认同感和自豪感。土织布文化的生命力在于繁衍不绝、生生不息的传承和开拓，永不终止的流淌与前进。

最后，特别感谢参与中国传统土织布手工技艺与复原研究团队的老师们，感谢江南大学纺织服装学院王静、周丽静、刘娟等研究生们。这本著作的完成，离不开他们辛苦的田野调查和文献资料整理，离不开他们原创力的奉献！

江南大学设计学院 王宏付

2021年6月30日